증보판

# 정보통신 기초 및 실험

백제인 · 박대철 · 류성한 지음

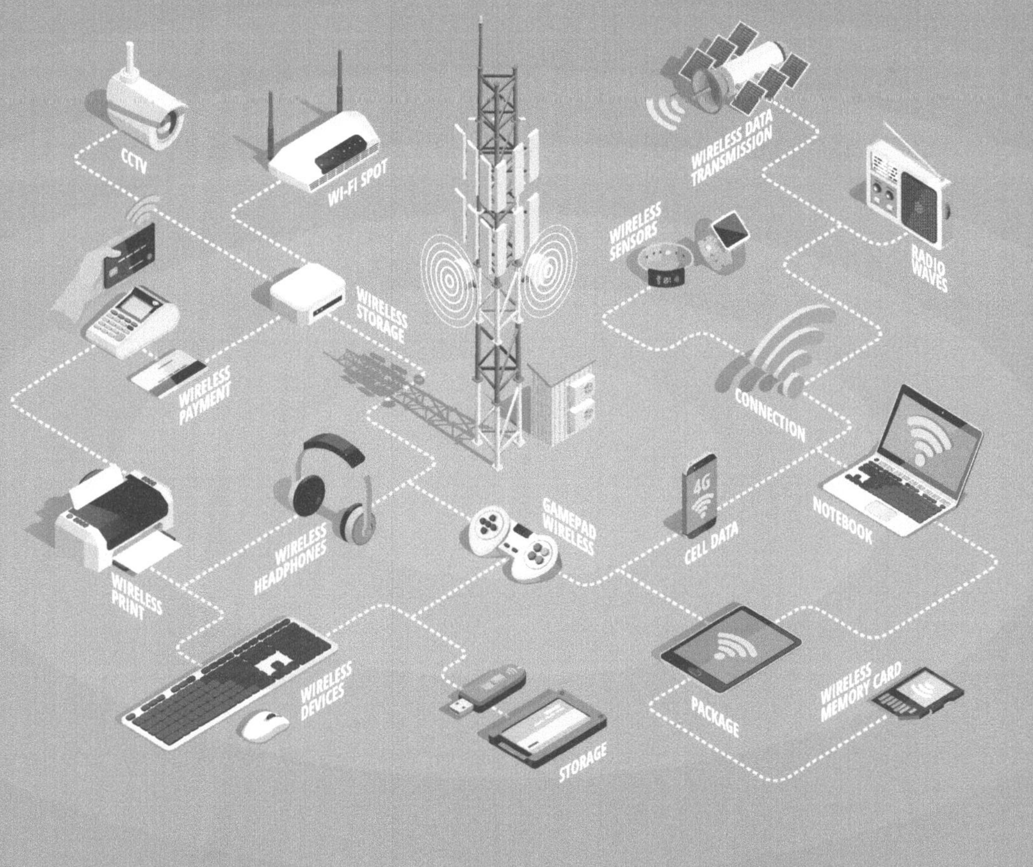


HS 도서출판 한산

# 서 문

『정보통신 기초 및 실험』은 컴퓨터, 정보통신, 전기 및 전자공학 전공자를 비롯하여, 물리학, 센서공학 관련 전공자들을 위한 입문 교재이다. 전기 및 신호에 대한 초보적 개념에서부터 시작하여, 전기회로, 전자소자, 집적회로, 디지털 회로, 소형 컴퓨터, 앱 프로그래밍까지의 전 과정을 커버한다.

이 책은 다음의 특징을 가지고 있다.

✓ 학생들이 하드웨어 혹은 소프트웨어 중 한쪽으로만 편중되지 않고, 양쪽을 겸비하여 기본적 개념을 이해하고 또한 흥미도 갖도록 하는 데에 역점을 두고 있다. 특별히, 예비지식이 부족한 초심자나 저학년 학생을 염두에 둔다. 이들이 정보통신 분야의 전반을 균형있게 체험함으로써 자신감과 친밀감을 갖고 자신의 전공에 진입하게 하려는 의도이다.

✓ 수업 방법은 이론과 실험을 병행하는 것을 전제로 한다(예: 2시간 강의, 2시간 실험). 즉, 이론 시간에는 이론과 개념 위주의 내용을 설명하고, 실험 시간에는 실험 수행 과정에서 그 이론과 대조하고 확인하면서 실제적 지식을 체득하도록 한다.

✓ 실험 시작하기 전에는 예비보고서를 제출하게 한다. 예비보고서는 실험할 내용의 이론을 복습하고, 중요 사항을 미리 파악하게 하려는 것이다. 실험 마친 후에는 결과보고서를 제출하게 한다. 결과보고서는 실험 내용을 음미하여 관련 이론을 직접 확인하는 것 외에, 터득한 지식을 발휘하여 진보한 응용문제에도 도전하게 만들려는 의도이다.

✓ 교재 본문은 서술적 문단 형식을 따르지 않고, 파워포인트 강의 자료 그 자체로 구성하였다. 이것은 핵심 내용이 무엇인지를 시각적으로 더 뚜렷하게 드러내는 효과가 있다. 그리하여 학생들로 하여금 부담감 없이 더 쉽게 학습 주제로 곧장 접근하게 한다. 아울러 강의자에게도 별도의 편집 작업 없이 바로 강의할 수 있는 편리함이 있다. 하지만 그 때문에 세부 내용을 충분히 자세하게 설명하지 못하게 되는 약점이 존재한다. 그래서 슬라이드 별 보충 설명을 슬라이드 노트에 작성해 놓은 파워포인트 파일을 배급한다. 이를 참조하면 그 약점이 완화될 것이다.

이 책은 4 개의 파트, 총 13 장으로 구성되어 있다.

✓ 아날로그 파트(1장~4장)에서는 맨 먼저 4차산업 시대에서의 정보통신의 중요성과 기술 발전 추세 전반을 소개한다. 그 후 본격적으로 전기의 개념, 아날로그 신호, RLC 기본 부품 및 전기회로를 소개한다. 아울러 다양한 실험기기를 조작한다. 전기와 아날로그 회로에 대한 막연하고 추상적인 지식에서 벗어나, 공학자답게 이해하고 설명을 할 수 있는 수준에 도달하게 한다.

✓ 전기공작 파트(5장~6장)에서는 납땜의 초보적 연습으로 시작하여, 간단한 통신시스템에 해당하는 1석 라디오를 브레드보드 조립하고 AM 라디오 방송을 청취하게 한다. 그리하여 통신이론의 기본 개념과 하드웨어 작업을 직접 몸으로 익히고, 하드웨어 공작의 즐거움을 발견하게 한다.

✓ 디지털 파트(7장~9장)에서는 디지털 신호의 개념과 디지털 논리회로, 디지털 하드웨어의 기본개념을 이론과 실험을 통해 익힌다.

✓ 프로그래밍 파트(10장~13장)에서는 아두이노의 소형컴퓨터 및 앱 프로그래밍의 개념과 기초를 직접 체험하게 한다. 소프트웨어의 융통성을 깨닫고, 프로그래밍 작업의 재미를 체험하게 한다.

제2판에서 변경된 사항은 다음과 같다.

✓ 제1장 정보통신 기술에 관한 전반적 소개 내용을 보완하고 추가하였다. 이른바 4차 산업 혁명 시대 핵심자원인 DNA(Data-Network-AI)의 키워드를 중심으로 정보통신의 역할과 중요성, 기술 발전 추세를 설명하였다.

✓ AM 라디오 제작 실험은 납땜 공작 대신에 브레드보드 공작으로 변경하였다. 납땜 방식의 연습도 충분히 많이 할 필요가 있지만, 브레드보드 방식의 공작 연습도 많이 쌓는 것이 중요하다. 또 이 방식으로도 공작의 즐거움을 충분히 누릴 수 있다. 그리고 무엇보다도 브레드보드 방식은 부품을 재활용할 수 있고, 산업폐기물이 발생하지 아니하여 환경보존 친화적인 점이 큰 장점이다.

✓ 예비보고서 및 결과보고서의 내용을 조금씩 추가하였고, 철자오류들을 수정하였다.

이 책을 통해, 정보통신 기술 분야에 처음 접근하고자 하는 컴퓨터, 정보통신, 전기 및 전자공학, 물리학, 센서공학 분야 전공자들이 ICT 분야 하드웨어와 소프트웨어 기술 이해에 진보가 있기를 바라며, 이 책의 발간을 위해 도움을 주신 한산출판사 관계자에게 깊은 감사를 드린다.

2019년 8월

저자 일동

# 목 차

## 제3부 디지털 파트 _ 136



## 제4부 프로그래밍 파트 _ 176

# 교과목 개요



컴퓨터, 보안장비, 정보통신장비, 무인장비 등은 모두 전기로 작동된다. 그러므로 전기에 관한 탄탄한 기초가 중요하다. 여기에다 하드웨어와 소프트웨어를 아우르는 지식과 체험이 필요하다.

'정보통신 기초 및 실험' 교과목은 전기 회로와 디지털 회로, 아날로그 개념과 디지털 개념, 하드웨어 공작과 프로그래밍에 두루 친숙해지고 흥미를 가질 수 있는 내용으로 구성되었다.

- 전기흐름에 대한 기본 원리를 배우고 실험을 수행함으로써, 전압, 전류, 전력, 주파수의 개념을 갖추도록 한다. 또한 여기에 관련된 기본적인 계측장비의 사용법을 익힌다.
- 납땜 작업과 라디오 제작 실습을 통하여, 전자회로 및 아날로그 하드웨어를 경험하게 하며, 전파통신과 AM 라디오 수신기의 원리도 학습하도록 한다.
- 디지털 논리의 표현법을 배우고, 게이트, 플립플롭, 카운터 등의 디지털 소자를 이용한 디지털 회로의 작동을 실험을 통하여 익힌다.
- 아두이노를 이용한 프로그래밍 실험을 수행함으로써, 마이크로 컴퓨터의 작동 원리, 센서와 액츄에이터로 구성된 제어 시스템의 프로그래밍, 앱 프로그래밍 등을 익힌다.

# 수업 목표



- 전압 전류의 흐름, 에너지를 물리적으로 설명할 수 있다.
- 아날로그 전기회로와 디지털 전자회로의 소자에 대하여 종류와 기능을 비교 설명할 수 있다.
- 특정 목적을 갖는 전자회로의 기능과 동작개념을 설명할 수 있다.
- 마이크로컨트롤러 시스템의 구조를 설명하고, 제어 프로그래밍 할 수 있다.
- 보고서를 작성할 수 있고, 팀원 간에 토론할 수 있다.
- 팀 내에서 역할을 분담하여 특정 기능을 갖는 전자회로를 설계 구현할 수 있다.

+ Chapter 1

AC DC

Introduction
Analog-1

기술동향,
직류전기,
전기 기차

직류전압
직류전류

정보통신 기초 및 실험



# 강의 계획

| 장 | 강의주제 | 내용 | 단위 | 부품, 도구, 장비 |
|---|---|---|---|---|
| **1** | **직류전기** | **기술동향, 직류전기, 전기 기차** | **[V], [A]** | **DMM, Power Supply, LED, buzzer** |
| 2 | 직류회로 | 직렬, 병렬, 저항, 임피던스(resistance), 전력/에너지 | [Ohm], [Watt], [Joule] | 저항, 가변저항 |
| 3 | 교류전기 | 교류전압(정현파, 삼각파, 구형파), 주파수, 진폭 | [Hz], [sec] | OSC, FuncGen, FreqCounter, piezo, speaker |
| 4 | 교류회로 | 주기, 위상, 인덕터, 커패시터 | [radian], [degree], [H], [F] | OSC, FuncGen |
| 5 | 납땜 연습 | 납땜 원리, 납땜 연습 | | 인두, 납, 공기정화기, 전선, 니퍼, 드라이버, 납흡입기, 만능기판, 전자부품 |
| 6 | 라디오 조립 | 방송수신기 원리, 1석 라디오 조립 | | 다이오드, 트랜지스터, 코일, 바리콘, 안테나 |
| | 중간고사 | | | |
| 7 | 진법 | 이진법, 십진법, 16진법, 덧셈, 뺄셈 | 1, 0, 0~9, 0~F, +, - | LED, 7 segment display, 점퍼선, 스위치 |
| 8 | 디지털게이트 | and, or, not, nand, nor, exor, 부울대수, 진리표 | Hi/Lo, True/False | 슬라이드 스위치, 게이트, 로직 IC |
| 9 | 플립플롭 | SR ff, JK ff, D ff, 카운터, 레지스터 | clock, enable, reset, Q | 플립플롭, 카운터, 시프트 레지스터 |
| 10 | 아두이노 | 기초 예제 | | 아두이노 우노 Kit, 스케치 IDE |
| 11 | 아두이노 | 교통신호 제어 | | 아두이노 우노 Kit |
| 12 | 아두이노 | 4x4 키패드를 이용한 잠금 장치 | | 아두이노 우노 Kit, 키패드, 서보모터 |
| 13 | 아두이노 | 원격 서보모터 제어 안드로이드 앱 개발 | | 아두이노 우노 Kit, 블루투스, 안드로이드 앱, MIT App Inventor 2 |
| | 기말고사 | | | |

## Information / **Signal**

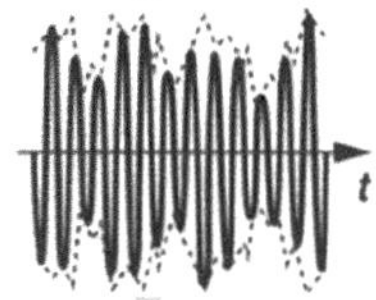


Transducer

**H / W** ⬇ **S / W**

## Communication

Device



# 4th Industrial Revolution

**제4차 산업 혁명**

(第四次 産業 革命, 영어: Fourth Industrial Revolution, **4IR**) 정보통신기술(ICT)의 융합으로 이루어낸 혁명 시대를 말한다. 18세기 초기 산업 혁명 이후 네 번째로 중요한 산업 시대이다. 이 혁명의 핵심은 인공지능, 로봇공학, 사물인터넷, 무인 운송 수단(무인 항공기, 무인 자동차), 3차원 인쇄, 나노 기술과 같은 6대 분야에서 새로운 기술 혁신이다.[1]

[1] Schwab, Klaus. "The Fourth Industrial Revolution: what it means, how to respond" 《World Economic Forum》

## 4th Industrial Revolution

클라우스 슈밥
(Klaus Schwab)

The First Industrial Revolution used water and steam power to mechanize production.

The Second used electric power to create mass production.

The Third used electronics and information technology to automate production.

Now a **Fourth Industrial Revolution** is building on the Third, the digital revolution that has been occurring since the middle of the last century. It is characterized by a fusion of technologies that is blurring the lines between the physical, digital, and biological spheres.



# DNA(Data – Network – AI)

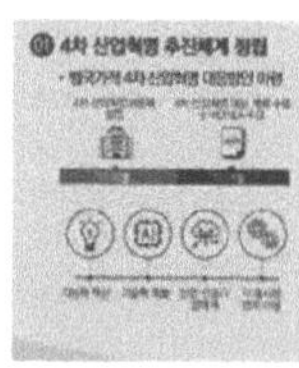

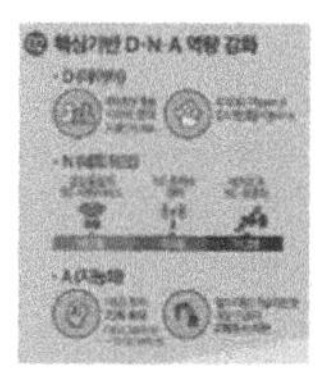

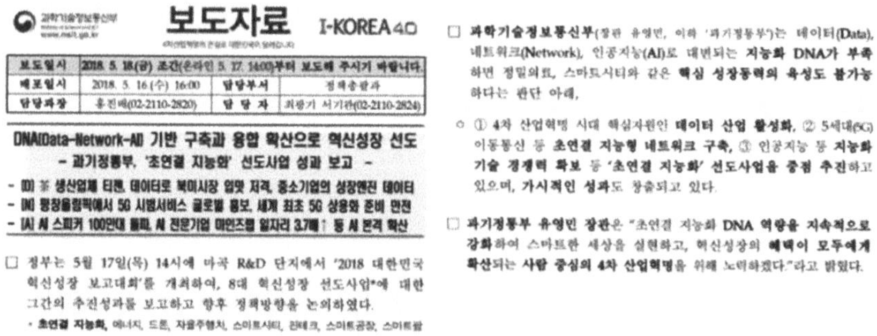

보도자료 I-KOREA 4.0

| 보도일시 | 2018. 5. 18.(금) 조간(온라인 5. 17. 14:00)부터 보도해 주시기 바랍니다. | | |
|---|---|---|---|
| 배포일시 | 2018. 5. 16.(수) 16:00 | 담당부서 | 정책총괄과 |
| 담당과장 | 홍진배(02-2110-2820) | 담 당 자 | 최광기 서기관(02-2110-2824) |

**DNA(Data-Network-AI) 기반 구축과 융합 확산으로 혁신성장 선도**
**- 과기정통부, '초연결 지능화' 선도사업 성과 보고 -**

- [D] 美 생산업체 티젠, 데이터로 북미시장 입맛 저격, 중소기업의 성장엔진 데이터
- [N] 평창올림픽에서 5G 시범서비스 글로벌 홍보, 세계 최초 5G 상용화 준비 만전
- [A] AI 스피커 100만대 돌파, AI 전문기업 마인즈랩 일자리 3.7배↑ 등 AI 본격 확산

□ 정부는 5월 17일(목) 14시에 마곡 R&D 단지에서 '2018 대한민국 혁신성장 보고대회'를 개최하여, 8대 혁신성장 선도사업*에 대한 그간의 추진성과를 보고하고 향후 정책방향을 논의하였다.

* **초연결 지능화**, 에너지, 드론, 자율주행차, 스마트시티, 핀테크, 스마트공장, 스마트팜

□ **과학기술정보통신부**(장관 유영민, 이하 '과기정통부')는 데이터(Data), 네트워크(Network), 인공지능(AI)로 대변되는 **지능화 DNA가 부족**하면 정밀의료, 스마트시티와 같은 **핵심 성장동력의 육성도 불가능**하다는 판단 아래,

ㅇ ① 4차 산업혁명 시대 핵심자원인 **데이터 산업 활성화**, ② 5세대(5G) 이동통신 등 **초연결 지능형 네트워크 구축**, ③ 인공지능 등 **지능화 기술 경쟁력 확보** 등 **'초연결 지능화' 선도사업을 중점 추진**하고 있으며, **가시적인 성과**도 창출되고 있다.

□ **과기정통부 유영민 장관**은 "초연결 지능화 **DNA 역량을 지속적으로 강화**하여 스마트한 세상을 실현하고, 혁신성장의 **혜택이 모두에게 확산**되는 **사람 중심의 4차 산업혁명**을 위해 노력하겠다."라고 밝혔다.

# DNA(Data – Network – AI)

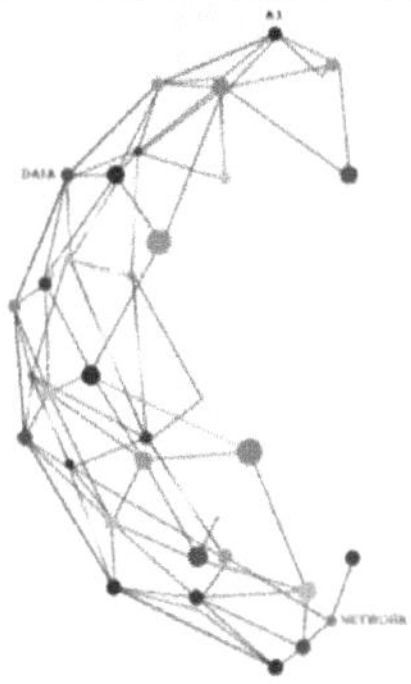

- **4차 산업혁명의 핵심 인프라 DNA(Data-Network-AI)**

초연결 지능화 인프라인 DNA는 모든 산업을 스마트하게 바꾸는 핵심으로 스마트시티, 자율주행차 등 전 분야의 혁신성장을 지원

- **DATA**

데이터는 21세기 새로운 자원으로 부상하며, 기존 생산요소(노동・자본)을 압도하는 경쟁원천으로 국가와 기업 혁신의 키워드로 주목

- **NETWORK**

네트워크는 전 세계를 빠르고 정확하게 연결시키며, 시간과 공간을 초월한 새로운 경험의 기반이 되는 혁신적인 국가의 핵심 인프라

- **A.I.**

인공지능은 알고리즘 혁명으로 발명되어 불가능을 가능으로, 알 수 없는 것을 알 수 있는 것으로 전 세계의 비즈니스를 바꾸는 혁신의 원천

[자료] NIA, 「초연결 지능화 시대 DNA 혁신기업 100」
* NIA(National Information Society Agency; 한국정보화진흥원)

## Data: IoT(IoE)



Internet of Things

Internet of Everything

**Kevin Ashton**
'사물인터넷(IoT)' 개념을 처음 고안한 엔지니어로 1968년 영국 버밍엄 출생, 런던대학교 졸업후 미국으로 건너가 1995년부터 2004년까지 프록터 앤 갬블(P&G)의 브랜드 매니저로 일하던 중 재고 관리 시스템 효율화 방안을 찾다가 전자태그(RFID)를 연구하게 되었고, 1999년 '**Internet of Things**' 용어를 처음 제시함. 이후 MIT에서 학자들과 함께 RFID 연구기관인 Auto-ID Center를 설립, 현재 미국 Texas주 Austin에서 RFID저널 등 기술분야 칼럼니스트 및 Random House 등 출판사 작가로 활동중

**1999년 프록터 앤 갬블(P&G)에서**
브랜드 매니저로 일할 때 '사물인터넷(IoT)'이란 말을 만들었습니다. 그때 만들었던 발표 자료의 제목으로 썼지요. 당시 모든 사람들이 인터넷(Internet)에 대해 이야기했고, 센서에 관심이 많았던 저는 컴퓨팅 기능이 없는 사물(things)에 컴퓨팅 기능을 탑재하는 것에도 관심이 있었습니다. 두 단어를 연결시켜 'IoT'란 말을 만든 겁니다. 일상생활에서 쓰이는 모든 물건들이 인터넷으로 연결되어야 한다는 제 생각을 전달하고 싶었고, 당시로서는 혁신적인 아이디어였습니다.

**현재 인류는 정보를 획득하기 위해**
거의 컴퓨터와 인터넷에 의존하고 있습니다. 인터넷상 데이터 트래픽은 3 제타 바이트(30억 기가 바이트)에 달하며, 엄청나게 많은 양의 문자와 이미지 영상 등이 매일 생성되고 있습니다. 전통적인 인터넷 설계도는 서버와 라우터 등을 포함하는데, 이 설계도엔 가장 중요하고 숫자가 많은 라우터가 빠져있습니다. 바로 사람들인데, 사람은 늘 시간과 관심이 부족하고 정확도가 낮아서 실제 세상의 데이터를 포착하고 분석하는데 능숙하지 않습니다. IoT가 이런 문제를 센서와 임베디드 컴퓨팅 기술을 통해 해결할 수 있습니다. 사람들 대신 이 세상의 모든 데이터를 포착하고 분석하는 겁니다.

[자료] 「Linked In」, 「한국경제신문」iot.hankyung.com

## Data: IoT(IoE)

11

IoT Charger

NIKE PLUS

Philips HUE (Video)

IoT 기저귀

IoT 초인종(Video)

IoT 슬리퍼

IoT 체중계(Video)

IoT 온도 조절 장치

IoT 애견 목걸이

IoT 자물쇠

IoT 전구 소켓(Video)

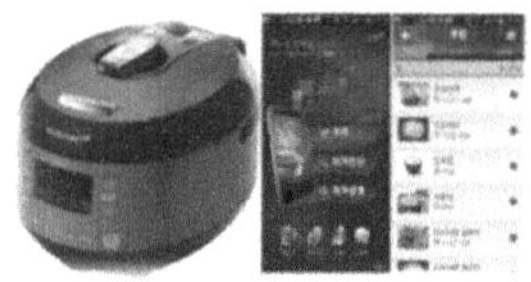
IoT 밥솥

## Data: IoT(IoE)

12

우리는 '초연결(Super-Duper Connected) 시대' 혁명의 최전선에 서 있다. 전 세계 500억개의 모바일, 패드, 컴퓨터 등 기기들이 연결돼 있고, 이런 숫자는 장차 5000억개까지 늘어갈 것이다. - Chuck Robbins Cisco 회장 -

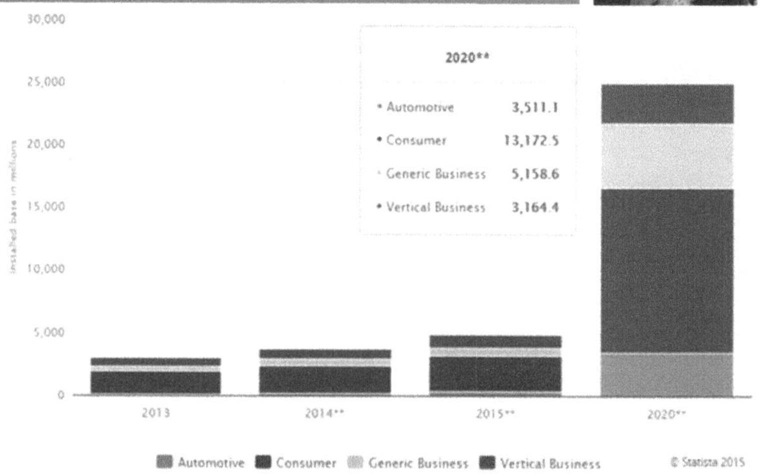


The statistic shows the installed base of the Internet of Things(IoT) by category between 2013 and 2020. An estimated 3.5 billion units will be in use in the automotive industry by 2020.

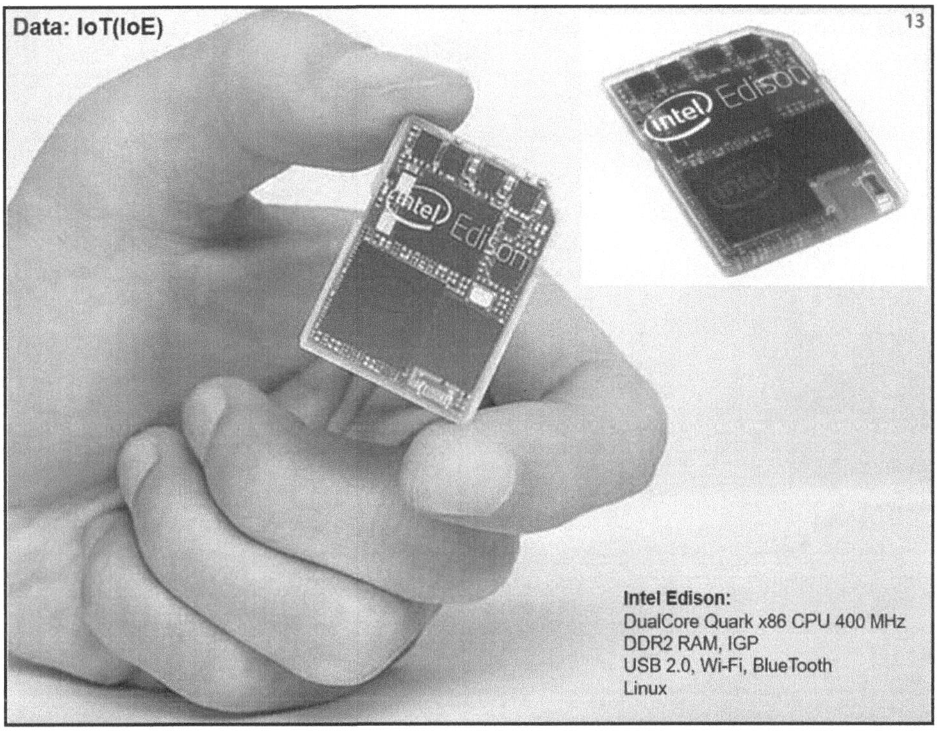
Data: IoT(IoE)
13
Intel Edison:
DualCore Quark x86 CPU 400 MHz
DDR2 RAM, IGP
USB 2.0, Wi-Fi, BlueTooth
Linux

Data: IoT(IoE), the Smallest Computer Ever
14
미국 미시간 대학교 (U of Michigan) 공과대학 M³(Michigan Micro-Mote)
연구소가 개발한 2014년 당시 세계에서 가장 작은 자율 컴퓨터
크기: 1×2×0.5mm
1mm에 불과한 초소형 컴퓨터로 쌀알 크기에 불과
하지만 전력 구동 장치까지 완벽하게 갖춘 컴퓨터
→ 작은 크기로 사물인터넷에 활용도가 높을
것으로 기대됨

## Data: IoT(IoE), Smallest Computer Ever

15

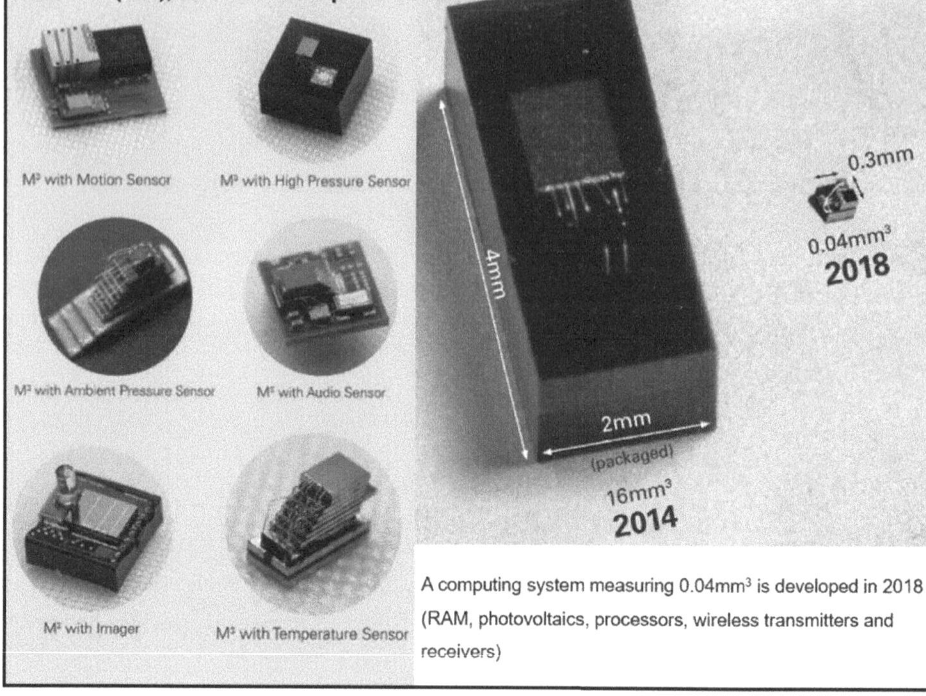


A computing system measuring 0.04mm³ is developed in 2018 (RAM, photovoltaics, processors, wireless transmitters and receivers)

## Data: IoT(IoE), Electronic Skin

16

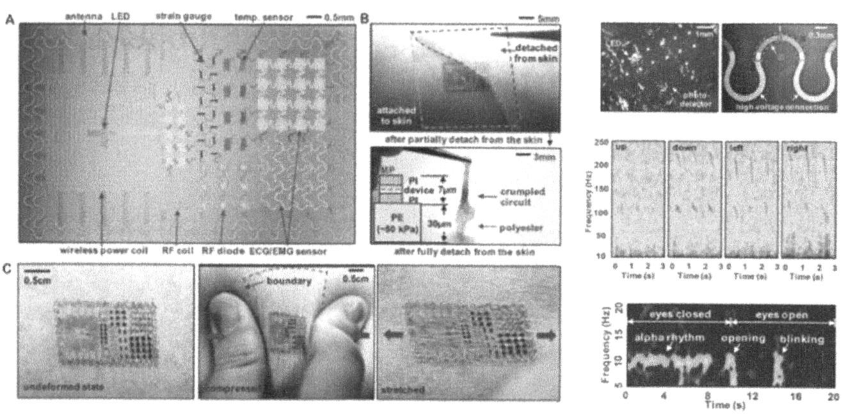


**Epidermal Electronic System(EES; 전자피부)**

**A:** 피부와 물리적 특성이 일치하는 다기능 전자 장치를 위한 데모 플랫폼 이미지 → 수용성인 폴리비닐(PVA)의 아래쪽에 전자회로 장치를 장착하고, 피부에 부착 후 PVA를 용해시키면, 피부에 전자회로 부분만 부착됨

**B:** 필름만 피부에서 벗겨지고, 전자회로는 피부에 남게 됨(위), 전자피부를 늘여 당겼을 때의 수직구조(아래)

**C:** 피부에 부착 완료된 전자회로(왼쪽), 압축 동작(가운데), 팽창 동작(오른쪽)

## Network: 5G

17

### 5G로 촉발되는 생태계 변화

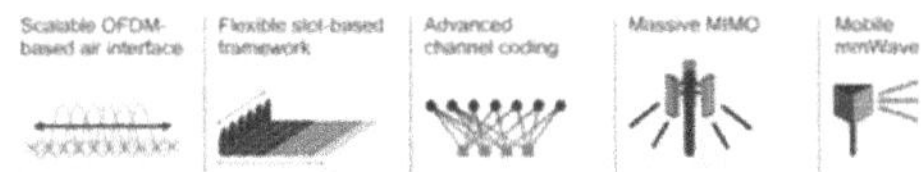


- **데이터 경제**
  - 대용량 데이터, 영상 데이터가 폭발적으로 증가함에 따라 새로운 패러다임인 데이터 경제가 부상
  - 단말기에서 소화하기 힘든 수준의 데이터가 발생, 저장·처리는 대부분 클라우드 서비스를 활용하는 형태로 변화하고, 실시간 영상 데이터 분석을 제공하는 서비스가 증가하여 영상 데이터 활용을 위한 플랫폼 생태계 형성
- **기술융합 촉진**
  - 5G 인프라는 디지털 전환의 핵심기술인 AI, 클라우드 등의 활용을 활성화하도록 유도
- **인공지능**
  - 5G로 인해 대용량 데이터의 초고속 전송이 가능, 고화질 영상 및 사진 분석 실시간 AI 서비스 증가
- **클라우드**
  - 실시간 수집되는 대용량 데이터를 단말기에서 처리하기 어려움, 클라우드에서 분석 후 단말기로 전송
- **산업융합 촉진**
  - 통신사업자와 분야별 산업의 주도권 경계가 사라지면서 다양한 콘텐츠들을 경쟁적으로 발굴
  - 통신사업자가 통신망을 제공하는 개념을 넘어 콘텐츠 시장으로 진입
  - 통신사업자, 분야별 기업들이 5G를 활용한 서비스를 경쟁적으로 시연 및 출시, 산업간 경계 붕괴
  - 각 기업은 기존 사업영역에 VR·AR 콘텐츠 등 5G를 통해 활성화될 수 있는 분야를 연계

[자료] NIA,「IT & Future Strategy 보고서」

## Network: 5G

18

# 4G vs 5G

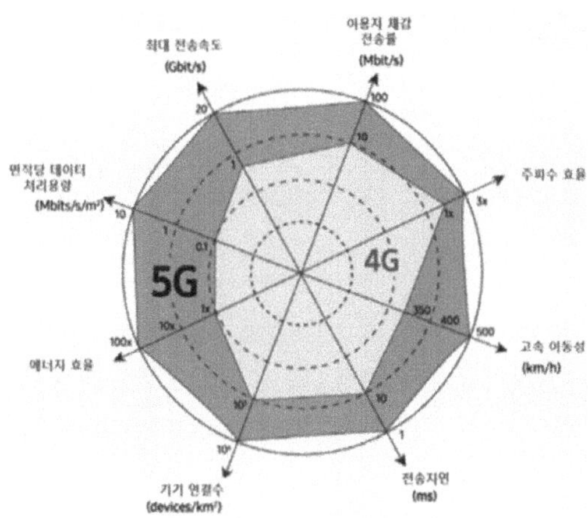


| Item | 4G | 5G |
|---|---|---|
| 최대 전송속도 | 1Gbps | 20Gbps |
| 이용자 체감 전송률 | 10Mbps | 100Mbps |
| 주파수 효율 | - | x 3 |
| 면적당 데이터 처리 용량 | 0.1Mbps/m² | 10Mbps/m² |
| 전송지연 | 10ms | 1ms |
| 최대 연결 기기 수 | 100,000/km² | 1,000,000/km² |
| 네트워크 에너지 효율 | - | x 100 |
| 고속 이동성 | 350km/h | 500km/h |

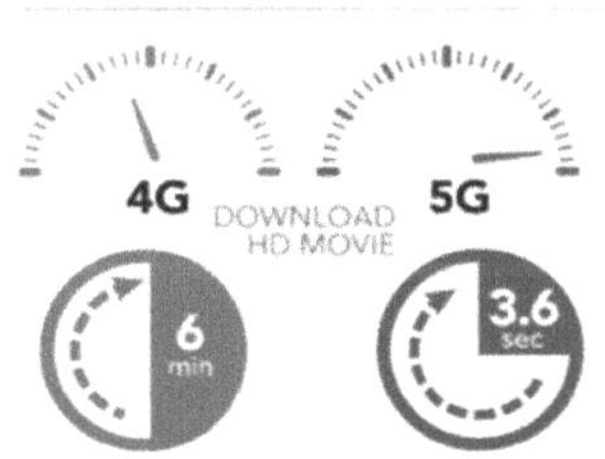


[자료] NOKIA(2018), "Unleashing the Potential of 5G"

## 5G의 3대 주요 특징

- **초고속**
  - 넓은 대역폭 확보와 속도개선을 위한 신기술 등을 통해 LTE 속도 대비 최대 20배 수준의 증가
  - 대용량·고화질 데이터의 실시간 전송이 가능해짐에 따라 실감형·몰입형 서비스 산업 활성화 유도

  ※ 최대 20Gbps속도로 대용량 콘텐츠 전송 → VR·AR게임, 영상전송 등

- **저지연**
  - 지연시간은 단말기가 통신할 때 요청에서 반응할 때까지 걸리는 시간을 의미, 5G는 1ms 이내
  - 원격조정 등 지연 없는 즉각적인 반응이 필요한 산업에 적용되어 새로운 서비스 창출이 가능

  ※ 촉각수준(1ms) 동시반응 → 자율주행, 실시간 로봇·드론 제어 등

- **초연결**
  - 단위지역($km^2$)에 최대 연결될 수 있는 기기의 수가 LTE 대비 10배 증가, 백만 개의 사물인터넷 연결
  - 향후 스마트시티 등 모든 사물이 연결된 사회 구현을 위해서는 단위지역 내 다량의 센서 연결이 필수

  ※ 수많은 센서·기기 연결 → 스마트시티, 스마트 공장 등

[자료] NIA,「IT & Future Strategy 보고서」

Enhanced mobile broadband service

Ultra-reliable/low-latency communications

Massive machine type communications

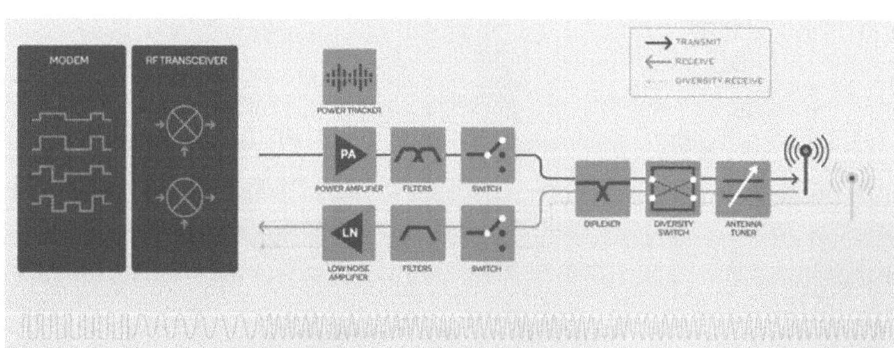

## Network: 5G

21

### 5G 주파수의 특징

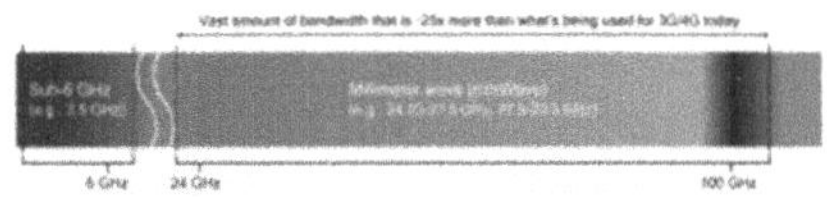


- **주파수**

- 1초에 전파가 진동하는 횟수, 무선통신은 특정 주파수 전파에 각종 정보를 실어 전달하는 방법

- **주파수 대역**

- 국내는 5G 이동통신을 위해 3.5GHz 와 28GHz 주파수 대역 등 이전보다 고주파 대역을 활용
- LTE 등 저주파 대역은 고주파에 비해 상대적으로 파장이 길고 회절 현상이 잘 나타나므로 장애물에 의한 경로 손실이 적음
- 대부분의 무선통신은 5G 주파수 대역보다 낮은 주파수 대역에서 통신하므로 상대적으로 커버리지가 넓은 장점이 있음
- 산업 분야에서 저주파 대역의 주파수를 이미 이용하고 있어, 5G는 넓은 대역폭 확보를 위해 고주파 대역으로 선정(방송, 라디오, 항공 등 산업분야에서 저주파 대역의 주파수는 활용 중)

- **대역폭**

- 대역폭은 통신을 할 수 있는 도로에 비유됨, 5G는 4G 대비 약 8배 넓은 대역폭을 할당
- 3.5GHz 대역 : SKT(100MHz), KT(100MHz), LGU+(80MHz),
- 28GHz 대역 : SKT(800MHz), KT(800MHz), LGU+(800MHz)
- 2026년까지 추가적으로 2,510MHz 할당 예정(5G+전략,'19.4)

[자료] NIA,「IT & Future Strategy 보고서」

## Network: 5G

22

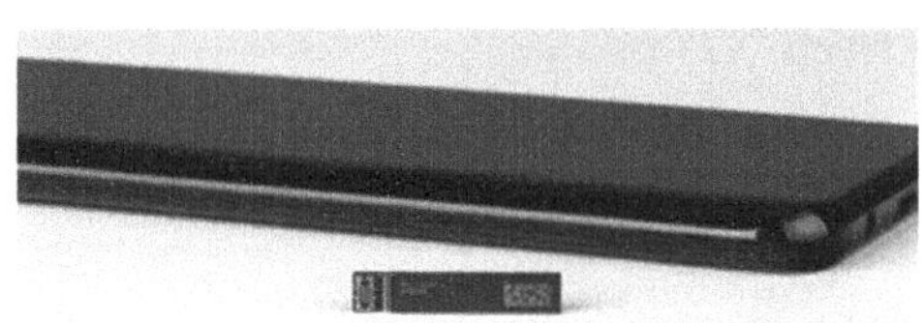

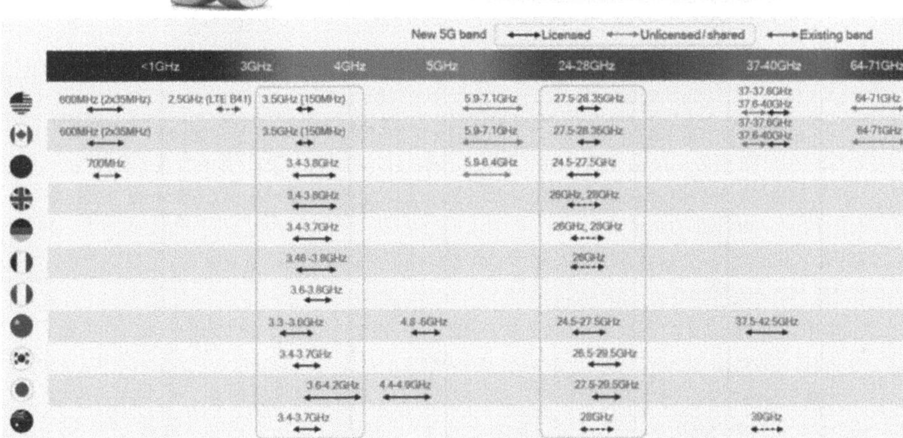

## Network: 5G

23

### 5G Wireless vs Wireline

- 이동통신의 프로세스는 크게 세 가지로 구분이 가능하며, 단말기-기지국, 기지국-통신국사, 통신국사-중앙 통신서버로 구분
- 스마트폰 등 단말기에서 기지국까지는 무선으로 통신하고 기지국을 거친 뒤 지역의 통신국사와 서버까지는 유선으로 통신
- 5G 네트워크는 무선통신뿐만 아니라 유선통신까지 포함하여 고도화된 네트워크 방식을 의미
- 지연시간, 속도 등을 5G 요구사항에 맞도록 개선하기 위해서는 유선 네트워크의 구조 변경, 광케이블 확충 등 고도화가 필요

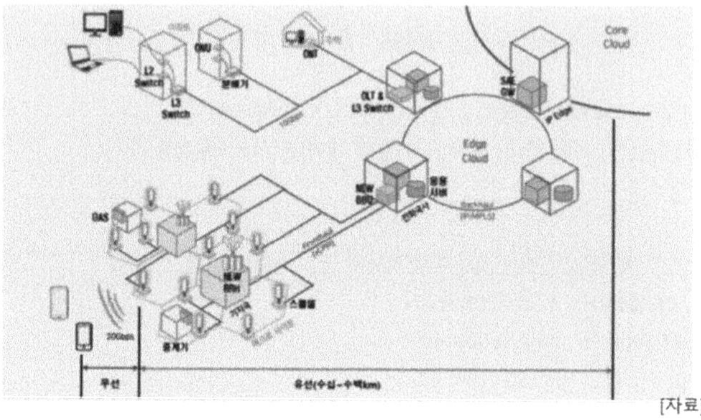

[자료] 5G산업 심층 분석(메리츠,'18.8)

## AI(Artificial Intelligence)

24

### AI, a Brief History(AI Winter)

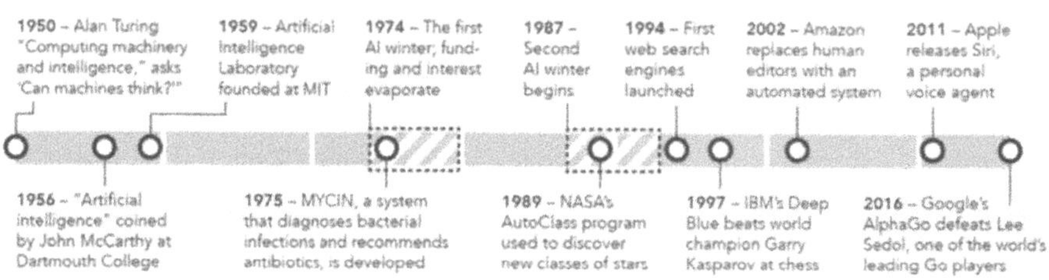


- 앨런 튜링(Alan Turing)의 논문, '컴퓨팅 기계와 지능(ComputingMachinery and Intelligence, 1950)'에서 최초로 인공지능 개념을 제시("기계가 생각할 수 있는가?"라는 질문의 답으로 '튜링 테스트'를 제시)
- 이후 스탠포드大, '존 매카시(John McCarthy)' 교수가 다트머스 회의(Dartmouth Conference, 1956)에서 처음으로 인공지능(AI) 용어를 사용
- MIT에서 AI연구실을 설립(1959)하는 등 AI 연구는 60년대 중반까지 선풍적 인기를 끌었으나 기술의 한계와 연구 성과 부진으로 쇠퇴
  - 첫 번째 겨울('74~'80): AI의 한계가 수학적으로 증명되고 과도한 낙관론에 대한 비판이 제기되며, AI 연구자금 지원이 중단(1960년대에 DARPA*는 AI에 수백만 달러를 지원했으나 70년대 초부터 펀딩 삭감
  - 두 번째 겨울('87~'93): 80년대에 '전문가 시스템'의 등장으로 AI가 다시 붐업 됐으나 비효율성과 높은 유지보수 비용 문제로 좌초

* DARPA (Defense Advanced Research Projects Agency, 방위 고등 연구 계획국): 미국 국방성의 연구, 개발 부문 담당

[자료] NIA,「IT & Future Strategy 보고서」

AI(Artificial Intelligence) 25

## Conventional Computing Power; Von Neumann Architecture

John Von Neumann(1903-1957)

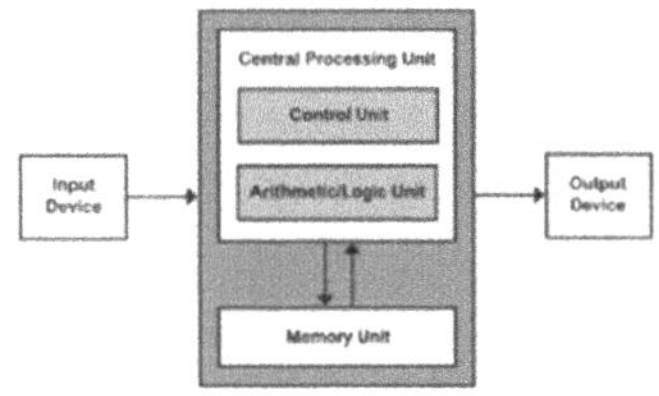


Von Neumann Architecture

- 폰 노이만의 가장 큰 업적은 현재와 같은 CPU, 메모리, 프로그램 구조를 갖는 범용 컴퓨터 구조의 확립
- 폰 노이만은 맨해튼 프로젝트*에 참여할 당시 발표한 논문 <전자계산기의 이론 설계 서론>에서 CPU, 메모리, 프로그램 구조를 갖는 프로그램 내장 방식 컴퓨터의 아이디어를 처음 제시

*맨해튼 프로젝트(Manhattan Project): 제2차 세계 대전 중 미국 주도, 영국과 캐나다가 공동 참여한 핵폭탄 개발 프로그램

- 폰 노이만 병목현상
  - 폰 노이만 병목(Von-Neumann Bottleneck)현상은 자료 경로의 병목현상 또는 기억 장소의 지연 현상
  - 나열된 명령을 순차적으로 수행, 그 명령은 일정한 기억 장소의 값을 변경하는 작업으로 구성되는 폰 노이만 구조에서 기인함
  - 현재 주류를 이룬 컴퓨터는 대개 이 폰 노이만 구조를 근간으로 발전해 왔고, 흔히 CPU라고 말하는 중앙 처리 장치는 전자 공학, 반도체 기술 및 소재의 혁신적인 발전에 따라 점점 작은 크기에 집적되었고 그 처리 능력도 비약적으로 발전

[자료] https://ko.wikipedia.org/wiki/폰_노이만_구조

AI(Artificial Intelligence) 26

## AI 기술의 전환점: 새로운 진화의 시작

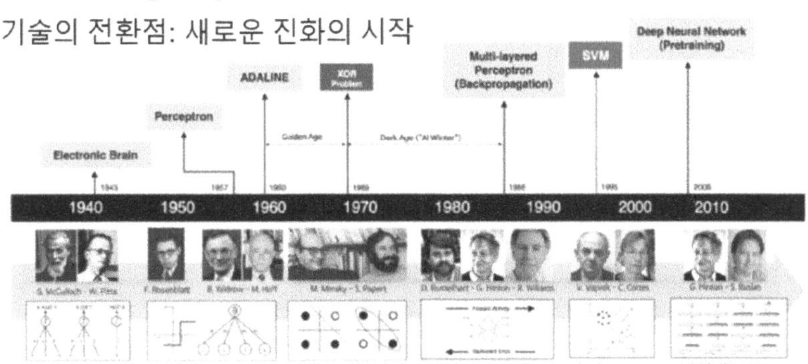


- AI는 인식(과도한 기대), 기술, 비용의 문제로 좌절을 겪었음에도 불구하고, 새로운 접근법의 등장과 기술 환경이 성숙하며 진일보
- 초기에 퍼셉트론*(Perceptron), 전문가 시스템(Expert System)부터 최근 딥러닝(Deep Learning)까지 AI를 진화시키는 기술이 지속 발전 *Perceptron: 두뇌의 인지 능력을 모방하도록 만든 인공 신경 뉴런
- 특히 2000년대에 등장한 딥러닝 기술*은 '16년, '알파고 vs. 이세돌' 이벤트로 가능성을 보여주며 인공지능의 급속한 성장을 견인 *심층신경망(Deep Neural Network) 개발(제프리 힌턴, '06)
- 현재는 AI의 핵심요인*이 충족, AI의 상업적 활용과 현실에서의 적용이 용이, AI 혁명의 시작 *AI의 6가지 핵심요인: 빅데이터, 프로세싱 파워, 연결된 세계, 오픈소스 SW와 데이터, 향상된 알고리즘, 수익 창출 가속화(WEF, '18)

[자료] NIA,「IT & Future Strategy 보고서」

## Advanced Computing Power; Neuromorphic Chip

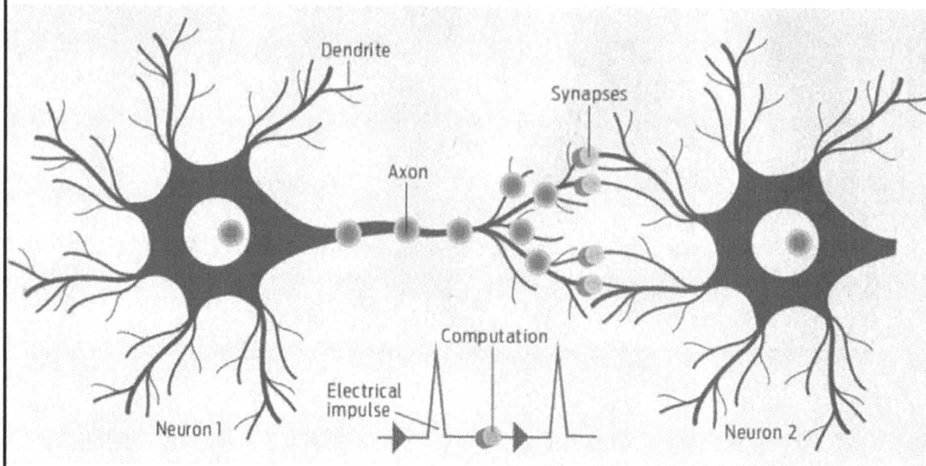


**Neuromorphic Architecture**

- 생물학적 두뇌와 유사한 컴퓨터 아키텍처. 하드웨어로 인공 신경망 구현
  - 기능 단위는 뉴런(Neuron), 축삭(Axon), 시냅스(Synapse) 및 수상돌기(Dendrites)로 구성
  - 시냅스는 두 뉴런 사이의 연결로, 이전 상태를 기억하고 새 상태를 업데이트하며 연결의 가중치를 유지
  - 각 뉴런에 대해, 수상돌기는 입력, 축삭은 출력에 해당됨



## Neuromorphic Chip(IBM TrueNorth)

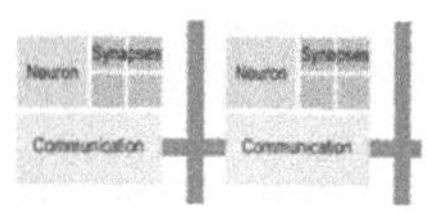

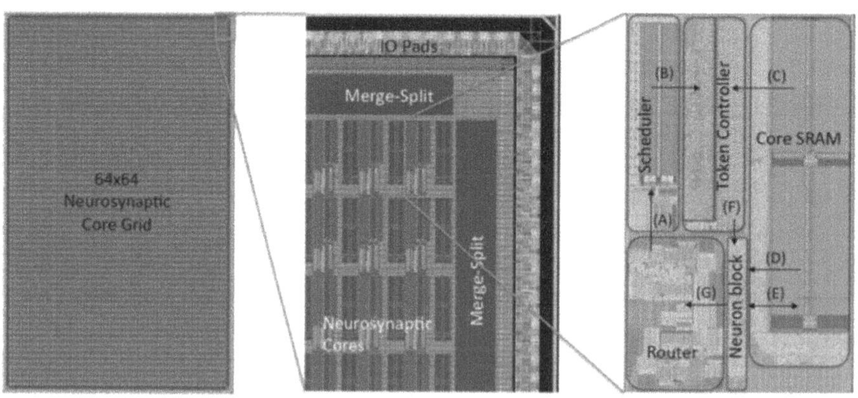


**TrueNorth** Layout: (left) 2D array of 64x64 neurosynaptic cores. (middle) top corner of array (3x3 cores), merge-split peripheral circuits, and I/O pads. (right) a single neurosynaptic core, labeled with its five major functional blocks.

## Neuromorphic vs Von Neumann

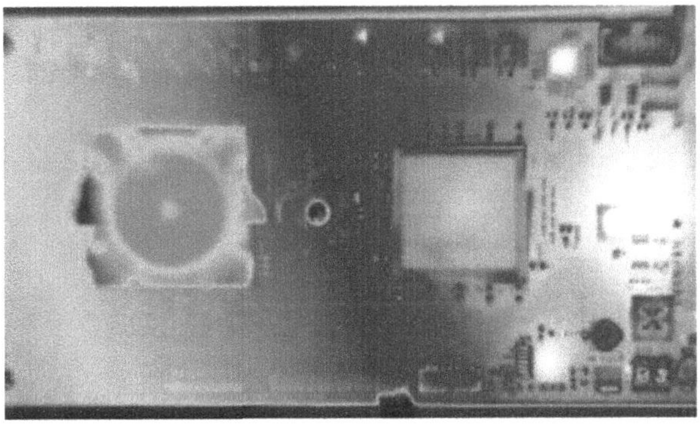

### Neuromorphic Structure

트루노스는 54억 개의 트랜지스터와 코어 4,096개가 탑재 사람의 뇌로 환산하면 약 100만 개의 디지털 뉴런과 2억 5600만 개의 디지털 시냅스로 인간의 뇌처럼 정보를 처리, 저장. 사람·자전거·자동차 등의 물체를 식별하는 데 성공한 바 있으며, 400×400화소 화질로 초당 30 프레임씩 움직이는 동영상 처리에 사용한 전력이 63mW.

### Von Neumann Structure

수치 계산이나 정밀하게 작성된 프로그램을 실행하는 데 탁월, 이미지나 소리를 처리하고 이해하는 데는 효율성이 낮음

**Ex)** 2012년 구글이 공개한 고양이 얼굴 자동인식 소프트웨어를 작동시키는 데 프로세서 1만 6000개 필요.

AlphaGo는 중앙처리장치(CPU) 1202개, 그래픽처리장치(GPU) 176개, D램 103만개 등 100만개 넘는 반도체 탑재.

알파고는 최고 사양의 기업용 서버 300대를 결합해 만든 '괴물'.



## DARPA AI Research

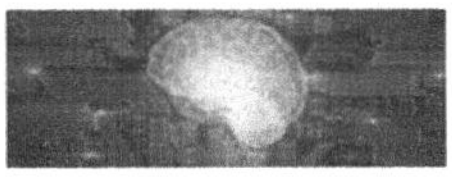

- DARPA 주도 AI 연구개발의 진화 단계
  - 미국방연구원(DARPA)은 지난 1960년대부터 지금까지 AI기술의 창시와 발전에 주도적인 역할을 담당
  - 1960년대 컴퓨터에 의한 자동화 뿐 아니라 지능의 시뮬레이션이 가능함을 알게 되며 AI 분야 탄생
- AI의 '첫번째 진화'
  - 1960년대 DARPA는 전문지식과 작업 규칙에 따라 작업을 수행하는 규칙기반 전문가시스템 개발
  - 물류시스템, 체스게임시스템, 보안관제시스템 등은 전문가시스템의 좋은 예로, 정형화된 업무에 적용하는 경우 매우 효과적임
  - 그러나 학습을 통한 지식 습득 능력이 없기 때문에 업무환경이 불확실하거나 변하는 경우 규칙기반 AI를 적용하기 어려움
- AI의 '두번째 진화'
  - 1990년대 DARPA는 대용량 데이터에서 통계적 패턴을 인식하는 머신러닝 시스템 개발
  - 자연어 이해, 문제해결, 탐지 및 인식 기술개발을 통해 군사용 목적 프로그램 외 무인자율자동차, 개인용 보조장치 등 개발
  - 다만, 통계적 패턴을 인식하기 위해 많은 양의 고품질, 고비용 교육 데이터에 의존, 상황변화를 인식, 적응하지 못하고, AI의 판단 결과에 대한 설명을 사용자에게 제공할 수 없는 한계가 있음

[자료] 「NIA Special Report」, https://www.darpa.mil/work-with-us/ai-next-campaign

## DARPA AI Research

- AI의 '세번째 진화'
  - DARPA는 차세대이자 AI기술의 '세번째 진화'로 상황인지 및 적응(contextual adaptation)기술 개발을 연구, 추진 중
  - 첫번째, 두번째 진화에 의해 구현된 AI 기술의 한계를 극복하고 변화하는 상황에 적응할 수 있는 새로운 AI이론 및 응용프로그램을 연구

- **차세대 AI 연구개발 캠페인 (AI NEXT** CAMPAIGN)
  - DARPA는 차세대 AI기술개발을 위해 "AI Next" 로 명명한 새로운 프로그램에 3년간 20억 달러 이상(한화 2조원)의 투자를 발표
  - AI Next 연구 목표는 컴퓨터를 문제해결을 위한 특수한 도구에서 함께 일하는 파트너로서의 AI기술을 개발하는데 있음
  - 어떻게 해야 AI가 상황변화 인식, 적응, 추론 능력과 사람과의 의사소통 능력을 가질 수 있는지 그 방법에 대하여 연구

[자료] 「NIA Special Report」, https://www.darpa.mil/work-with-us/ai-next-campaign



## DARPA AI NEXT Campaign

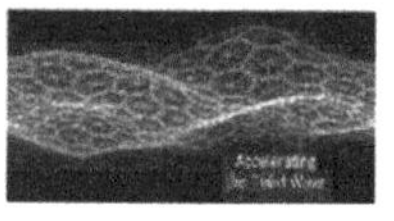

| | 1세대 AI | 2세대 AI | 3세대 AI |
|---|---|---|---|
| 사례 | 물류 스케줄링<br>딥블루(체스) | 이미지 인식<br>자율주행<br>알파고(바둑) | 커뮤니케이션<br>(XAI, 언어) |
| 학습 | 일정규칙 셋<br>(sets of rules) | 데이터 셋<br>(training dataset) | 설명모델 및<br>인터페이스 |
| 특징 | 규칙을 통한<br>스킬의 이해 | 통계분석을 통한<br>패턴의 이해 | 관계설명을 통한<br>맥락의 이해 |
| 한계 | 규칙에서 벗어난<br>문제 해결능력 한계 | 각 개체에 대한<br>인식 오류의 한계 | - |

[자료] 「DARPA Persepective on AI」,「NIA Special Report」

## AI(Artificial Intelligence)

33

### DARPA Synapse* Project

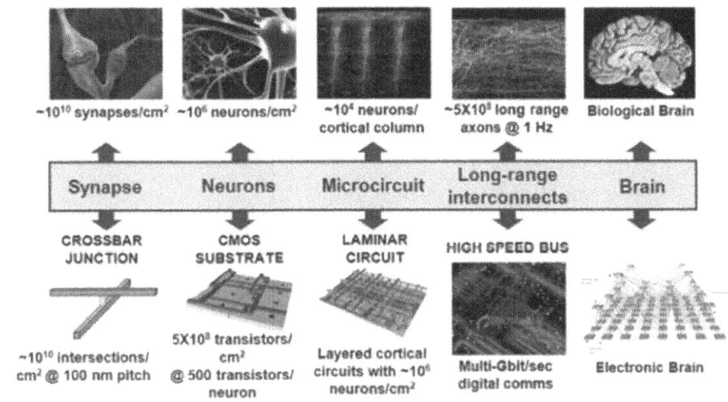


*Synapse(Systems of Neuromorphic Adaptive Plastic Scalable Electronics): low-power electronic neuromorphic computers that scale to biological levels.

[자료] http://nextbigfuture.com/2011/07/darpa-synapse-phase-2-targets.html

## 직류(DC) vs 교류(AC)

34

DC

AC

110 V

220 V

# 직류(DC) vs 교류(AC); 네이버 지식백과

35

DC

**직류** [direct current(DC), 直流]

- 전지에서의 전류에서와 같이 항상 일정한 방향으로 흐르는 전류로 약칭하여 보통 DC로 쓴다.
- 흐르는 방향과 크기가 일정한 전류를 칭하는 경우가 많으나 넓은 의미로는 일정한 방향으로 흐르는 전류를 말한다.

**교류** [alternating current / AC, 交流]

- 시간에 따라 크기와 방향이 주기적으로 변하는 전류로
- 사인파형이 가장 전형적이며 사각파나 삼각파 등으로 변형이 가능, 전류 흐름의 방향이 일정한 직류와 여러 다른 성질을 갖고 있다.

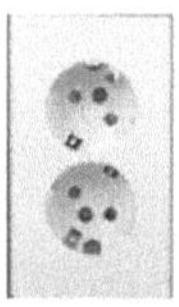

AC

→ 발전소로부터 공급되는 전류로 크기와 방향이 주기적으로 바뀌는 전류로서 교번전류라고도 한다. 파형이 주기적이서 평균값이 0이 되므로 실효값을 사용한다. 대표적인 교류는 사인파형이며 직사각형파, 삼각파, 사다리꼴파, 계단파, 펄스파 등의 변형파가 있다.

# 직류(DC) 전압, 전류

36

# 원자 구조(Atomic Structure)

- 원자는 원소(**element**)의 성질을 유지하고 있는 원소의 가장 작은 입자이다.
- 원자는 핵(**nucleus**)을 가지는데, 이 핵은 양(+)의 전하를 가지는 입자인 양자(**proton**)와 전하를 갖지 않는 입자인 중성자(**neutron**)로 이루어져 있다.
- 음(-)의 전하를 갖는 기본 입자는 전자(**electron**)라고 한다. 전자는 핵 주위에서 궤도를 그리며 돈다.

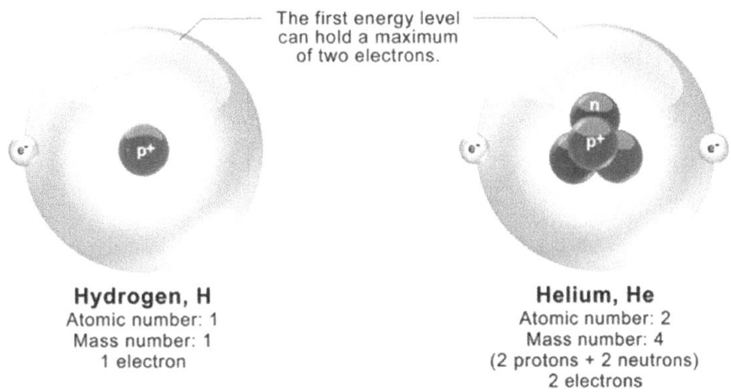




# 전자각(Electron shells)과 궤도(Orbits)

- 전자는 원자의 핵으로부터 일정한 거리에 있는 궤도를 돈다.
- 원자에서 궤도들은 전자각(**Electron Shell**)이라고 알려진 에너지 밴드(**Band**)들에 무리지어 있다.
- 주어진 원자는 일정한 수의 전자각 (**Electron Shells**) 을 가진다.
- 각각의 전자각은 허용되는 에너지 준위(궤도)에서 정해진 최대 수의 전자를 가지고 있다.

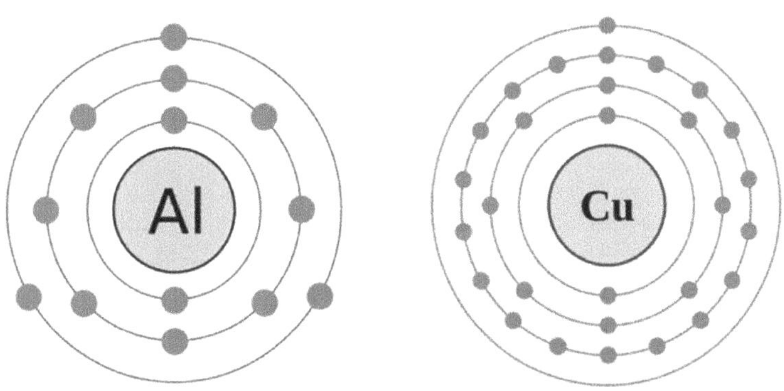


Al : 13(2,8,3) Cu : 29(2,8,18,1)

# 가전자(Valence Electrons)

- 핵에서 멀리 떨어진 궤도에 있는 전자들은 핵에 좀 더 가까이 있는 전자들보다 더 높은 에너지를 가진다. 이는 핵으로부터 거리가 멀어질수록 양의 전하를 띈 핵과 음의 전하를 띈 전자 사이의 인력이 감소하기 때문이다.
- 가장 높은 에너지 준위를 갖는 전자들은 원자의 가장 바깥쪽 전자각에 존재하며, 상대적으로 느슨하게 구속되어 있다. 이러한 가장 바깥쪽 전자각을 가전자 각(Valence Shell)이라 한다.
- 만약 가전자 각에 있는 하나의 전자가 충분한 에너지를 얻게 되어, 원자로부터 탈출하게 되면 이 전자를 자유전자(**Free Electron**)라고 한다.
- 전자가 떠나고 남은 원자는 이온화(**Ionization**)되었다고 한다. 원자가 전자를 잃으면 +이온, 전자를 얻으면 –이온이 된다.

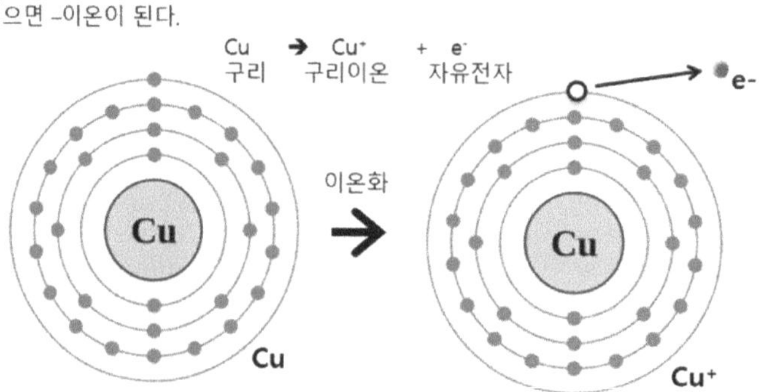




# 물질의 분류(Categories of Materials)

- 도체(**Conductor**): 도체는 쉽게 전류가 흐르는 물질로, 많은 수의 자유전자를 가진다. 대부분의 금속은 좋은 도체이며, 은(Silver)이 최상의 도체이다. 구리는 그 다음이며, 구리가 은보다 저렴하기 때문에 경제적인 이유로 가장 널리 이용된다. 구리선(Copper wire)은 전기회로에서 도체로 흔히 사용된다.

- 반도체(**Semiconductor**): 반도체는 도체보다는 자유전자를 적게 가지며, 전류를 전송하는 능력이 도체보다는 아래 등급이다. 또한 독특한 특성을 가지며, 다이오드(Diode), 트랜지스터(Transistor) 및 집적회로(Integrated Circuit)와 같은 전자 소자의 주성분이 된다. 실리콘(Silicon)과 게르마늄(Germanium)은 가장 흔한 반도체 물질이다.

- 절연체(**Insulator**): 절연체는 전류의 전도성이 나쁜 비금속성 물질로 전류가 필요치 않는 곳에서 전류의 흐름을 방지하기 위해 사용된다. 그 구조에 자유전자를 가지고 있지 않다. 가전자는 핵에 구속되어 있고, 자유롭지 않다. 전기 및 전자 응용에서 대부분의 실질적인 절연체는 유리(glass), 자기(porcelain), 테프론(tefron) 또는 폴리에틸렌(polyethylene) 등의 합성물(compound)이다.

41

# 전하(Electrical Charge)

- 양자와 전자는 전하의 크기는 같고, 부호는 반대이다.
- 반대 극성의 전하는 서로 당기고, 같은 극성의 전하는 서로 밀어낸다.

- 전하 사이에 끌어당기고 밀어내는 힘을 전기력(**Electric force**), 전기력이 미치는 공간을 전기장(**Electric field**)이라고 부르며, 이 힘을 아래 그림과 같이 역선(lines of force)으로 나타낸다.

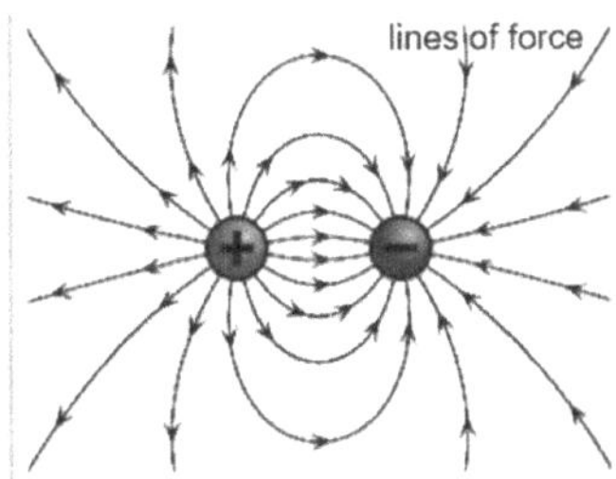


Electric field

42

# 전압(Voltage) **전류가 흐르게 하는 힘**

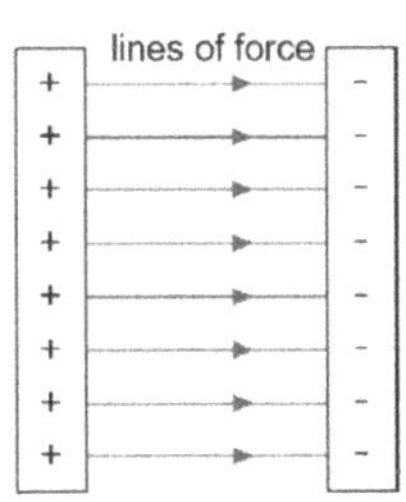


- 양전하와 음전하는 서로 끌어당기는 힘이 작용한다. 이러한 힘을 극복하고 전하를 주어진 거리만큼 떼어놓기 위해서는 어떤 일정한 양의 에너지가 일의 형태로 작용해야 한다.

- 일정한 간격으로 분리된 모든 반대 극성의 전하들은, 그 간격으로 인해 일정한 위치에너지를 가진다. 전하들의 위치에너지의 차를 전위차(**Potential Difference**), 혹은 전압(**Voltage**)이라고 한다. 전압은 전기회로에서의 구동력(driving force)이고, 전류를 발생시킨다.

**V=W/Q**

V[V: voltage], W[J: joule], Q[C: Coulomb]

# 배터리(Battery)

- 전위차(전압)를 저장해 둔 전압원(Voltage Source)을 전지(Battery)라 한다.

D C AA AAA AAAA 9V

- 전지는 사용 목적에 따라 직렬(Series) 또는 병렬(Parallel)로 연결하여 사용한다.

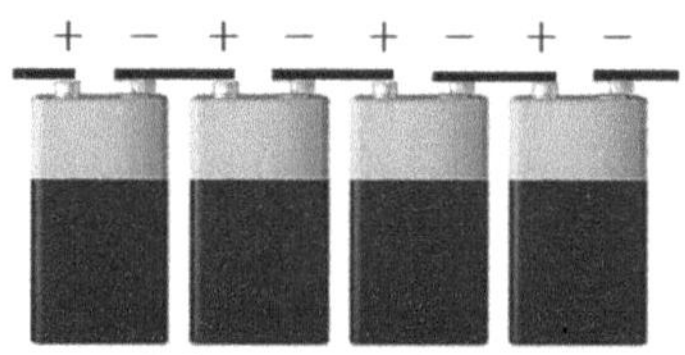


Series-connected battery

Parallel-connected battery



# 전류(Current) **전하가 이동하는 것**

- 자유전자는 모든 도체 및 반도체 물질에서 생성된다. 전압이 일정하게 인가되지 않으면, 생성된 자유전자들은 자유롭게(randomly) 떠돌아 다니게 되고, 전체의 합(net)은 0에 수렴한다.

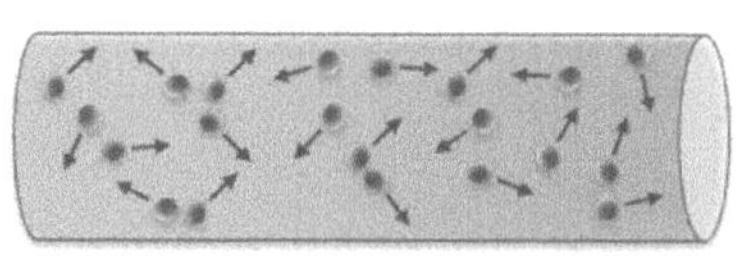

Randomly drifting free electron

- 전압이 도체 또는 반도체 물질 양쪽 끝에 인가되면, 한쪽 끝은 양(+)이 되고, 나머지는 음(-)이 된다. 왼쪽 끝에 있는 음의 전압에 의해 발생되는 척력(미는 힘)은 자유전자(음전하)가 오른쪽으로 이동하도록 만들고, 오른쪽 끝에 있는 전압에 의해 발생되는 인력(끄는 힘)은 오른쪽으로 끌어당긴다. 결과적으로 자유전자는 물질의 음의 끝에서 양의 끝쪽으로 이동한다.

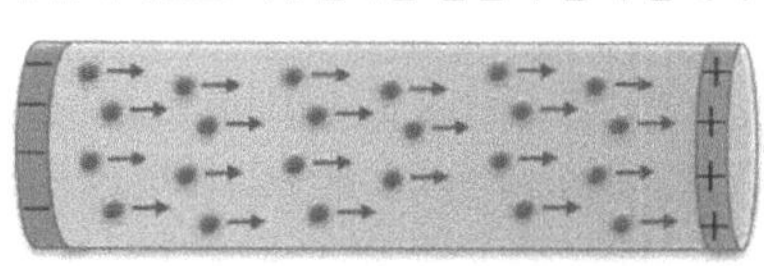

Voltage

- 물질의 음(-)의 끝에서 양(+)의 끝으로 자유전자의 이동을 전류(**Current**) 라 하고 이의 기호는 I 로 나타낸다. 전자는 음(-)의 극성을 가지므로, 전류의 흐름과 전자의 흐름 방향은 반대로 나타낸다.

45

**"전압을 가하면 전류가 흐른다** (압력을 가하면 수돗물이 흐르는 것처럼)"

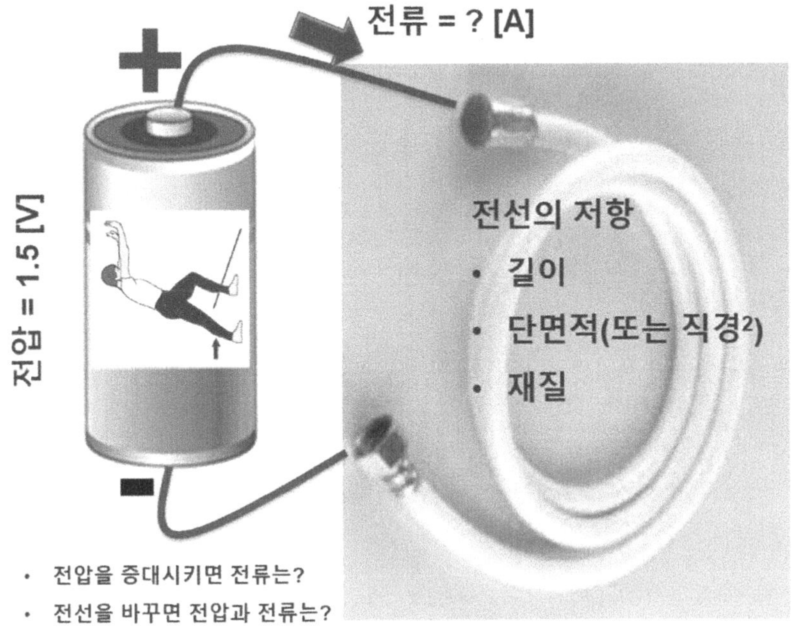


- 전압을 증대시키면 전류는?
- 전선을 바꾸면 전압과 전류는?

46

Lab.

1

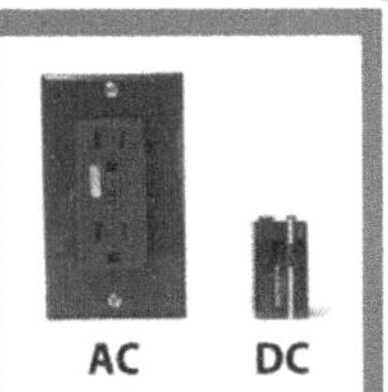

Analog-1

직류전기,
전기 기차

직류전압
직류전류

정보통신 기초 및 실험

Lab. 1 직류전기 학번 ________ 성명 ________ 47

[직류전압, 전류]

## 예비보고서

1. 실험실 안전을 위해 주의할 내용을 한 가지 이상 적으시오.

2. 전기 측정 기기 중 아는 것을 한 가지 이상 쓰고, 간략히 설명하시오.

3. 다음 용어를 간략히 설명하고, 단위를 적으시오.

   (1) 전하

   (2) 전류

   (3) 전압

# 실험실 안전

48

감전위험 : 심장 가까운 왼손은 더 위험
1.5 볼트 : 혀를 대면 '짜르르한' 자극
10 볼트 : 혀를 대면 졸도
50 볼트 : 손만 닿아도 깜짝 놀람
100 볼트 : 졸도
200 볼트 : 사망

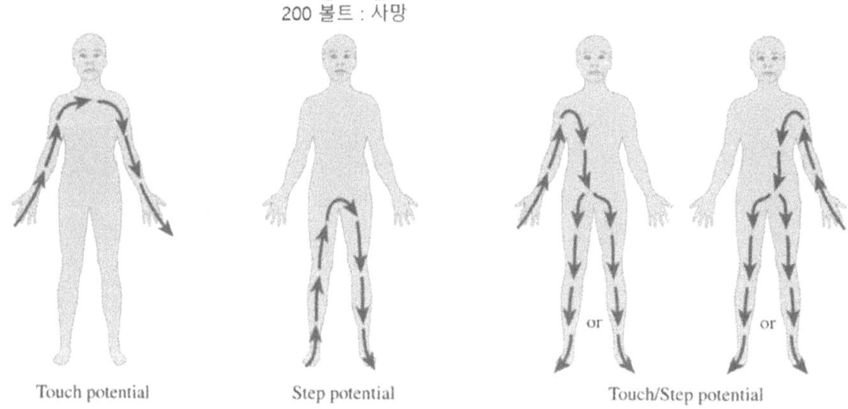


**전류 통로 별 전기 충격 위험**

**→ 물, 음료수 절대 금지 !!!**

49

# 실험실 안전

| 인체에 대한 전류의 영향 | |
|---|---|
| 전류(mA) | 물리적 영향 |
| 0.4 | 약간의 감각 |
| 1.1 | 인식 한계값(Threshold) |
| 1.8 | 충격, 고통없음, 근육제어 손실 없음 |
| 9 | 고통스러운 충격, 근육제어 손실 없음 |
| 16 | 고통스러운 충격, let-go 한계값(근육제어 손실 전류 레벨) |
| 23 | 심각하게 고통스러운 충격, 근육수축, 호흡곤란 |
| 75 | 심실세동(Ventricular Fibrillation), 한계값 |
| 235 | 심실세동, 5초 혹은 이보다 많은 시간 지속시 치명적 |
| 4,000 | 심장마비(심실세동 없음) |
| 5,000 | 조직 화상 |

- **인체의 저항: 보통 10 ~ 50 kΩ**

  **Ex) 인체 두 지점 사이 저항 10 kΩ, 전압 90 V → 9 mA**

50

# 전기 회로의 실험 및 측정 모형

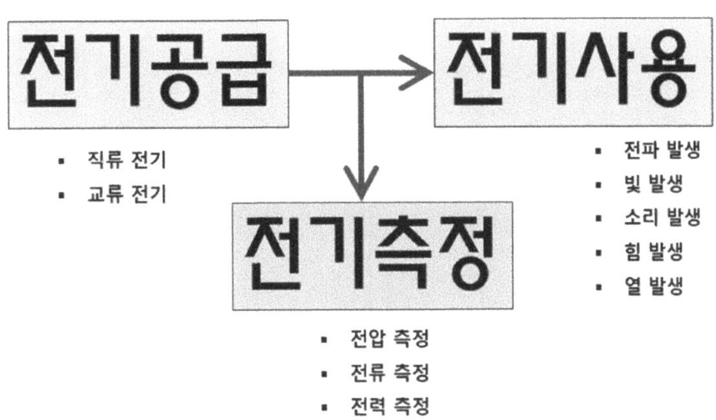

51

# 실험장비: DC 전력공급기(Power Supply)

52

# 실험장비: 디지털 멀티미터(Digital Multi-meter, DMM)

# 실험장비: 함수신호발생기(Function Generator)

53

# 실험장비: 오실로스코프(Oscilloscope)

54

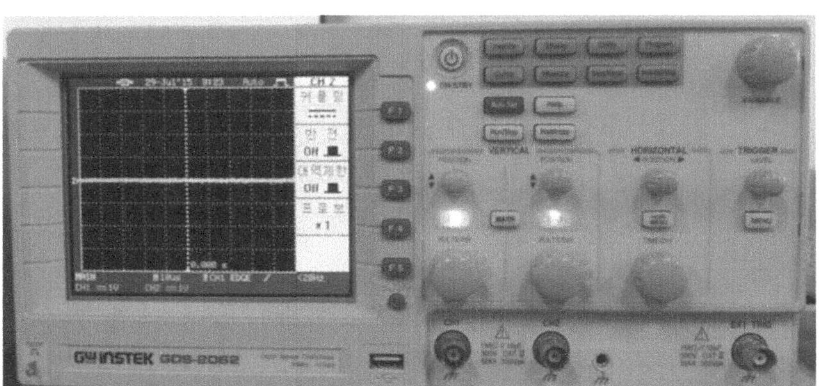

55

# 실험장비: 디지털로직랩(Digital LogicLAB)

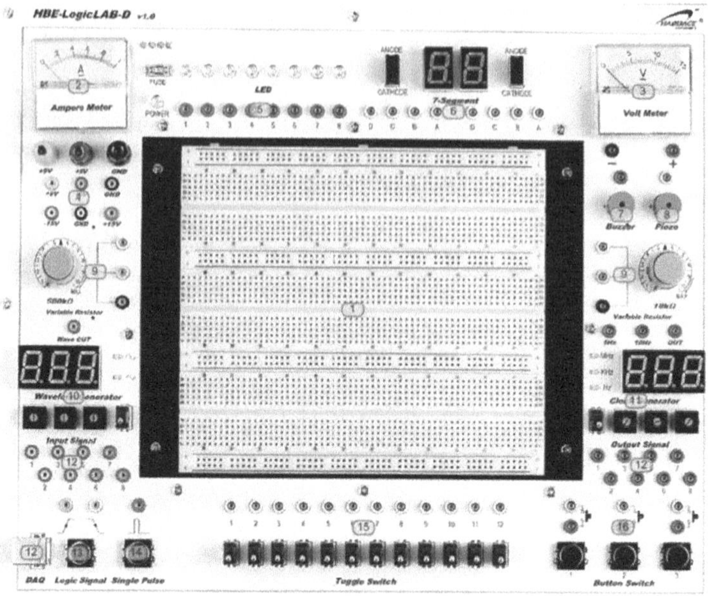


56

# 직류전압, 전류의 이용

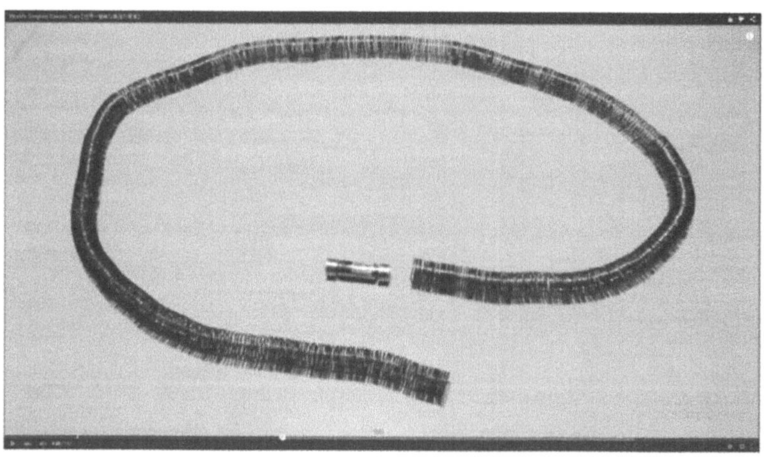

World's Simplest Electric Train; youtube (1m48s)

https://www.youtube.com/watch?v=J9b0J29OzAU

57

# 직류전압, 전류의 이용: 1.5 V AAA Train

1. 구리선(동선)과 감을 수 있는 대롱 (AA 건전지로 대체)을 준비한다.

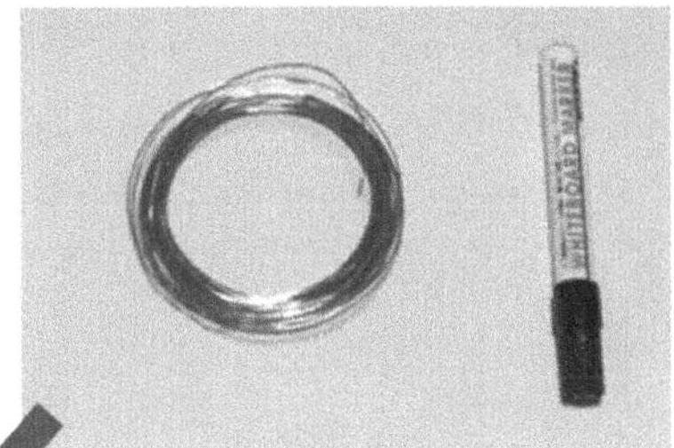

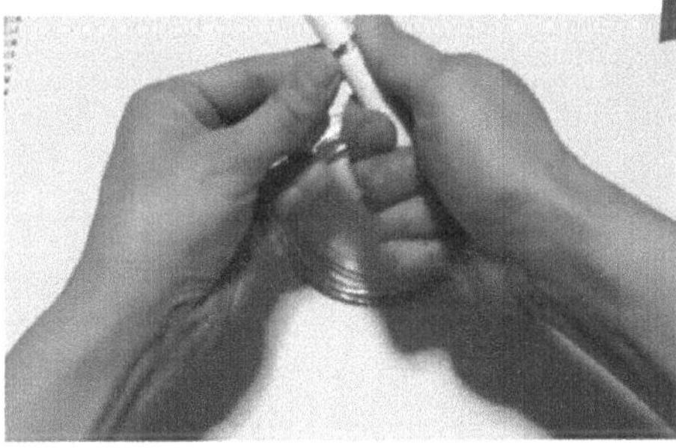

2. 구리선(동선)을 AA건전지 둘레를 따라 반시계방향으로 감는다.

58

# 직류전압, 전류의 이용: 1.5 V AAA Train

3. 동선을 모두 감은 후 AA 건전지와 분리한다.

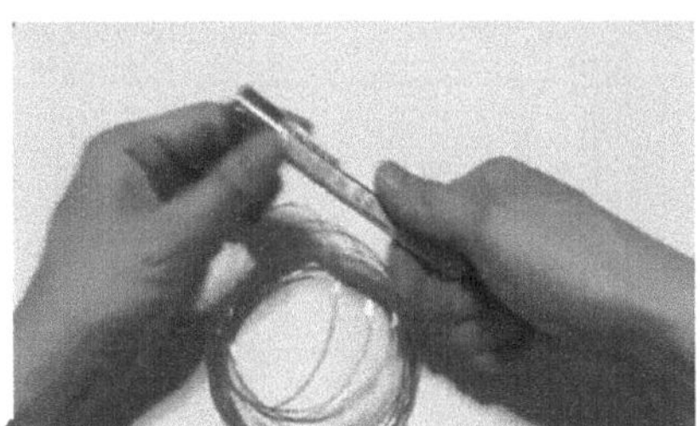

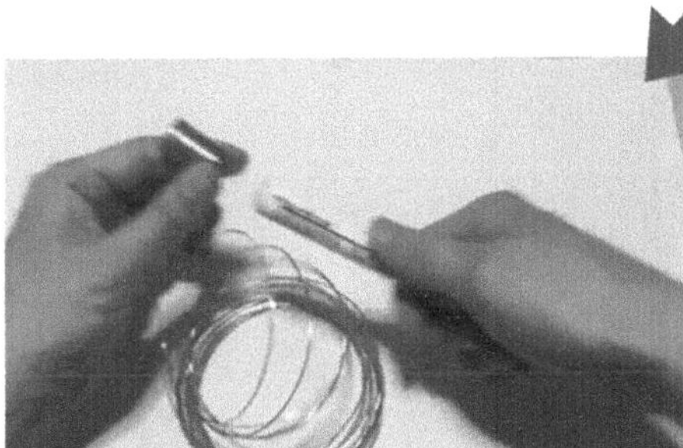

# 직류전압, 전류의 이용: 1.5 V AAA Train

59

4. 나침반 App 등으로 북쪽을 확인 후
   네오디움 강력자석의 N극을 구분한다.
   ( 자석을 놓았을 때 북쪽을 향하는 면이 N극임)

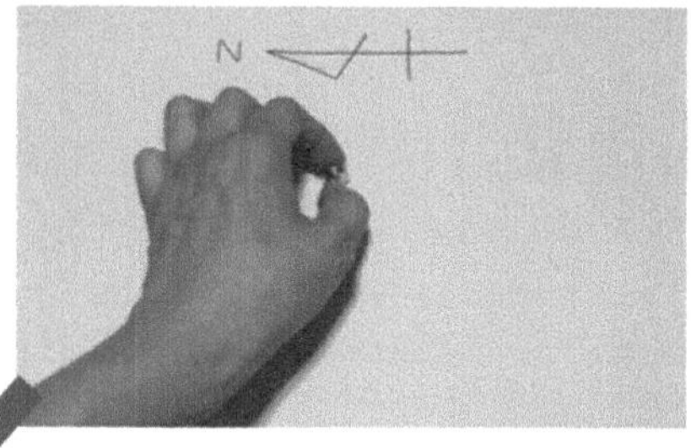


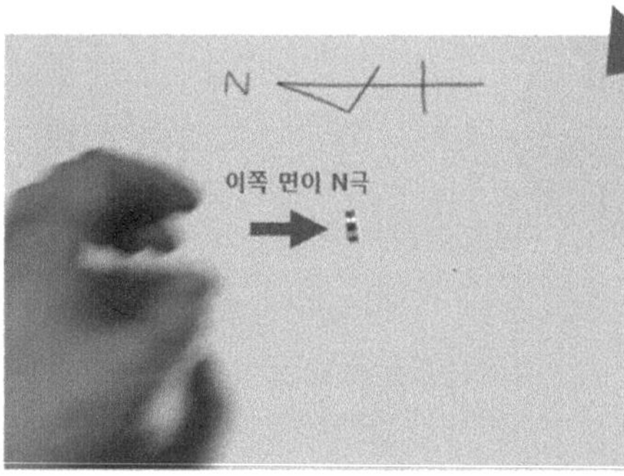


# 직류전압, 전류의 이용: 1.5 V AAA Train

60

5. N극이 향하는 면을 표기하거나, 기억하여
   알아볼 수 있도록 구분한 후, AAA 배터리의
   +와 −극 모두에서 N극이 바깥을 향하도록 붙인다.

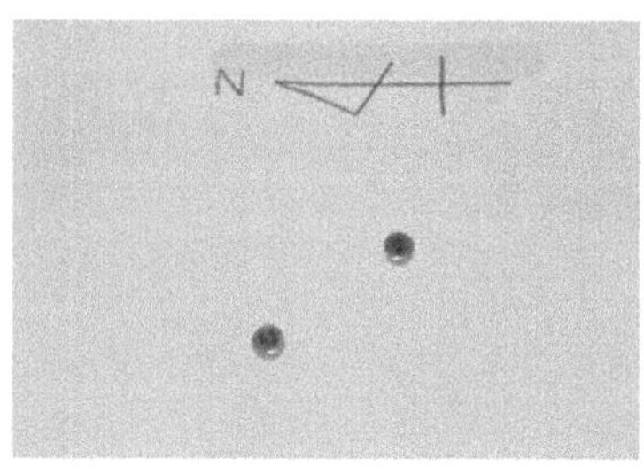


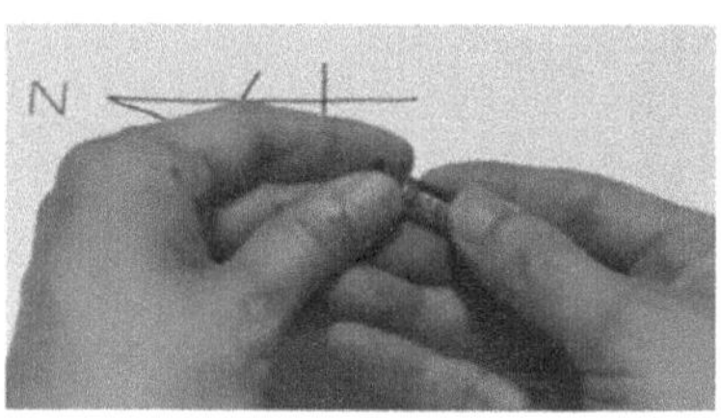


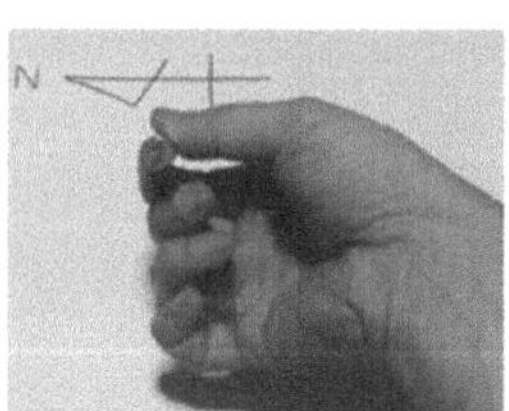

# 직류전압, 전류의 이용: 1.5 V AAA Train

6. AAA 배터리 1.5 V의 구동력을 확인한다.

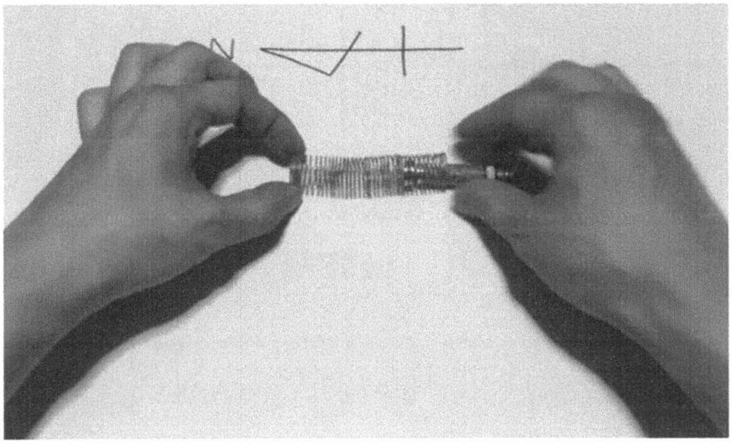



# 직류전압, 전류의 이용: 1.5 V AAA Train

▪ **AAA 배터리 전기 기차 동작원리**

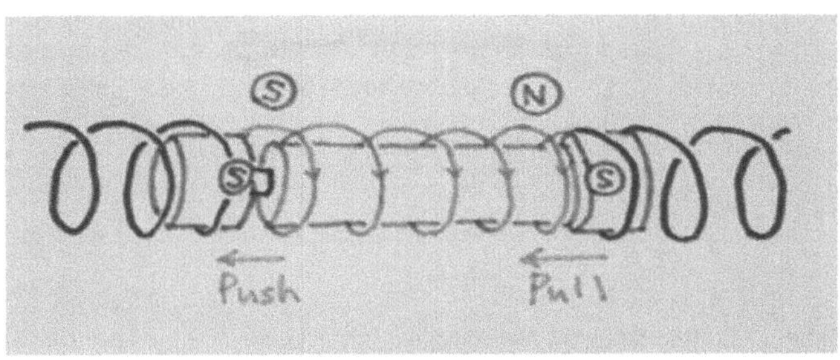


How to make ; youtube (4m01s)

https://www.youtube.com/watch?annotation_id=annotation_3080628923&feature=iv&src_vid=Y1MDOerruDU&v=IXeXcbvBPJw

**Lab. 1 직류전기** 학번 ________ 성명 ________

[직류전압, 전류]

## 결과보고서

1. 디지털 멀티미터의 기능을 간략히 설명하시오.

2. 함수신호발생기의 기능을 간략히 설명하시오.

3. 직류전원공급기와 함수신호발생기의 차이는 무엇이지 간략히 설명하시오.

4. 전기 기차 실험의 전원(Power Source)으로 교류가 아닌 직류가 사용된 이유를 설명하시오.

5. 두 개의 네오디움 자석의 방향을 바꾸어서 S극이 모두 바깥을 향하도록 변경하면 무엇이 달라질까요?



# Chapter 2

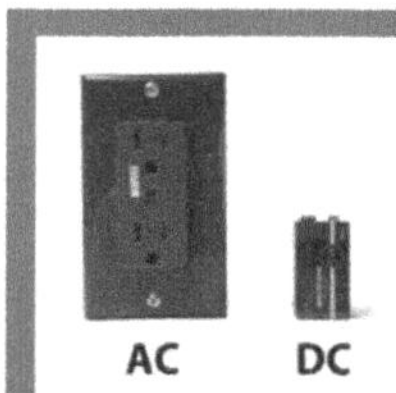


직류회로

직렬, 병렬저항
임피던스
전력/에너지

Analog-2

정보통신 기초 및 실험

65

# 강의 계획

| 장 | 강의주제 | 내용 | 단위 | 부품, 도구, 장비 |
|---|---|---|---|---|
| 1 | 직류전기 | 기술동향, 직류전기, 전기 기차 | [V], [A] | DMM, Power Supply, LED, buzzer |
| **2** | **직류회로** | **직렬, 병렬, 저항, 임피던스(resistance), 전력/에너지** | **[Ohm], [Watt], [Joule]** | **저항, 가변저항** |
| 3 | 교류전기 | 교류전압(정현파, 삼각파, 구형파), 주파수, 진폭 | [Hz], [sec] | OSC, FuncGen, FreqCounter, piezo, speaker |
| 4 | 교류회로 | 주기, 위상, 인덕터, 커패시터 | [radian], [degree], [H], [F] | OSC, FuncGen |
| 5 | 납땜 연습 | 납땜 원리, 납땜 연습 | | 인두, 납, 공기정화기, 전선, 니퍼, 드라이버, 납흡입기, 만능기판, 전자부품 |
| 6 | 라디오 조립 | 방송수신기 원리, 1석 라디오 조립 | | 다이오드, 트랜지스터, 코일, 바리콘, 안테나 |
| | 중간고사 | | | |
| 7 | 진법 | 이진법, 십진법, 16진법, 덧셈, 뺄셈 | 1, 0, 0~9, 0~F, +, - | LED, 7 segment display, 점퍼선, 스위치 |
| 8 | 디지털게이트 | and, or, not, nand, nor, exor, 부울대수, 진리표 | Hi/Lo, True/False | 슬라이드 스위치, 게이트, 로직 IC |
| 9 | 플립플롭 | SR ff, JK ff, D ff, 카운터, 레지스터 | clock, enable, reset, Q | 플립플롭, 카운터, 시프트 레지스터 |
| 10 | 아두이노 | 기초 예제 | | 아두이노 우노 Kit, 스케치 IDE |
| 11 | 아두이노 | 교통신호 제어 | | 아두이노 우노 Kit |
| 12 | 아두이노 | 4x4 키패드를 이용한 잠금 장치 | | 아두이노 우노 Kit, 키패드, 서보모터 |
| 13 | 아두이노 | 원격 서보모터 제어 안드로이드 앱 개발 | | 아두이노 우노 Kit, 블루투스, 안드로이드 앱, MIT App Inventor 2 |
| | 기말고사 | | | |

66

# 전압(Voltage)의 단위 [V]

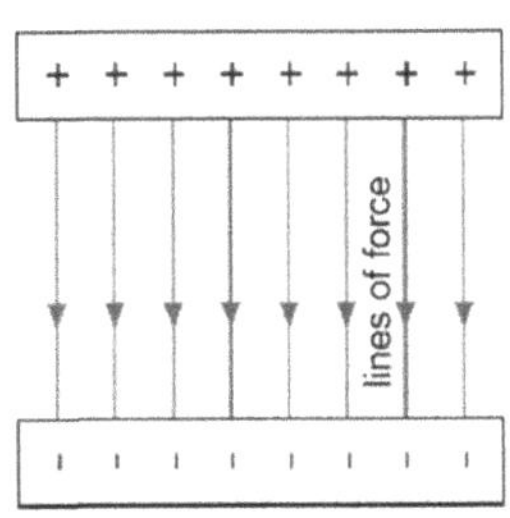


**V = W / Q**

**V [V: volt],** W [J: joule], Q [C: coulomb]

- **V는 전압의 단위, W는 양전하와 음전하를 일정거리 떼어놓기 위해 해준 일의 단위**
- **Q : 전하량, 양전하와 음전하의 양을 나타내는 단위**
  **→ 전자 1개의 전하량 : 1.6 X 10 $^{-19}$ [C]**

**→ 전자 2개의 전하량 : 3.2 X 10 $^{-19}$ [C]**
**→ 몇 개의 전자가 모이면 1 [C] 이 될까?**

**Sol) 1 [C] 당 전자의 개수 =** $\frac{1}{1.6\times10^{-19}}$

**= 6.25 X 10$^{18}$ 개**

67

# 전압(Voltage) 1 [V]의 의미

**1 [V] battery**

V = W / Q

1 [V] = 1[J] / 1[C]

→ 1[J] 의 일을 해서 1[C] 의 전하를 모아둔 것

→ 1[J] 의 일을 해서 6.25 X $10^{18}$ [개]의 전하를 모은 것

**Q : 5 [V]의 전압에 10 [C]의 전하를 모았다. 그동안 한 일의 양은?**

**Sol) W = VQ = 5 [V] X 10 [C] = 50 [J]**

68

# 전류(Current)의 단위 [A]

**I = Q / t**

**I [A: ampere],** Q [C: Coulomb], t [s: second]

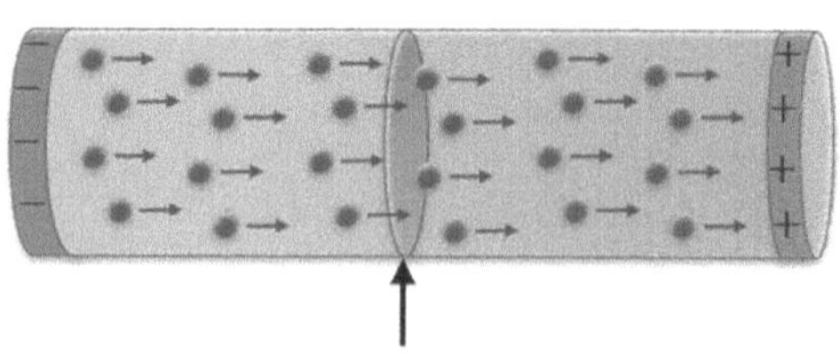

이 단면을 1[초, s] 동안 지나가는 전자의 개수가 6.25 X $10^{18}$ [개] 일 때, 즉 1[C]의 전하가 지나갈 때, 1[A]의 전류가 흐른다

# 저항기(Resistor)

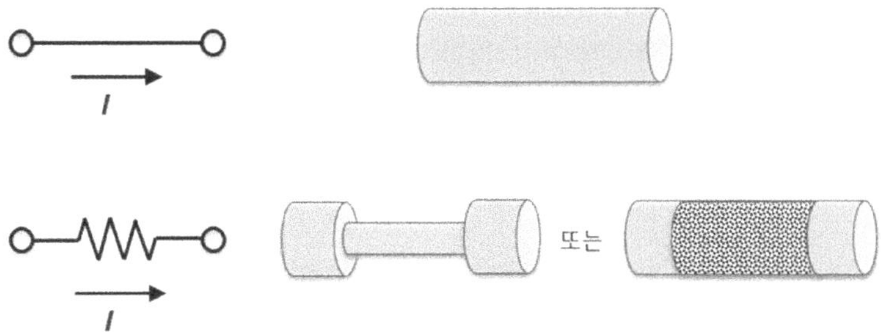


- 전자들의 흐름을 제한하는 물질의 특성을 저항(Resistance) 라 하고, 기호 R 로 표시한다.

# 저항(Resistance)의 단위 [Ω]

**R = V / I**

**R [Ω : ohm],** V [V: Volt], I [A: current]

**→ 1 [Ω]의 저항 양 끝에 1 [V]의 전압을 걸면(인가하면) 전류는 1 [A]가 흐른다.**

**→ 저항은 전류를 제한하거나 전압을 나눌 때 또는 열을 발생시킬 때 사용한다.**

**→ 저항의 역수를 컨덕턴스(Conductance)라 부른다.**
**컨덕턴스: G = 1 / R , 단위는 [S], Siemens 를 사용**
**저항 값이 클수록 전류가 잘 흐르지 않고, 컨덕턴스 값이 클수록 전류가 잘 흐름.**

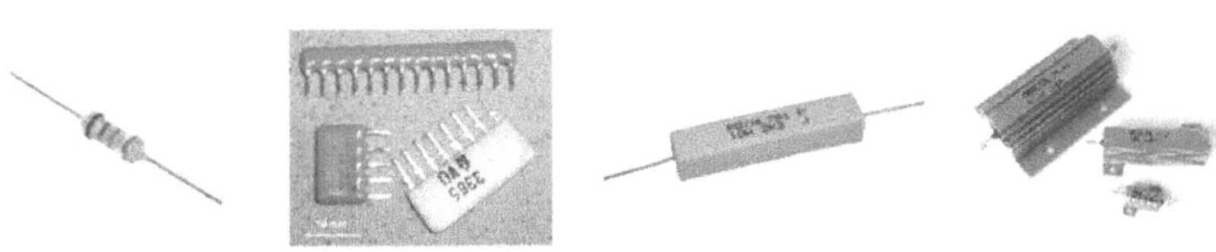

71

# 저항기의 컬러코드밴드(Color-code bands)

- 1st band : the first digit of the resistance value
- 2nd band is the second digit of the resistance value
- 3rd band is the multiplier (number of zeros)
- 4th band indicates the tolerance

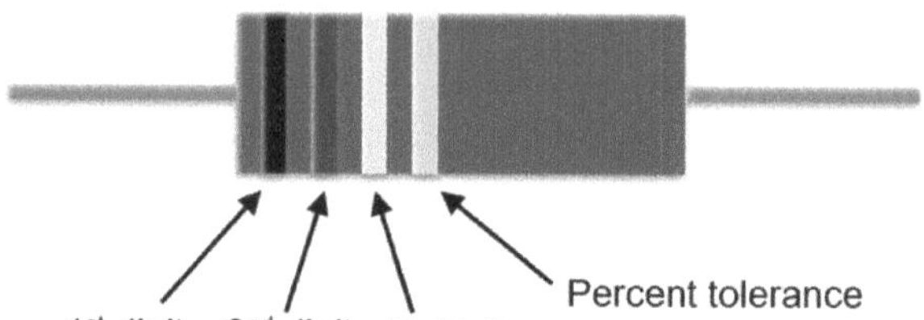


72

# 저항기(Resistor) color code 읽기

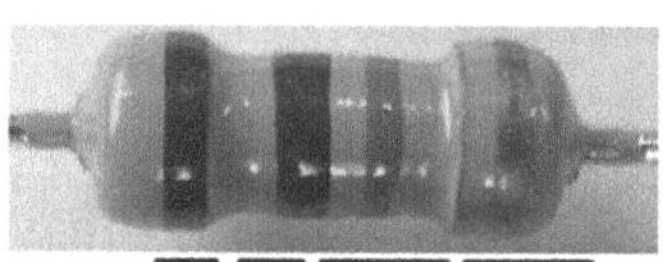

| Red | Red | Orange | Gold |
|---|---|---|---|
| 2 | 2 | X$10^3$ | ±5% |

➔ 22 kΩ ±5%

*10 ohm 미만의 저항값의 경우, 세번째 밴드는 금색 혹은 은색이며, 금색은 X 0.1을, 은색은 X 0.01 을 나타낸다.

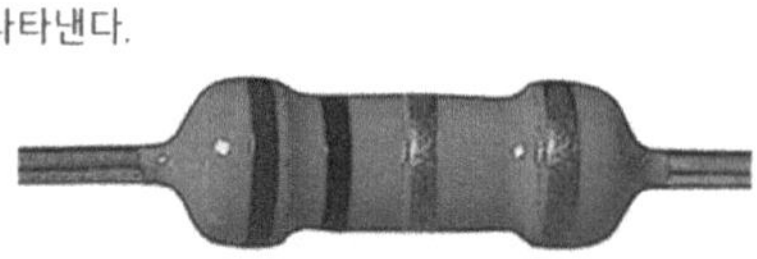

1 0 X 0.1 ±5%

➔ 1 Ω ±5%

0 Black
1 Brown
2 Red
3 Orange
4 Yellow
5 Green
6 Blue
7 Violet
8 Gray
9 White

±5% Gold
±10% Silver
±20% No band

# 4 band code와 5 band code

https://www.eeweb.com/tools/5-band-resistor-calculator/

4 BAND RESISTOR

녹청적금 ➔ 5.60 kΩ ±5%

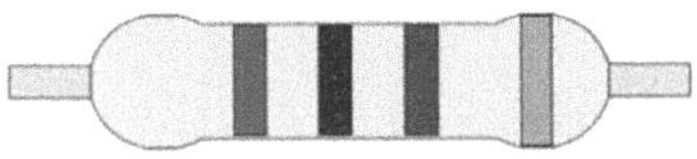

| | 1st Digit | 2nd Digit | Multiplier | Tolerance |
|---|---|---|---|---|
| Black | | 0 | x1 | |
| Brown | 1 | 1 | x10 | ±1% |
| Red | 2 | 2 | x100 | ±2% |
| Orange | 3 | 3 | x1K | ±3% |
| Yellow | 4 | 4 | x10K | ±4% |
| Green | 5 | 5 | x100K | ±0.5% |
| Blue | 6 | 6 | x1M | ±0.25% |
| Violet | 7 | 7 | x10M | ±0.10% |
| Grey | 8 | 8 | x100M | ±0.05% |
| White | 9 | 9 | x1G | |
| Gold | | | ÷10 | ±5% |
| Silver | | | ÷100 | ±10% |

5 BAND RESISTOR

녹청흑적금 ➔ 56.00 kΩ ±5%

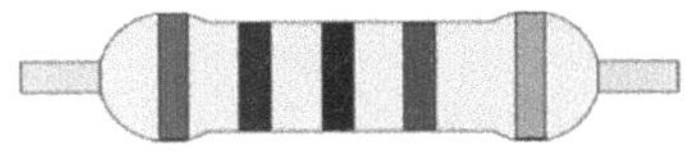

| | 1st Digit | 2nd Digit | 3rd Digit | Multiplier | Tolerance |
|---|---|---|---|---|---|
| Black | | 0 | 0 | x1 | |
| Brown | 1 | 1 | 1 | x10 | ±1% |
| Red | 2 | 2 | 2 | x100 | ±2% |
| Orange | 3 | 3 | 3 | x1K | ±3% |
| Yellow | 4 | 4 | 4 | x10K | ±4% |
| Green | 5 | 5 | 5 | x100K | ±0.5% |
| Blue | 6 | 6 | 6 | x1M | ±0.25% |
| Violet | 7 | 7 | 7 | x10M | ±0.10% |
| Grey | 8 | 8 | 8 | x100M | ±0.05% |
| White | 9 | 9 | 9 | x1G | |
| Gold | | | | ÷10 | ±5% |
| Silver | | | | ÷100 | ±10% |

6 band code는 5 band code에다 온도계수가 추가됨



# 가변저항기(Variable Resistor)

- 가변저항기는 저항기를 교체하지 않고 조절나사를 움직여 원하는 저항을 얻을 수 있는 구조를 갖고 있다.
- 가변저항기는 전압을 나누어주는 전압분배기, 또는 전류를 조정해주는 전류조절기로 사용된다.
- 전압분배기로 사용될 때 **분배기(potentiometer)**라 하고, 전류조절기로 사용될 때, **가감저항기(rheostat)**라 한다.

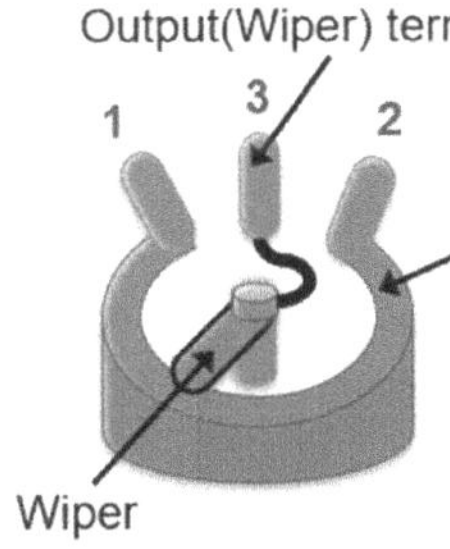


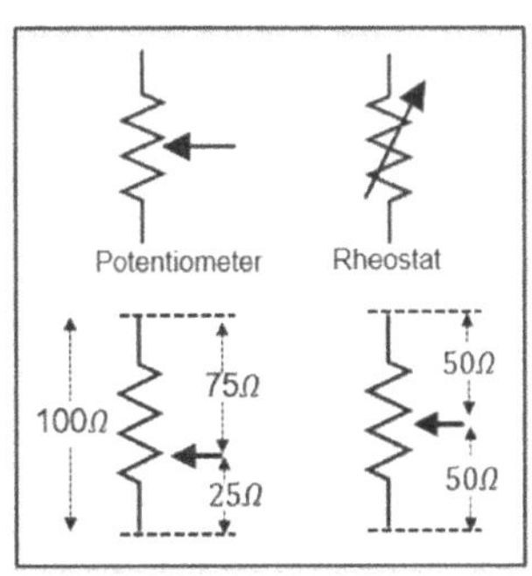

# 전기회로(Electric Circuit)

- 전기회로(**Electric Circuit**)는 전압원과 부하(**load**), 전압원과 부하 사이의 전류 통로로 구성된다.
- 부하(**load**)는 부하에 흐르는 전류로 인해 일(**work**)이 행해지는 소자이다. Ex) 전구
- 폐회로(**Closed Circuit**)는 전류가 완전한 통로를 갖는 회로이다.
- 개회로(**Open Circuit**)는 전류의 통로가 끊어져서 전류가 흐르지 않는 회로이다.

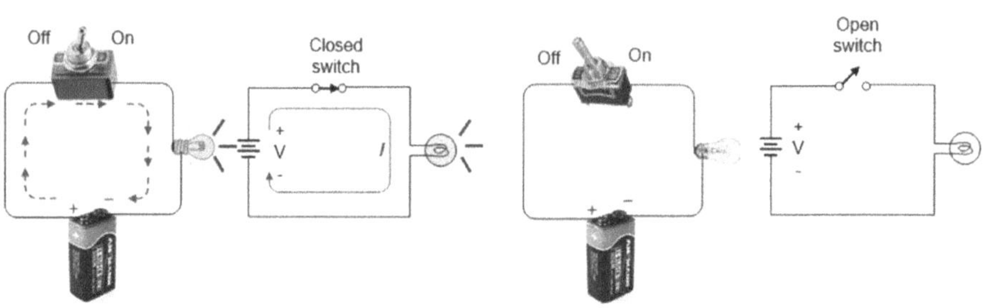




# 접지(Ground)

- 접지(**Ground**)는 전기회로에서 기준점으로, 0[V]의 전압을 갖는다.
- 접지의 종류에는 대지접지(**Earth Ground**), 기준접지(**Reference Ground**), 섀시접지(**Chassis Ground**), 공통연결접지(**Common Ground**)가 있다.

→ **대지접지(Earth Ground):** 대지(Earth)에 박혀있는 가장 기본적인 접지로 절대적인 0 [V] 전압

→ **기준접지(Reference Ground):** 대지와는 분리되어 있지만, 다른 지점에 대해 상대적으로 기준이 되는 접지로 서로 연결되어 있다.

→ **섀시접지(Chassis Ground):** 전기기구의 금속박스를 접지로 사용

→ **공통연결접지(Common Ground):** 전기회로에서 여러 지점을 하나로 묶어 기준접지로 사용

77

# 접지(Ground)

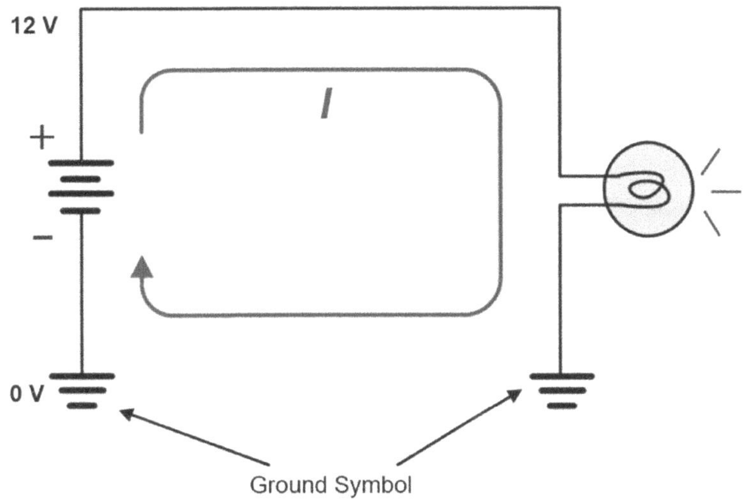


78

# 기초회로측정(Basic Circuit Measurements)

- 전압계(Voltmeter)

→ 전압계는 저항 또는 부하의 두 단자에 걸쳐서 병렬(parallel)로 측정한다.

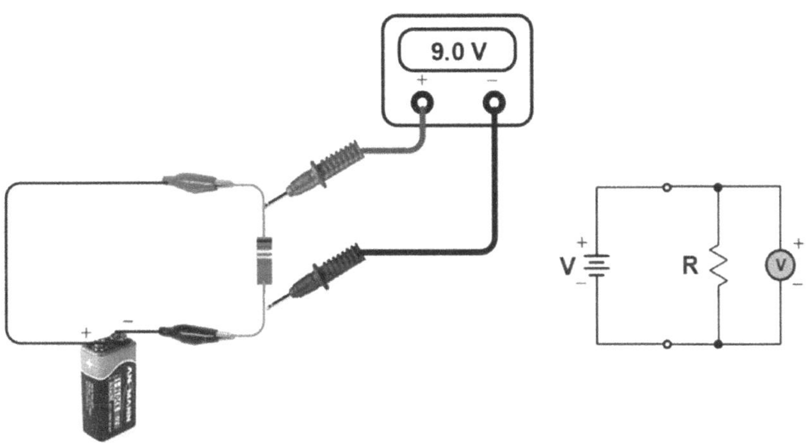

# 기초회로측정(Basic Circuit Measurements)

- 전류계(Ammeter)

→ 전류계는 전기회로를 개방하고, 전류 통로에 직렬로 연결하여 측정한다.

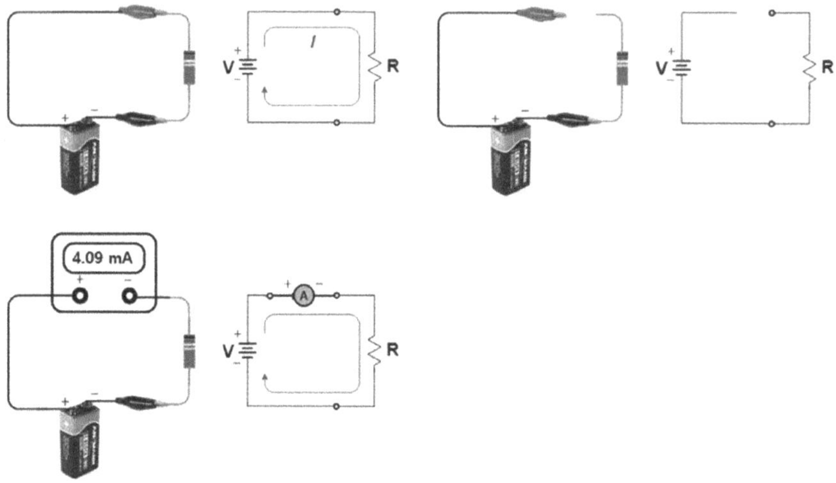




# 기초회로측정(Basic Circuit Measurements)

- 저항계(Ohmmeter)

→ 저항계는 저항을 회로에서 분리하여 저항의 두 단자에 걸쳐서 측정한다.

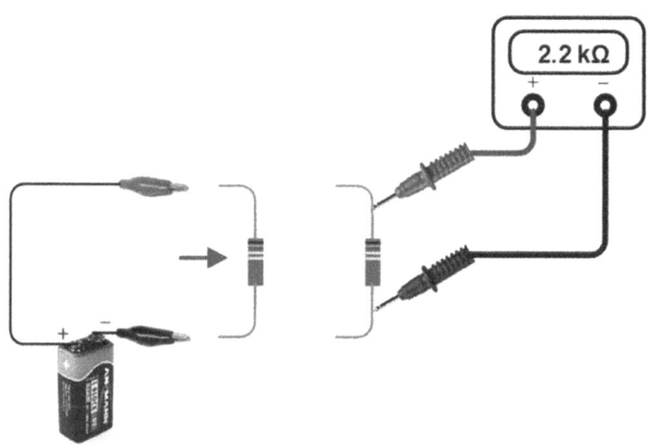

# 옴의 법칙(Ohm's Law)

- 옴의 법칙은 전기 회로에서 전압, 전류와 저항의 관계를 나타내는 수학적 법칙이다

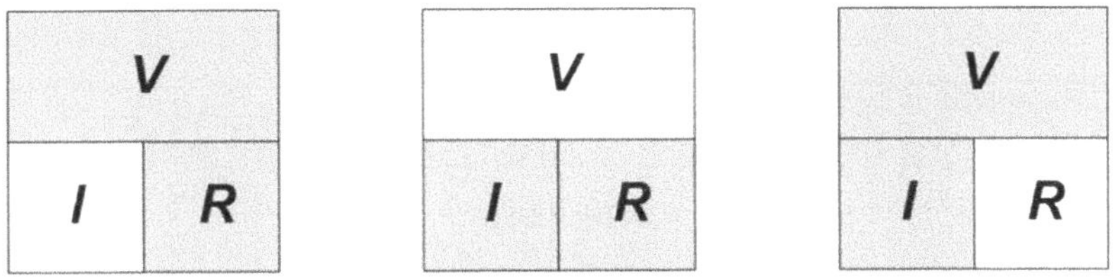


$I = \frac{V}{R}$ $V = IR$ $R = \frac{V}{I}$

- 저항에 대해 전압을 증가시키면, 전류는 증가한다.
- 전압과 저항을 알면, 전류를 구할 수 있다.
- 전류와 저항을 알면, 전압을 구할 수 있다.
- 전압과 전류를 알면 저항을 구할 수 있다.

**V** [V: Volt]

**I** [A: current], **R** [Ω : ohm]



# 옴의 법칙(Ohm's Law) Examples

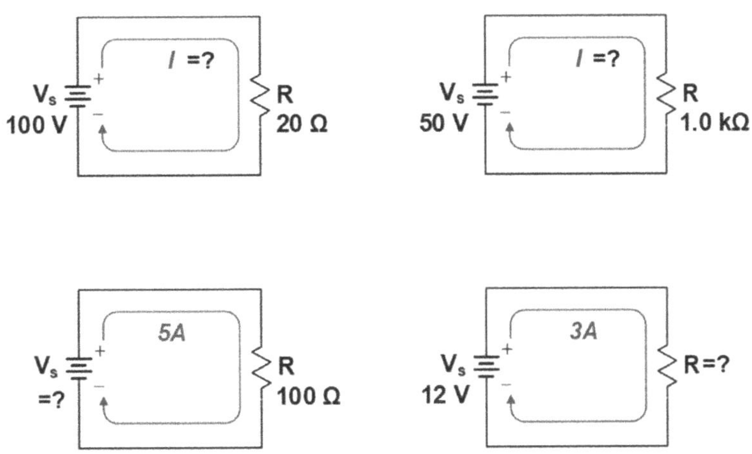

83

# 에너지(Energy)와 전력(Power)

- 에너지(Energy)는 일을 할 수 있는 능력이고 기호 W로 나타낸다..
  → 에너지의 측정 단위는 [J]이고 joule이라 읽는다.

- 전력(Power)는 에너지가 사용되는 율(rate)이다. 초 당 에너지.
  → 전력은 단위 시간(t) 동안 사용된 에너지(W)의 양으로 계산된다.

  **P [W] = W [J] / t [s]**

  → 전력의 단위는 [W]이며, watt 로 읽는다.
  → 1 [W] 는 1 [s] 당 1 [J] 의 에너지가 사용될 때의 전력량을 나타낸다.

- 전기회로에서 전력의 계산

  **P [W] = V [V] x I [A]**

  → 옴의 법칙을 적용하면, **P =** $I^2R$ and **P =** $V^2/R$

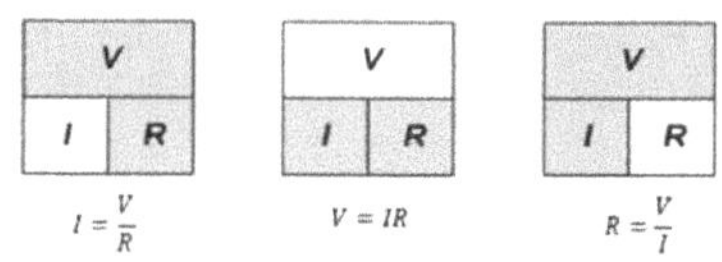


84

# 에너지(Energy)와 전력(Power)

가전제품의 전력 정격

| APPLIANCE | POWER RATING (WATTS) |
|---|---|
| Air conditioner | 860 |
| Blow dryer | 1300 |
| Clock | 2 |
| Clothes dryer | 4800 |
| Dishwasher | 1200 |
| Heater | 1322 |
| Microwave oven | 800 |
| Range | 12,200 |
| Refrigerator | 1800 |
| Television | 250 |
| Washing machine | 400 |
| Water heater | 2500 |

Ex) TV를 4시간 시청한
경우 사용한 에너지 ?

Sol) 에너지 단위 joule[J] 아닌
다른 표현법으로
킬로와트-시간 [kWh] 사용.

→ 250 [W] = 0.25 [kW]
→ 0.25 [kW] x 4 [h]
= <u>**1 [kWh]**</u>

# 직렬(Series)과 병렬(Parallel)

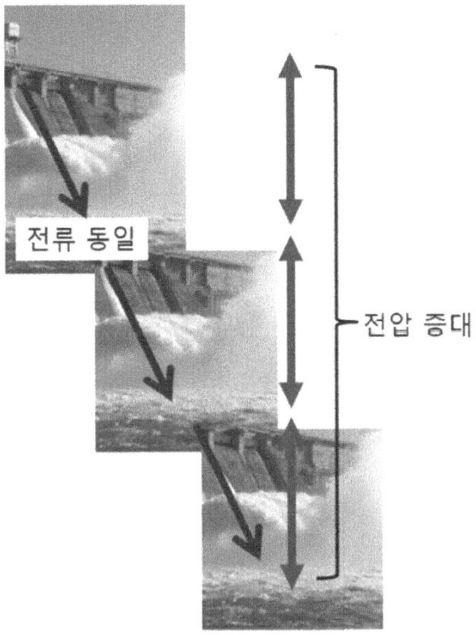

# 직렬연결된 저항(Resistors in Series)

- 직렬회로에서 두 점 사이의 전류 통로는 오직 하나이므로, 각 직렬저항을 통해 흐르는 전류는 같다.

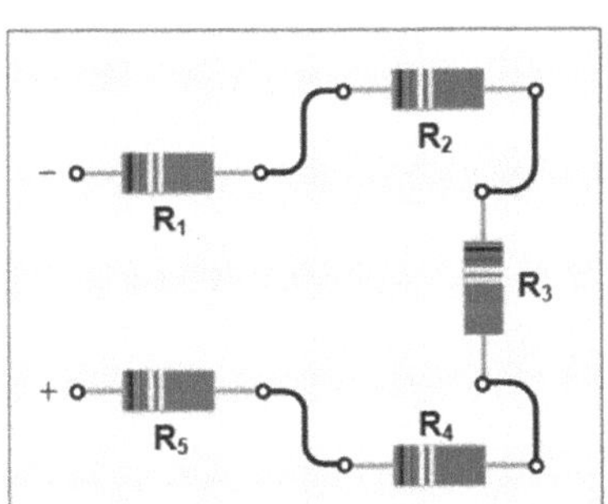


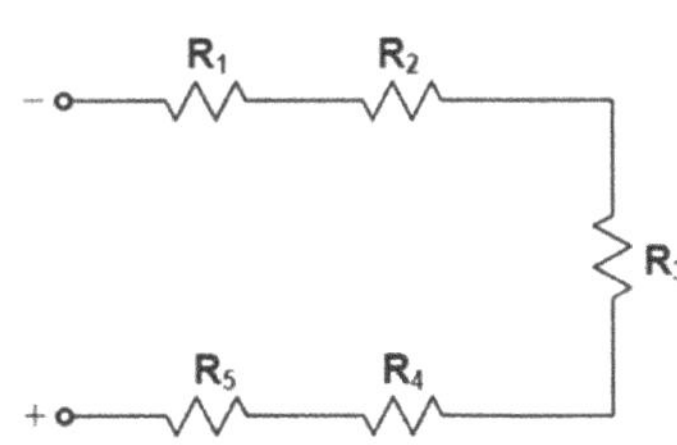

87

# 직렬 회로의 전류(Current in a Series Circuit)

- 직렬회로에서 모든 점을 통해 흐르는 전류는 같다.
- 직렬회로의 각 저항을 통해 흐르는 전류는 같은 회로의 다른 저항에 흐르는 전류와 같다.
- 직렬회로의 임의의 점에 대해, 들어가는 전류는 그 점으로부터 나오는 전류와 같다.

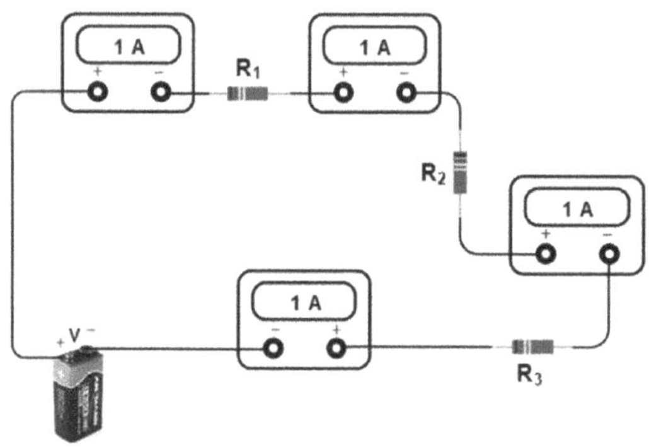


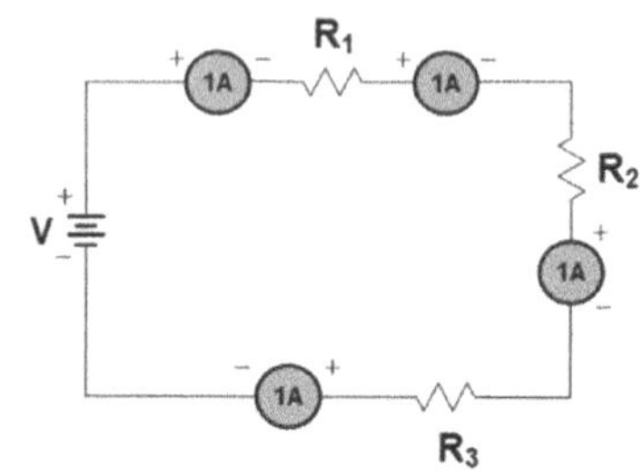


88

# 직렬저항 계산

- 직렬회로에서 전체 저항값은 각 개별 저항값의 합과 같다.

$$R_T = R_1 + R_2 + R_3 + \ldots + R_n$$

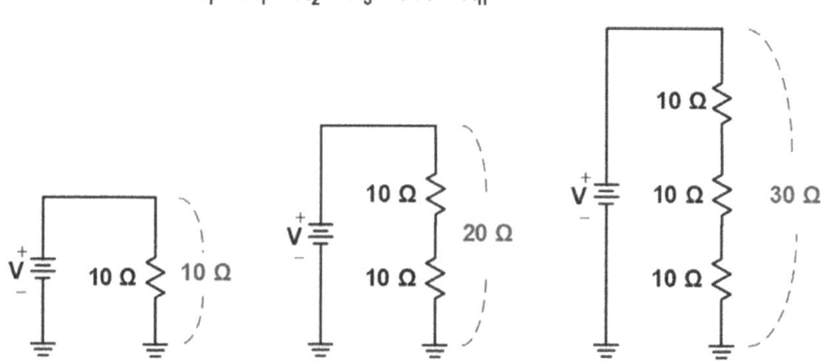

# 직렬연결된 전압원 (Voltage Sources in Series)

- 두 개 이상의 전압원이 직렬로 연결된 경우, 전체 전압은 각 개별 전압의 합과 같으며, 전압의 극성을 고려한다.

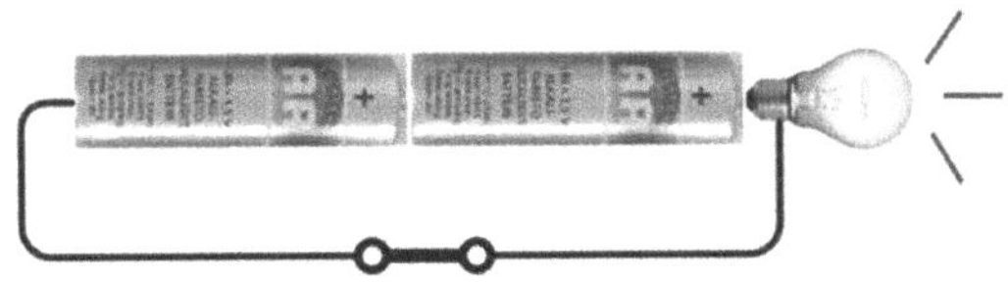

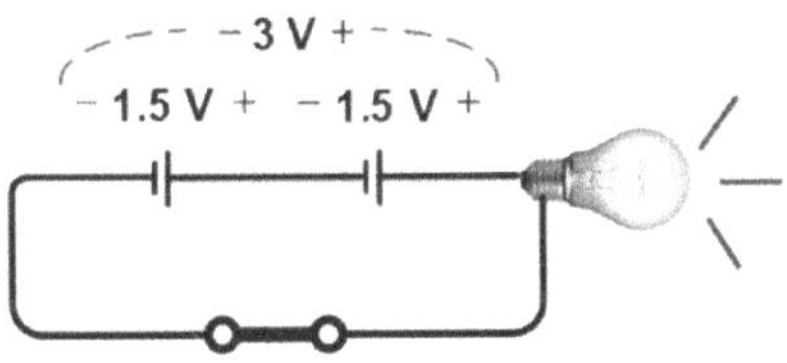


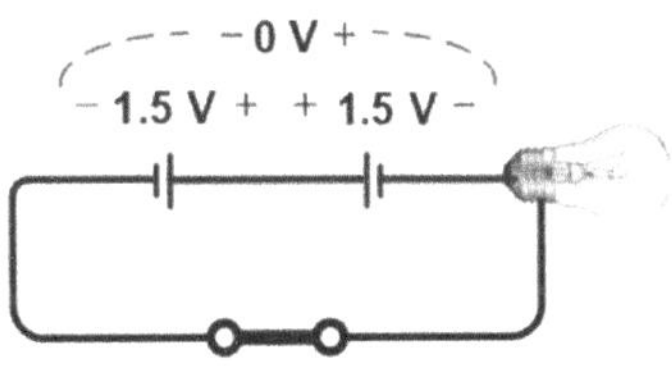




# 키르히호프 전압법칙(Kirchhoff's Voltage Law)

- 회로에서 하나의 닫힌 회로를 따라 발생하는 모든 전압 감소분의 합은 그 닫힌 회로에 있는 전체 전원 전압의 합과 같다.

→ $V_S = V_1 + V_2 + V_3 + \dots + V_n$

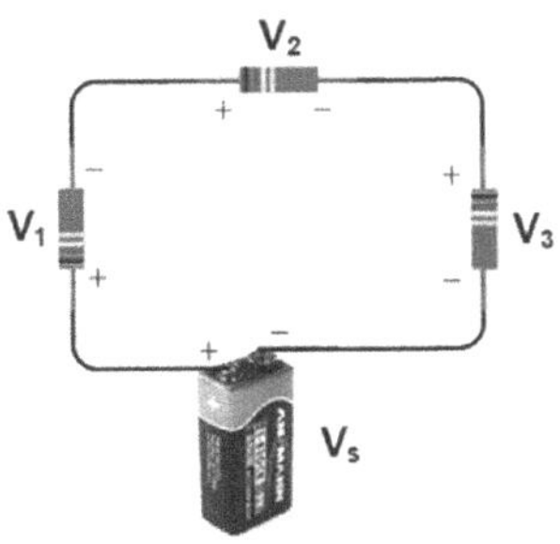


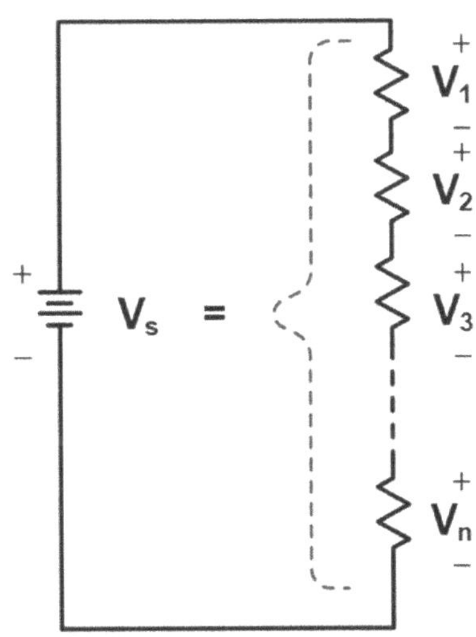

# 직렬회로의 전력(Power in a Series Circuit)

- 직렬회로에서 총 전력은 각 개별 저항에서의 전력의 합과 같다.

→ $P_T = P_1 + P_2 + P_3 + \ldots + P_n$

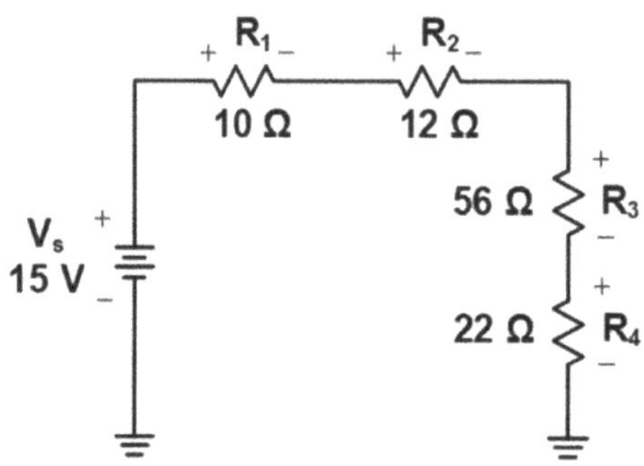


**직렬회로의 총전력 $P_T$ ?**

**Sol)**

**P[W] = V[V] x I[A]**

I = 15/(10+12+56+22)

= 15/100

= 0.15 [A]

$V_{R1}$[V]=0.15[A] x 10[Ω] = 1.5[V]

$P_{R1}$[W]=1.5[V] x 0.15[A] = 0.225[W]

$P_{R2}$[W]=0.27[W]

$P_{R3}$[W]=1.26[W]

$P_{R4}$[W]=0.495[W]

→ $P_T$[W]=0.225+0.27+1.26+0.495=2.25[W]



# 회로 접지(Circuit Ground)

- 전압(Voltage)은 상대적이다.
- 회로에서 전압은 항상 다른 하나의 점에 대해 상대적으로 측정된다.
- 회로에서 전압측정의 기준이 되는 지점(reference point)이 접지(ground)이다.
- 접지는 언제나 대지접지(earth ground)를 뜻하는 것은 아니다.

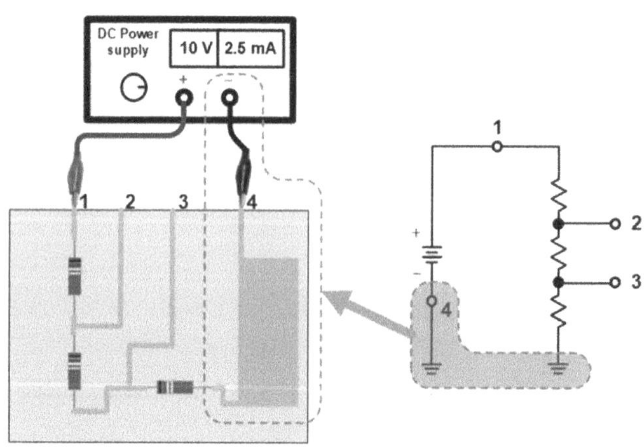

# 개방 회로(Open Circuit)

- 직렬회로에서 가장 흔히 발생하는 문제는 회로의 개방(**open**)이다.
- 직렬회로가 개방되었을 때에는 모든 전원 전압값이 개방된 두 지점 사이에 나타난다. 이것으로 고장을 진단할 수 있다.

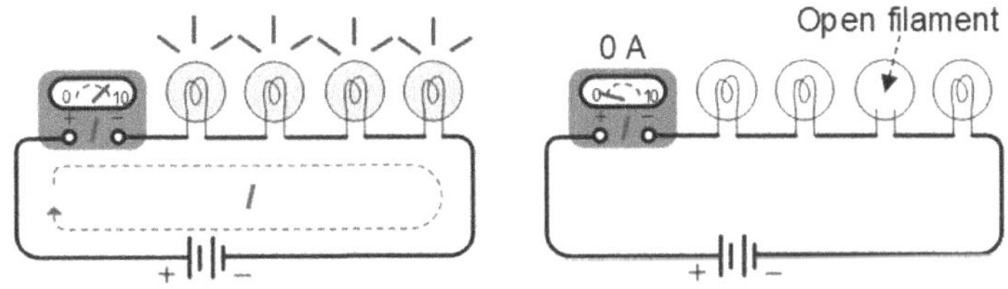


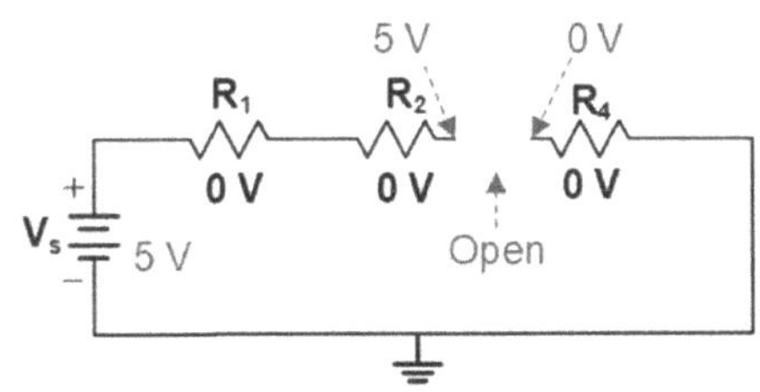




# 단락 회로(Short Circuit)

- 회로가 단락(**short**)되면, 그 부분의 저항은 바이패스(bypass)하여 전체 저항값은 감소, 전체 전류는 증가하게 된다.
- 단락된 두 지점 사이의 전압은 0 [V]이다.

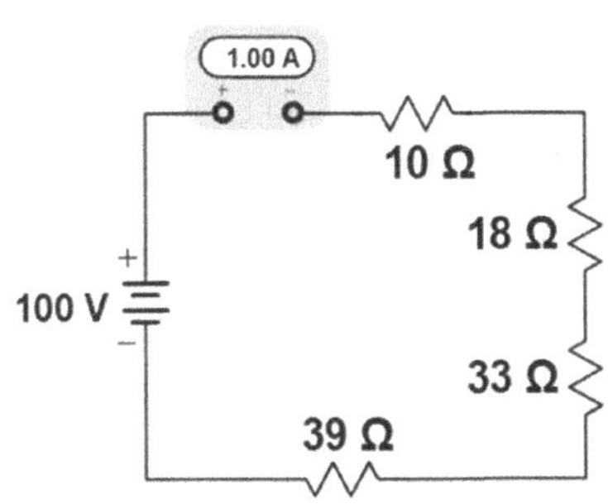


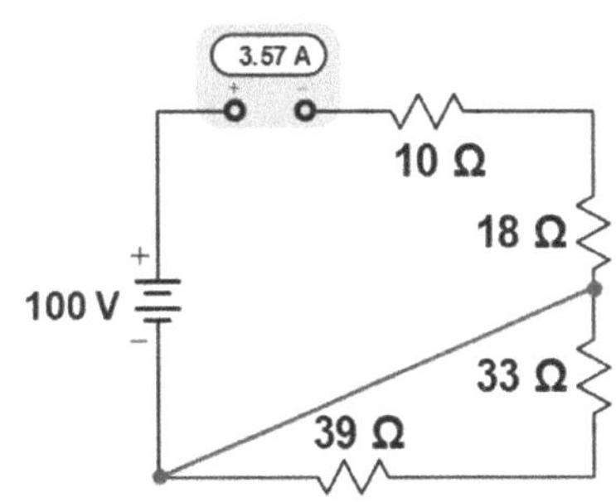

# 병렬 회로(Parallel Circuits)

- 두 점 사이에 하나 이상의 통로(가지)가 있고, 각각의 가지의 두 점 사이에 전압이 걸리며, 이때 두 점 사이에는 병렬회로가 존재한다.

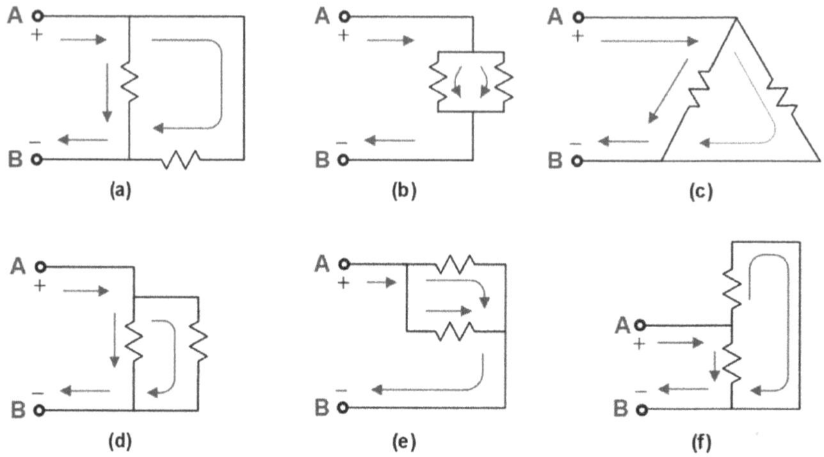




# 병렬연결 회로(Parallel Circuit)

- 회로에서 각각의 병렬 통로를 가지(**branch**)라고 한다.
- 병렬회로는 두 개 이상의 가지를 가진다.

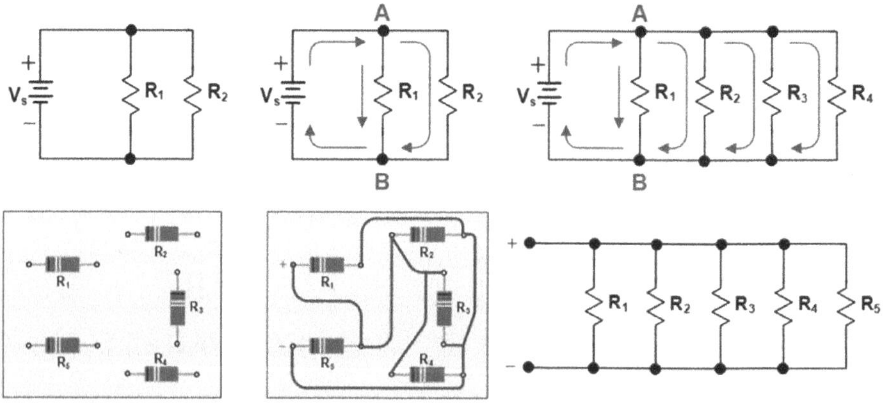

97

# 병렬 회로의 전압(Voltage in Parallel Circuits)

- 병렬회로에서 각 가지에 걸리는 전압은 병렬로 연결된 다른 가지에 걸리는 전압과 같다.

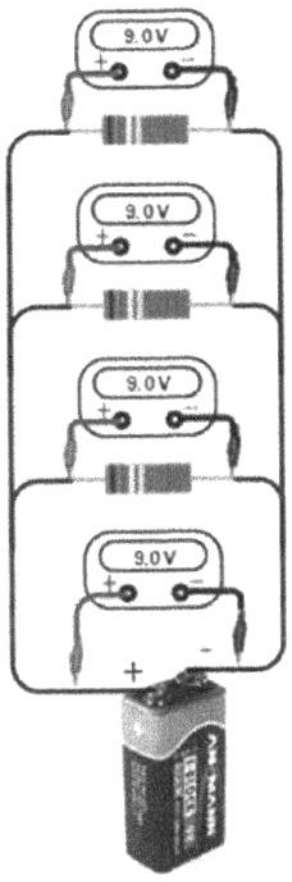


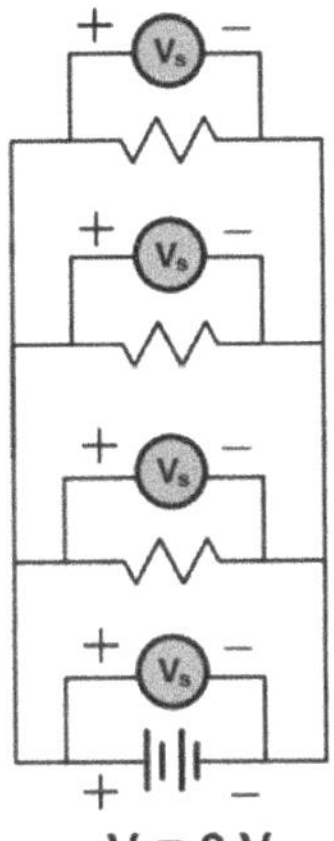


98

# 키르히호프의 전류법칙(Kirchhoff's Current Law, KCL)

- 어떤 마디로 흘러들어오는 전류의 합(들어오는 전체 전류)은 그 마디에서 흘러나가는 전류의 합(나가는 전체 전류)과 같다.

$$I_{IN(1)} + I_{IN(2)} + \ldots + I_{IN(n)} = I_{OUT(1)} + I_{OUT(2)} + \ldots + I_{OUT(m)}$$

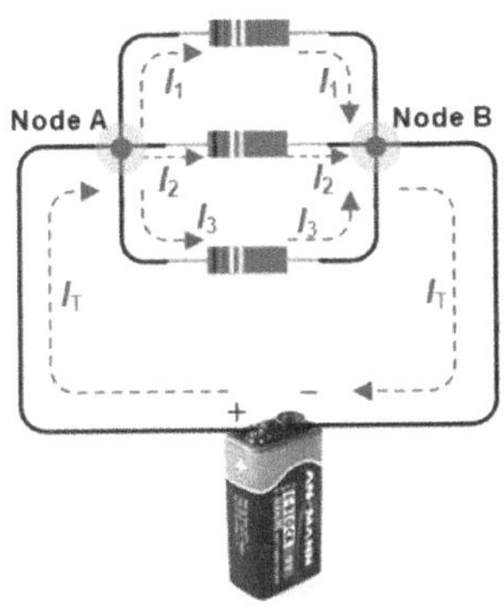


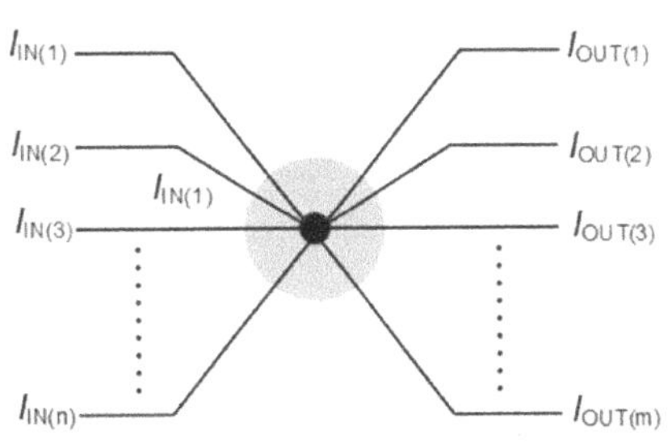


$$I_{IN(1)}+I_{IN(2)}+I_{IN(3)}+\cdots+I_{IN(n)} = I_{OUT(1)}+I_{OUT(2)}+I_{OUT(3)}+\cdots+I_{OUT(m)}$$

99

# 병렬저항 계산

- 저항이 병렬로 연결되면 전체 저항값은 각 개별 저항값보다 감소한다.
- 병렬 연결된 저항들의 전체 저항값은 각 개별 저항 중 가장 작은 저항의 값보다 항상 작다.

$$1/R_T = 1/R_1 + 1/R_2 + 1/R_3 + \ldots + 1/R_n$$

- 병렬 연결된 두 저항의 전체 저항값은 두 저항의 곱을 두 저항의 합으로 나눈 값과 같다.

$$R_T = R_1R_2/(R_1 + R_2)$$

- 병렬연결된 저항은 개수에 관계없이 다음과 같은 기호로 나타낸다.

$$R_1 \,||\, R_2 \,||\, R_3 \,||\, R_4 \,||\, R_5$$

100

# 병렬회로의 응용(Application of a Parallel Circuit)

- 병렬연결 회로가 직렬연결 회로에 대해 가지는 장점은, 하나의 가지(branch)가 개방(open)되더라도, 나머지 가지는 영향을 받지 않는다는 것이다.

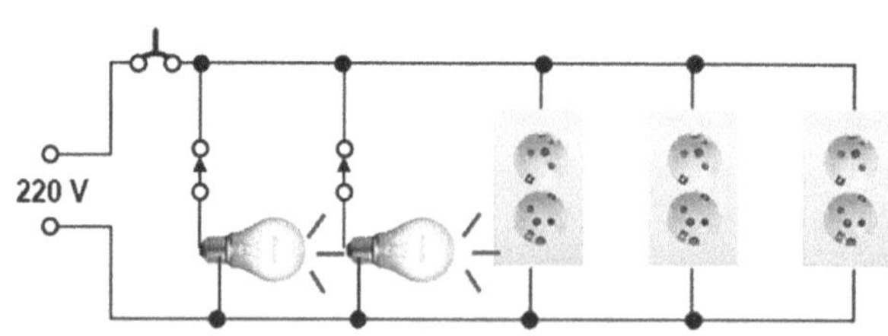


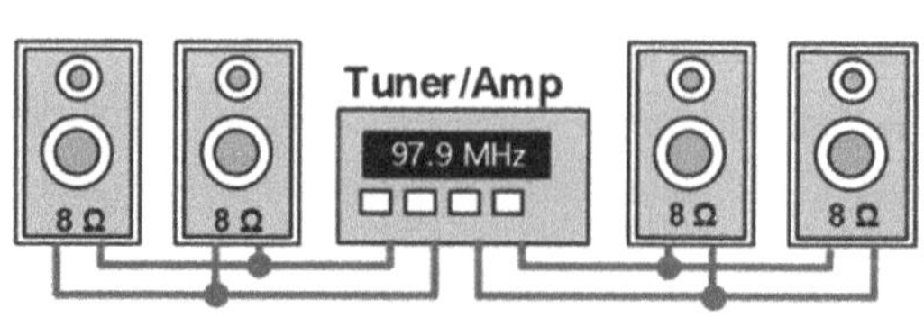

101

# 병렬회로의 전력(Power in Parallel Circuits)

- 병렬회로에서 총 전력은 각 개별 저항에서의 전력의 합과 같다.(이는 직렬회로 전력의 경우와 동일하다.) $\mathbf{P_T = P_1 + P_2 + P_3 + \ldots + P_n}$

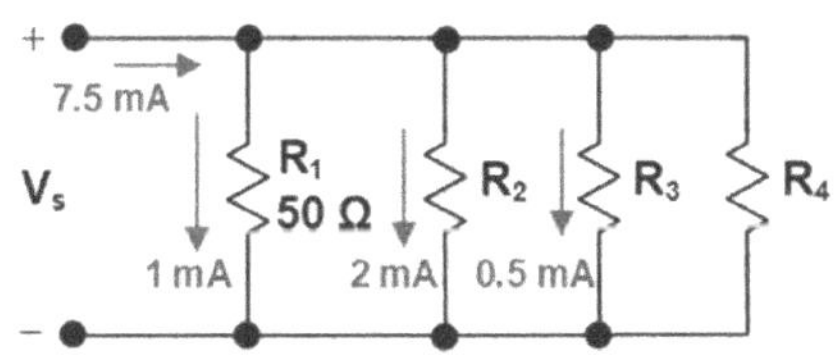


**병렬회로의 총전력 $P_T$ ?**

**Sol)**

**P[W] = V[V] x I[A]**

$V_{R1}$[V]=1[mA] x 50[Ω] = 50[mV]

→ $V_{R2} = V_{R3} = V_{R4} = V_{R1}$ = 50[mV]

$P_{R1}$[W]=50[mV] x 1[mA] = 50[μW]

$P_{R2}$[W]=100[μW]

$P_{R3}$[W]=25[μW]

$P_{R4}$[W]=200[μW]

→ $P_T$[W]=50+100+25+200=375[μW]

102

+ Lab.

Analog-2

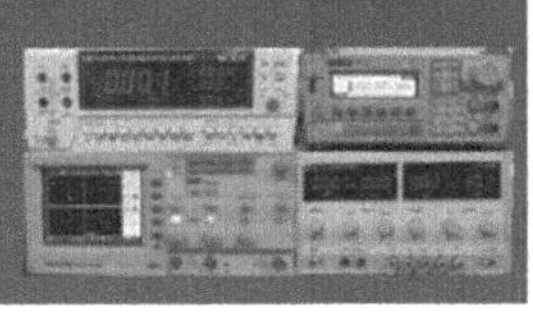

2

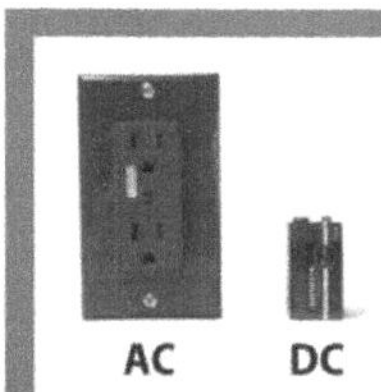


직류회로

직렬, 병렬저항
임피던스
전력/에너지

## 정보통신 기초 및 실험

**Lab. 2 직류회로** 학번 ________ 성명 ________

[직렬, 병렬, 저항, 전력/에너지]

## 예비보고서

1. 전압의 정의를 간략히 설명하시오.

2. 전류의 정의를 간략히 설명하시오.

3. 오른쪽 그림을 참고하여 아래 저항값을 쓰시오.

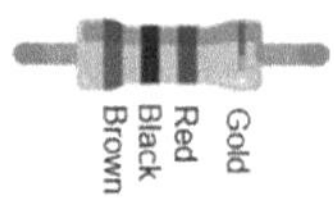


**R**: ________ [Ω : ohm]

4. 저항 부품의 저항값은 단면적의 (          )에, 길이의 (          )에, 재료 도전율의 (          )에 비례한다.

5. 직렬 연결은 저항값이 (          ) 되며, 병렬 연결은 저항값이 (          ) 된다. (증대, 감소)

0 Black
1 Brown
2 Red
3 Orange
4 Yellow
5 Green
6 Blue
7 Violet
8 Gray
9 White

±5% Gold
±10% Silver
±20% No band



# 브레드보드(Breadboard, 만능기판, 빵판)

- 전압입력 행(BUS row)과, 연결된 열(Connected column)

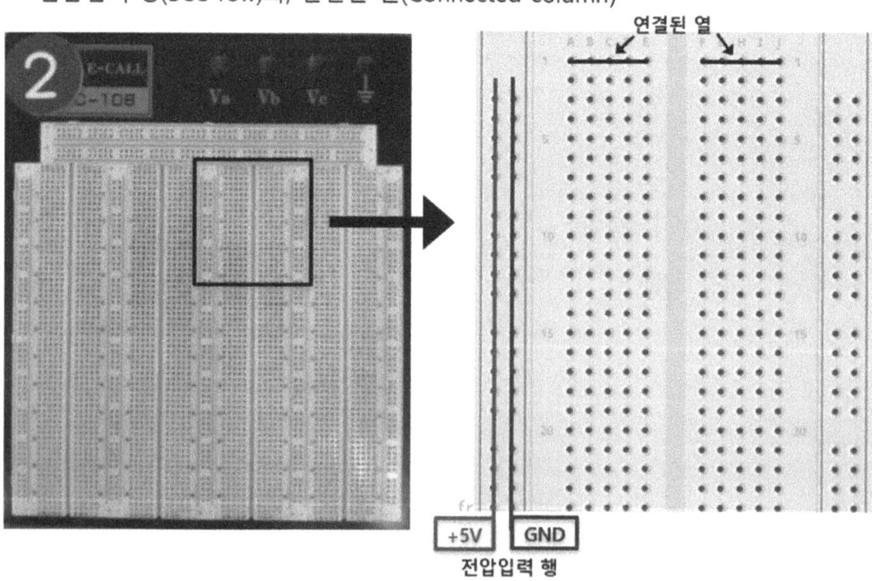

# 브레드보드(Breadboard, 만능기판, 빵판)

- 아래 그림의 저항 연결을 위해 오른쪽 브레드보드에 바르게 연결된 것은?

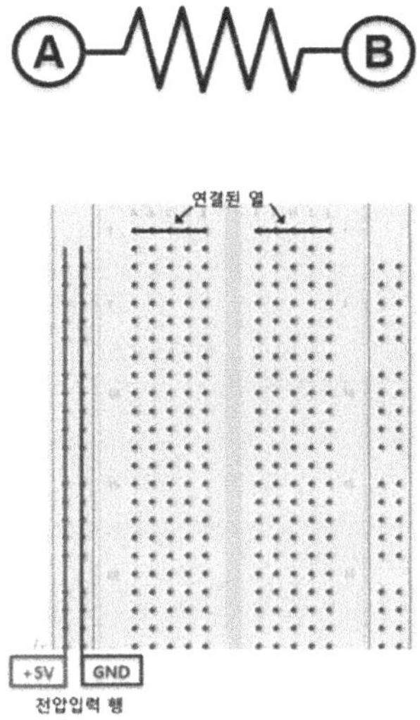


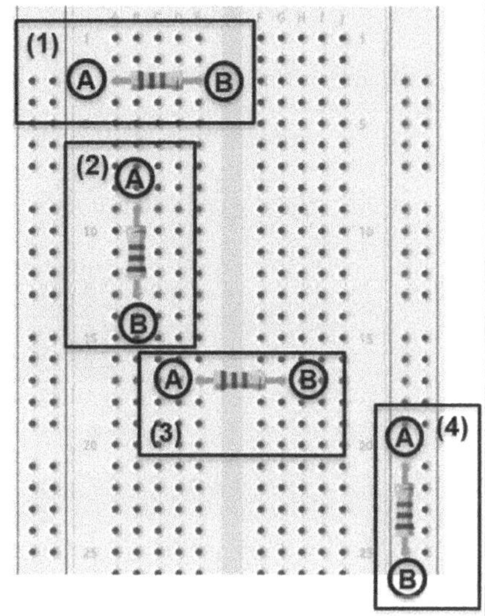




# 브레드보드(Breadboard, 만능기판, 빵판)

- 아래 그림의 저항 연결을 위해 오른쪽 브레드보드에 바르게 연결된 것은?

(2)와 (3) .

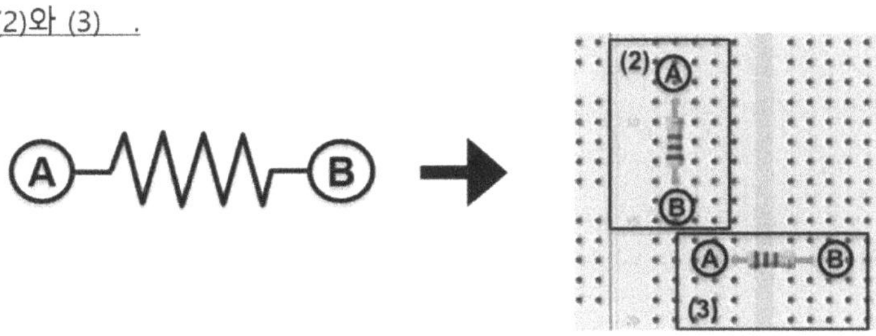


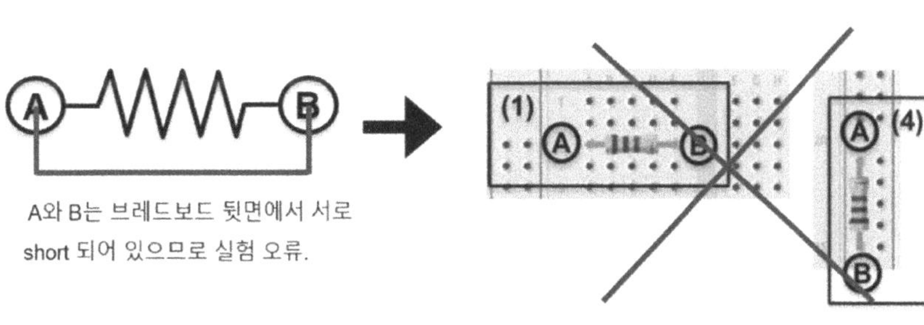


A와 B는 브레드보드 뒷면에서 서로 short 되어 있으므로 실험 오류.

107

# 저항기의 컬러코드밴드(Color-code bands)

- $1^{st}$ band : the first digit of the resistance value
- $2^{nd}$ band is the second digit of the resistance value
- $3^{rd}$ band is the multiplier (number of zeros)
- $4^{th}$ band indicates the tolerance

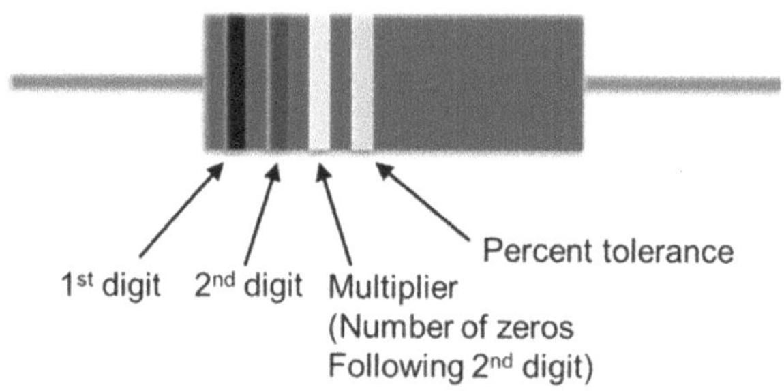


108

# 저항기(Resistor) color-code 읽기

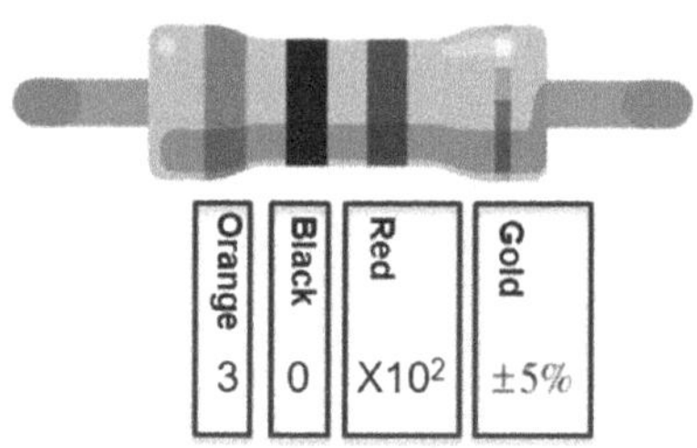


→ **3000 [Ω : ohm]**

→ **3 [kΩ]**

- 0 Black
- 1 Brown
- 2 Red
- 3 Orange
- 4 Yellow
- 5 Green
- 6 Blue
- 7 Violet
- 8 Gray
- 9 White

- ±5% Gold
- ±10% Silver
- ±20% No band

# 실험 1) 저항 측정

**실험부품 목록: 3 kΩ 저항 1개**

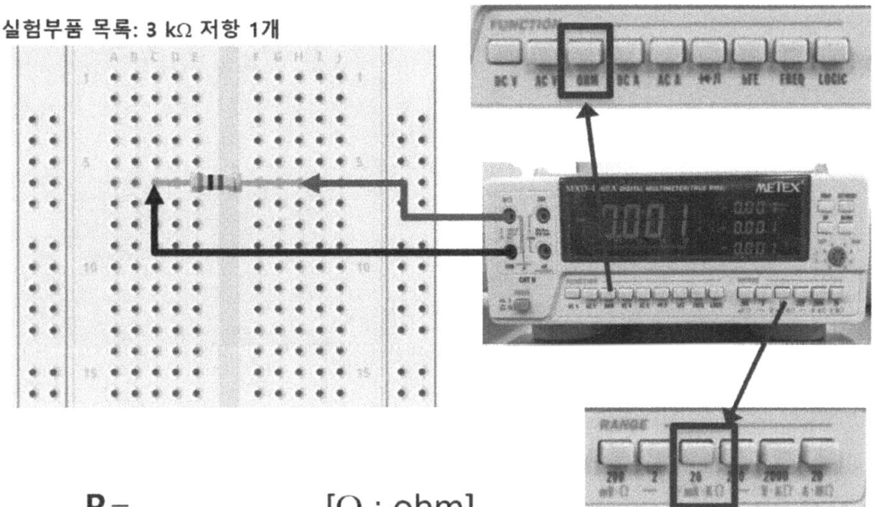


**R**= ________ [Ω : ohm]



# 실험 2) **직렬**저항 측정

**실험부품 목록: 3 kΩ 저항 2개**

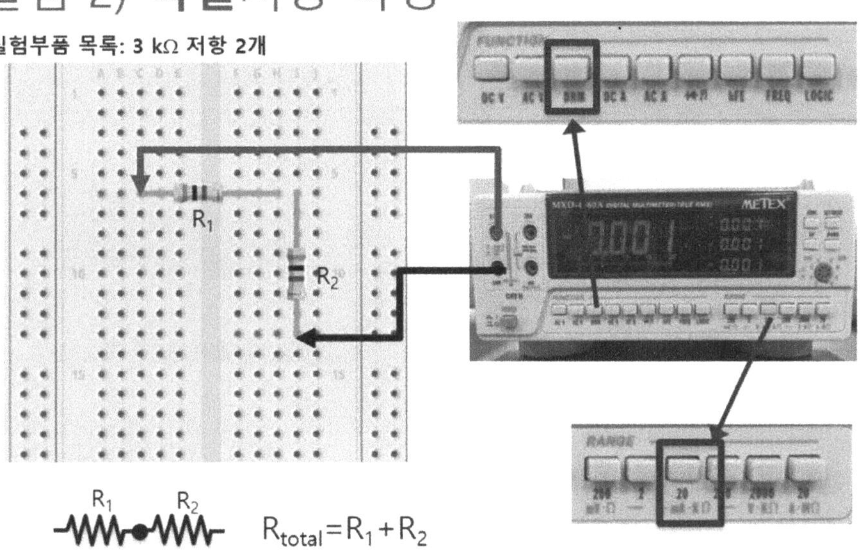


$R_{total} = R_1 + R_2$

**R**= ________ [Ω : ohm]

111

# 실험 3) **병렬**저항 측정

**실험부품 목록: 3 kΩ 저항 2개**

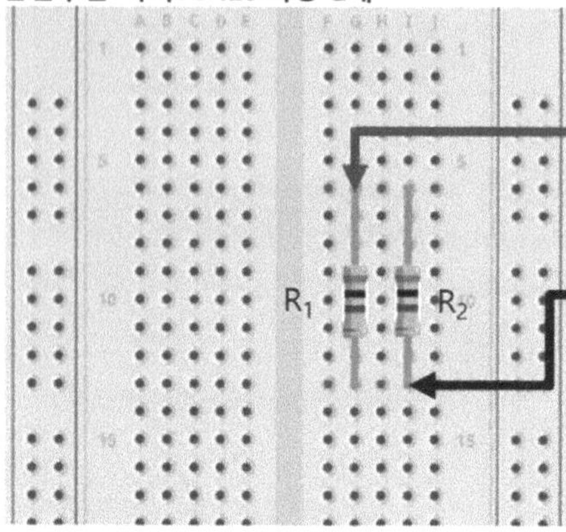


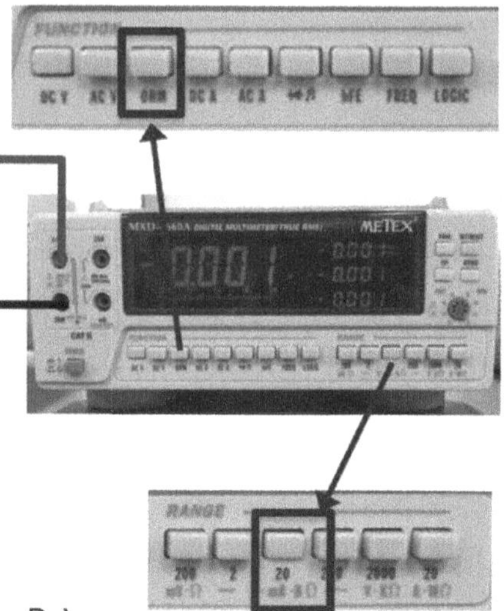

$1/R_{total} = 1/R_1 + 1/R_2$

$\therefore R_{total} = (R_1 x R_2)/(R_1 + R_2)$

**R**= ________ [Ω : ohm]

112

# 실험 4) **가변저항** 측정

**실험부품 목록: 5 kΩ 또는 10 kΩ 가변저항 1개**

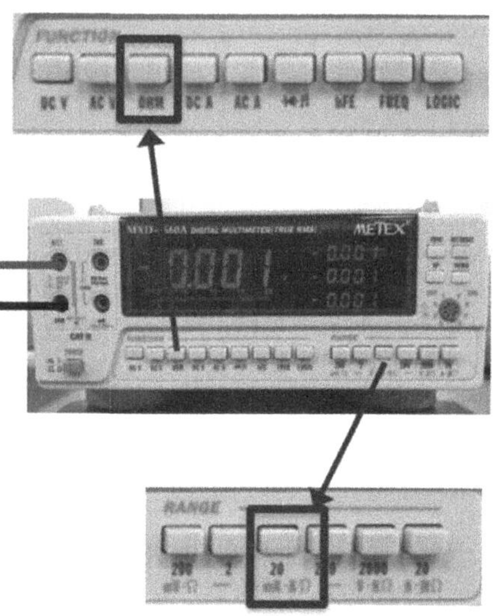


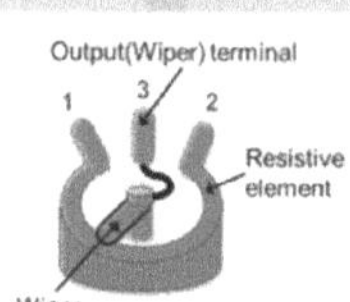


**R**: ________ [Ω : ohm] ~ ________ [Ω : ohm]

113

# 실험 5) 직렬저항과 전압분배기 (KVL)

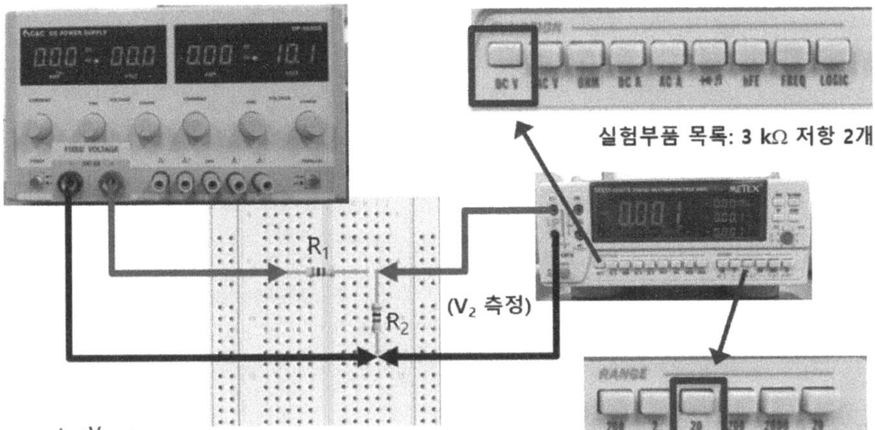


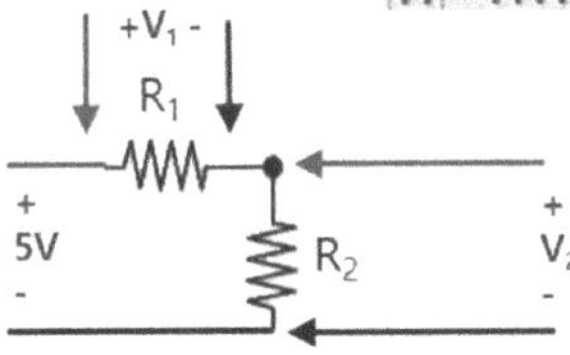


$V_{total}=V_1+V_2$

$\mathbf{V_2}$= ________[V]

114

# 실험 6) 가변저항과 전압분배기 (KVL)

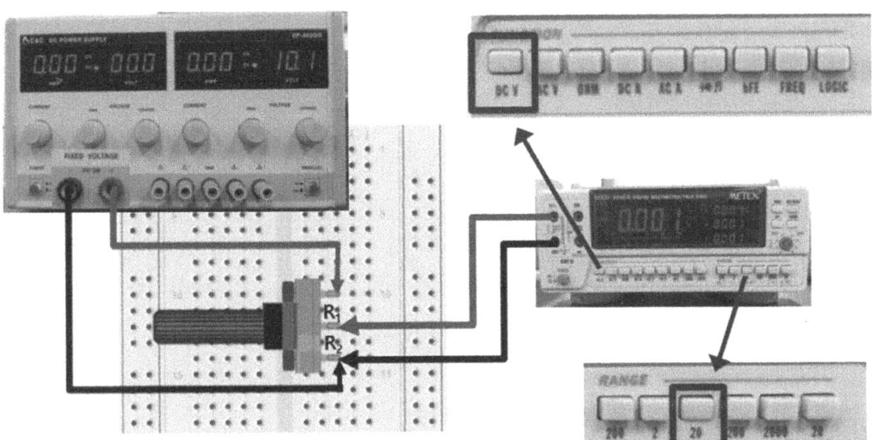


실험부품 목록: 5 kΩ 또는 10 kΩ 가변저항 1개

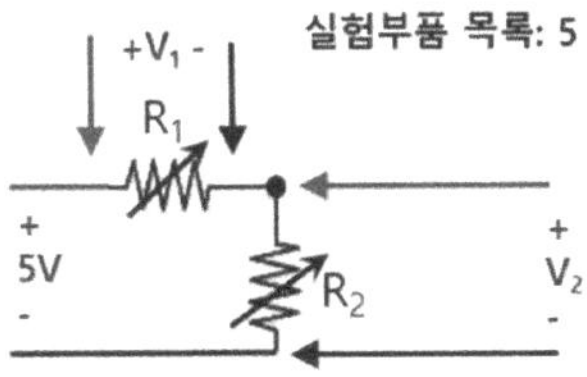


$V_{total}=V_1+V_2$

$\mathbf{V_2}$ : ________[V] ~ ________[V]

115

# 실험 7) 병렬저항과 전압

**실험부품 목록: 3 kΩ 저항 2개**

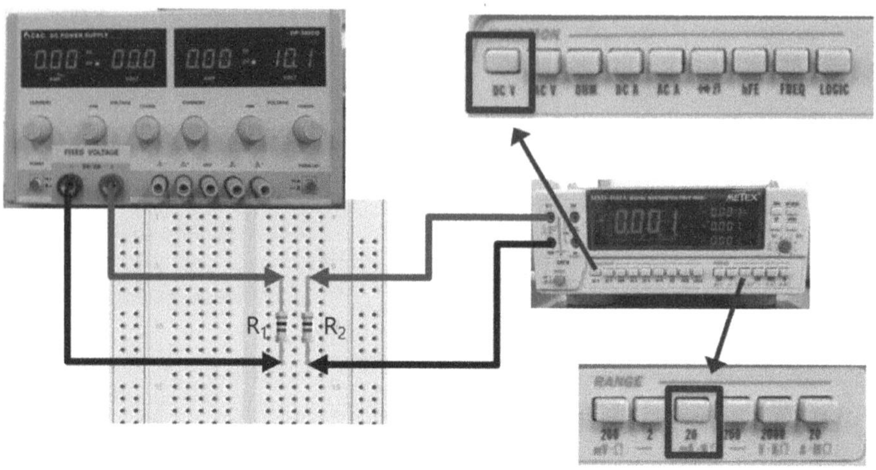


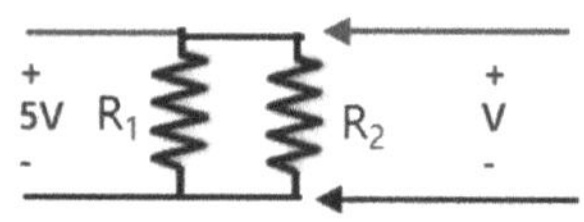


$V = V_1 = V_2$

**V**= ________ [V]

116

**Lab. 2 직류회로** 학번 ________ 성명 ________

[직류회로, 직렬, 병렬, 저항, 전력/에너지]

## 결과보고서

1. 실험 1)에서 측정한 저항값과 color-code가 나타내는 저항값 및 오차를 %로 적으시오. (측정값은 소수점 둘째 자리에서 반올림할 것. 오차 = 근사치 – 참값)

   **$R_{측정}$** : ______ [Ω], **$R_{code}$** : ______ [Ω], 오차 _____ %, 측정된 오차 _____ %

2. 실험 2)에서 측정한 직렬연결 저항값은? **$R_{직렬}$** : ________ [Ω]

3. 실험 3)에서 측정한 병렬연결 저항값은? **$R_{병렬}$** : ________ [Ω]

4. 임의의 탄소저항 10개 각각에 대하여 색띠, color-code 저항값, color-code 오차를 적으시오.

# Chapter 3

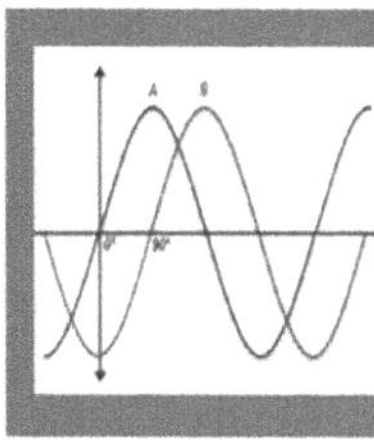

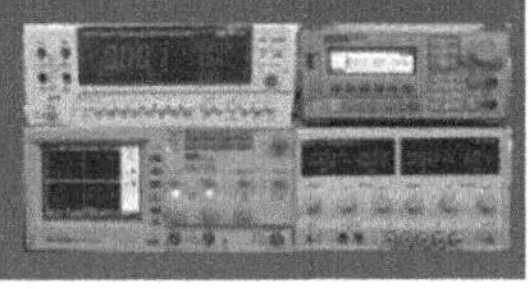

Analog-3

교류전기

교류전압(정현파, 삼각파, 구형파), 주파수, 진폭

정보통신 기초 및 실험



## 강의 계획

| 장 | 강의주제 | 내용 | 단위 | 부품, 도구, 장비 |
|---|---|---|---|---|
| 1 | 직류전기 | 기술동향, 직류전기, 전기 기차 | [V], [A] | DMM, Power Supply, LED, buzzer |
| 2 | 직류회로 | 직렬, 병렬, 저항, 임피던스(resistance), 전력/에너지 | [Ohm], [Watt], [Joule] | 저항, 가변저항 |
| **3** | **교류전기** | **교류전압(정현파, 삼각파, 구형파), 주파수, 진폭** | **[Hz], [sec]** | **OSC, FuncGen, FreqCounter, piezo, speaker** |
| 4 | 교류회로 | 주기, 위상, 인덕터, 커패시터 | [radian], [degree], [H], [F] | OSC, FuncGen |
| 5 | 납땜 연습 | 납땜 원리, 납땜 연습 | | 인두, 납, 공기정화기, 전선, 니퍼, 드라이버, 납흡입기, 만능기판, 전자부품 |
| 6 | 라디오 조립 | 방송수신기 원리, 1석 라디오 조립 | | 다이오드, 트랜지스터, 코일, 바리콘, 안테나 |
| | 중간고사 | | | |
| 7 | 진법 | 이진법, 십진법, 16진법, 덧셈, 뺄셈 | 1, 0, 0~9, 0~F, +, - | LED, 7 segment display, 점퍼선, 스위치 |
| 8 | 디지털게이트 | and, or, not, nand, nor, exor, 부울대수, 진리표 | Hi/Lo, True/False | 슬라이드 스위치, 게이트, 로직 IC |
| 9 | 플립플롭 | SR ff, JK ff, D ff, 카운터, 레지스터 | clock, enable, reset, Q | 플립플롭, 카운터, 시프트 레지스터 |
| 10 | 아두이노 | 기초 예제 | | 아두이노 우노 Kit, 스케치 IDE |
| 11 | 아두이노 | 교통신호 제어 | | 아두이노 우노 Kit |
| 12 | 아두이노 | 4x4 키패드를 이용한 잠금 장치 | | 아두이노 우노 Kit, 키패드, 서보모터 |
| 13 | 아두이노 | 원격 서보모터 제어 안드로이드 앱 개발 | | 아두이노 우노 Kit, 블루투스, 안드로이드 앱, MIT App Inventor 2 |
| | 기말고사 | | | |

# 직류(DC) vs 교류(AC); 네이버 지식백과

119

DC

**직류** [direct current(DC), 直流]

- 전지에서의 전류에서와 같이 항상 일정한 방향으로 흐르는 전류로 약칭하여 보통 DC로 쓴다.
- 흐르는 방향과 크기가 일정한 전류를 칭하는 경우가 많으나 넓은 의미로는 일정한 방향으로 흐르는 전류를 말한다.

**교류** [alternating current / AC, 交流]

- 시간에 따라 크기와 방향이 주기적으로 변하는 전류로
- 사인파형이 가장 전형적이며 사각파나 삼각파 등으로 변형이 가능, 전류 흐름의 방향이 일정한 직류와 여러 다른 성질을 갖고 있다.

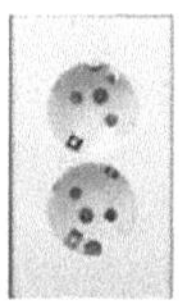

AC

→ 발전소로부터 공급되는 전류로 크기와 방향이 주기적으로 바뀌는 전류로서 교번전류라고도 한다. 파형이 주기적이서 평균값이 0이 되므로 실효값을 사용한다. 대표적인 교류는 **사인파**형이며 직사각형파, 삼각파, 사다리꼴파, 계단파, 펄스파 등의 변형파가 있다.

# 사인파(Sine Wave, 정현파)

120

- 사인파(정현파, sine wave, sinusoidal wave)는 교류전류와 교류전압의 기본적인 형태이다.

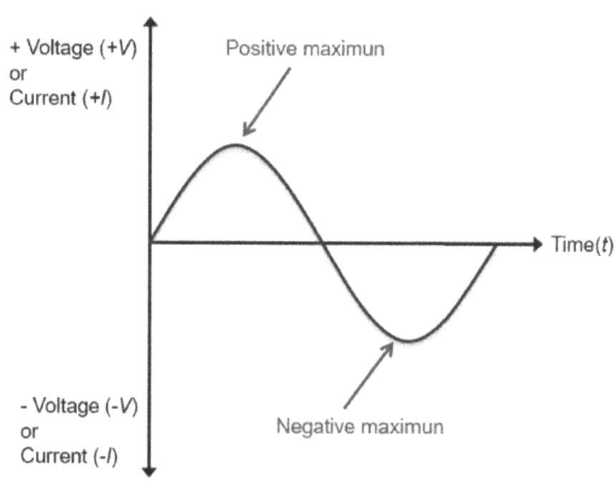

# 사인파(Sine Wave, 정현파)

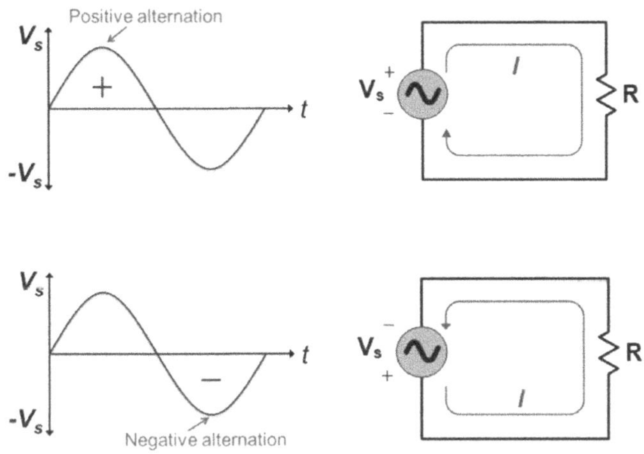




# 정현파의 주기(Period of a Sine Wave)

- 정현파에서 하나의 완전한 사이클(cycle)을 이루는 데 필요한 시간을 주기(T)라고 한다.
  - 한 사이클은 한번의 완전한 +극성과 한번의 완전한 -극성이 교환되는 것이다.
  - 정현파의 주기는 0을 지나는 점부터, 다음 사이클의 0을 지나는 점까지로 구할 수 있고, 한 최고점으로부터 다음 사이클의 최고점까지로 구할 수도 있다.

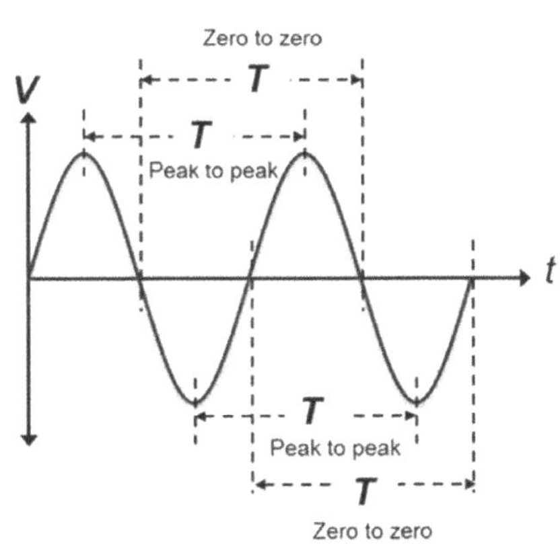


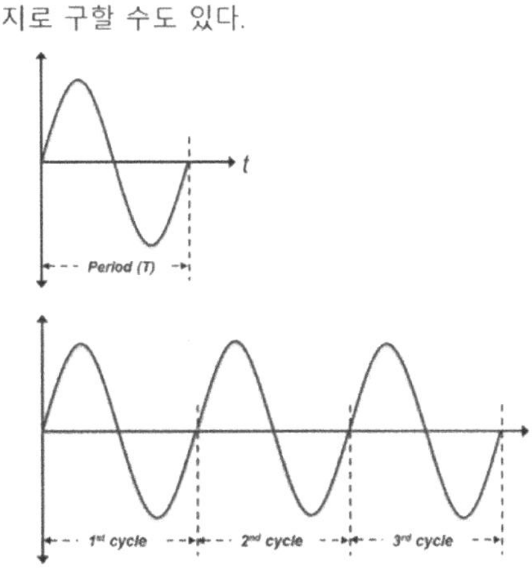

123

# 정현파의 주파수(Frequency of a Sine Wave)

- 주파수(frequency, f)는 정현파가 1초 동안 이루는 사이클의 수이다.
  - 1초 동안 더 많은 수의 사이클이 이루어지면, 주파수는 더 높아진다.
  - 주파수의 단위는 [Hz] 이고 **'hertz'**로 읽는다.
- 주파수(f)와 주기(T)의 관계는 다음과 같다.

$$f = 1 / T$$

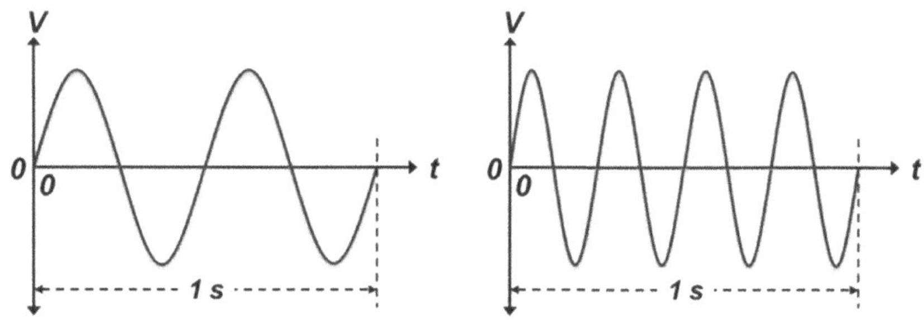


124

# 전자 신호 발생기(Electronic Signal Generators)

- 실험에서 여러 종류의 교류 신호파형을 넓은 주파수 범위에 대해 발생시키기 위해서 함수신호발생기(Function Generator)를 사용한다.
  - 함수신호발생기 내부의 발진기(Oscillator)는 반복적인 교류파형을 발생시킨다.
  - 함수신호발생기를 이용하면, 원하는 주파수의 교류 파형을 원하는 크기로 발생시킬 수 있다.

**함수신호발생기(Function Generator)**

# 정현파의 순시값(Instantaneous Values of Sine Waves)

- 정현파 전압 또는 전류의 순시값(**instantaneous value)**는 파형을 따라 서로 다른 지점에서, 서로 다른 값을 가지며, + 또는 – 의 값을 가질 수 있다.

- 전압의 순시값은 소문자 *v* 로 전류의 순시값은 소문자 *i* 로 나타낸다.

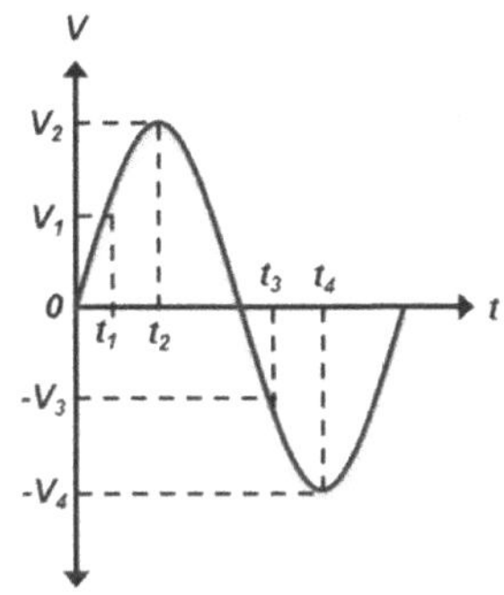


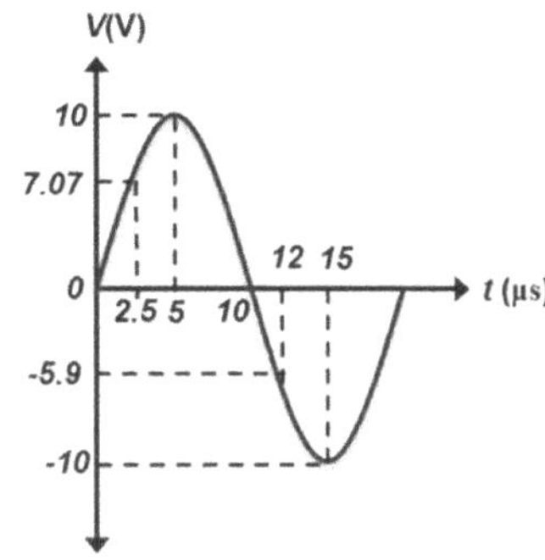




# 정현파의 최댓값(Peak Values of Sine Waves)

- 정현파의 최댓값은 0에 대한 양이나 음의 최대 전압 또는 전류의 값을 나타낸다.

- 정현파에 대해서, 최댓값은 일정하며, 최대 전압, 전류는 대문자와 첨자 p를 사용하여

  $V_p$ 와 $I_p$ 로 나타낸다.

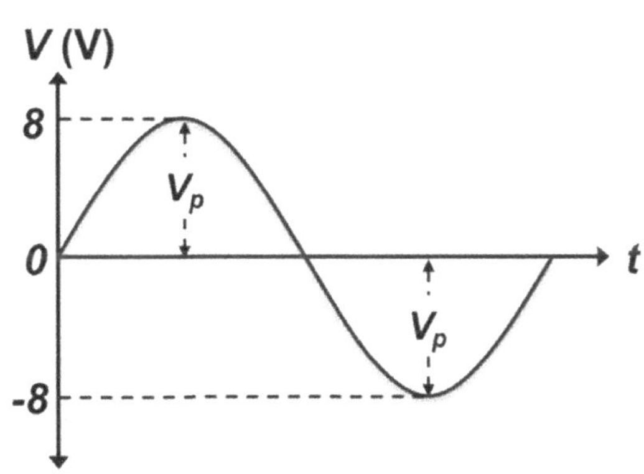

127

# 첨두-첨두값(Peak-to-Peak Value)

- 첨두-첨두값은 전압 또는 전류의 양의 최댓값에서부터, 음의 최댓값까지이다.
- 첨두-첨두값은 항상 최댓값의 두 배이고, 다음 식으로 나타낼 수 있다.

  $V_{pp} = 2V_p$ , $I_{pp} = 2I_p$

- 첨두-첨두값의 기호는 대문자와 첨자 pp 를 사용하여 전압 $V_{pp}$ 와 전류 $I_{pp}$ 로 나타낸다.

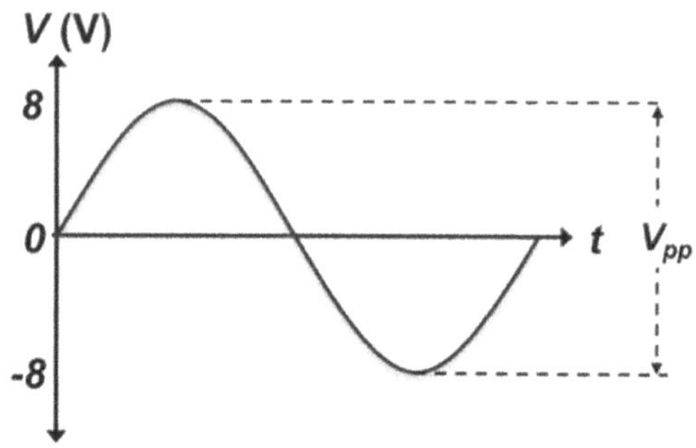


128

# 정현파의 RMS(Root Mean Square) 값

- **rms** 는 root mean square 의 약자로 제곱근을 의미하며, 이 명칭은 그 값이 구해지는 수학적인 과정을 의미하며, 실효값(**effective value**)이라고 한다
- 정현파의 실효값은 저항이 정현파 전압에 연결된 경우와 똑같은 양의 열(heat)이 발생하는 직류 전압과 같다.
- 정현파 전압의 rms 값과 최댓값($V_p$) 의 수식은 다음과 같다. $V_{rms} = 0.707\ V_p$ , $I_{rms} = 0.707\ I_p$

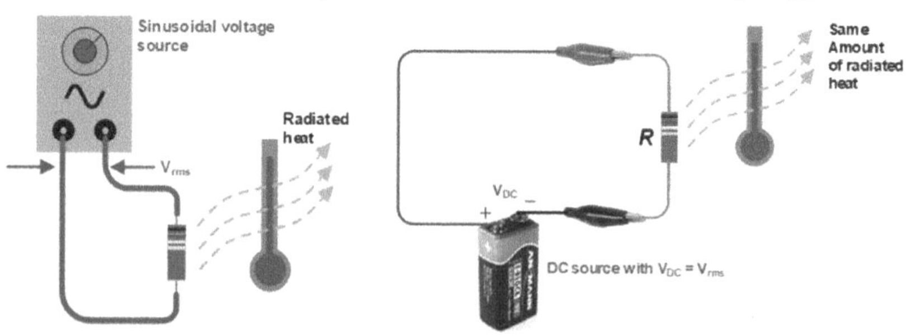


**정현파 교류전압 $V_{AC} = V_{rms}$ 를 저항 R에 인가하고, 발생하는 열을 측정하면, 직류전압 $V_{DC} = V_{rms}$ 를 저항 R에 인가하여 발생하는 열과 같다.**

# 정현파의 평균값(Average Value of a Sine Wave)

- 하나의 완전한 사이클을 고려했을 때, 정현파의 평균값은 양의 값을 갖는 부분과 음의 값을 갖는 부분이 상쇄되므로 항상 0 이다.
- 전원공급 장치에서와 같은 정류된 전압의 평균값을 구하거나, 비교를 위해 정현파의 평균값은 하나의 완전한 사이클에 대해서가 아닌 반 사이클(half cycle)에서 구하며, 다음과 같다. $\mathbf{V_{avg} = 0.637\ V_p}$, $\mathbf{I_{avg} = 0.637\ I_p}$. (0.637의 정확한 값은 $2/\pi$)

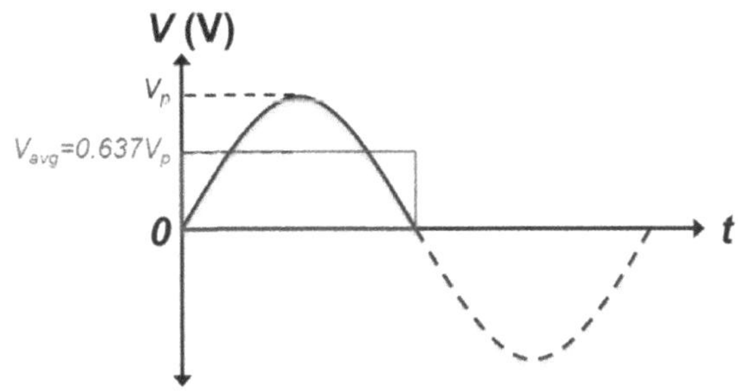




# 정현파의 각도측정(Angular Measurement of a Sine Wave)

- 정현파는 시간을 나타내는 수평축을 따라 측정될 수 있으나, 한 주기를 완성하는 데 필요한 시간은 주파수에 따라 달라지므로, 도(degree)나 라디안(radian)으로 나타내는 각도로 정현파의 특정한 지점을 표시하는 것이 유용하다.

- 각도 측정은 주파수와 무관하다.

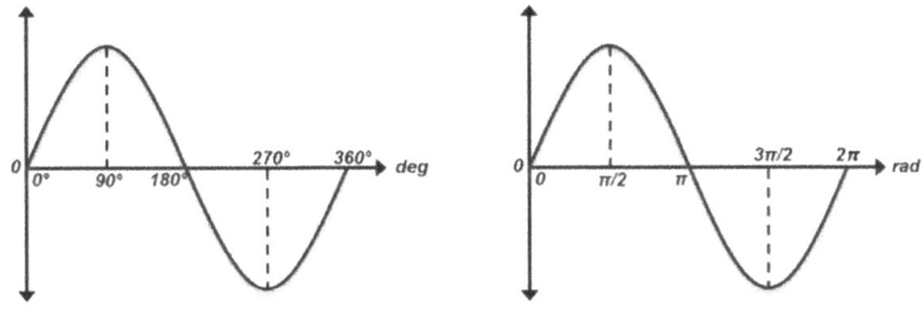

131

# 정현파의 각도측정(Angular Measurement of a Sine Wave)

- 1도(**degree**)는 한 번의 완전한 회전 또는 원의 1/360에 해당하는 각도이다.
- 1라디안(**radian**)은 원의 반지름과 같은 길이의 원주상의 곡선 거리이다

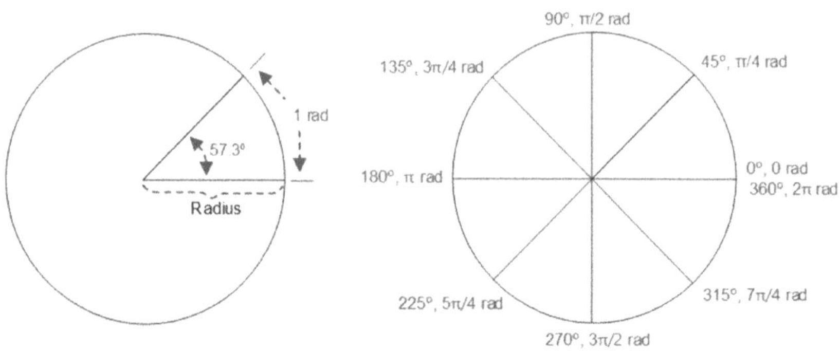


그리스 문자 **π** 는 원의 지름에 대한 원 둘레의 비율을 나타내며, 대략 3.1416의 값을 가진다.

**→ rad = (π /180°) x degree**

132

# 정현파의 위상(Phase of a Sine Wave)

- 정현파의 위상(phase)은 어느 기준에 대한 정현파의 위치를 명시하는 측정 각도이다.
- 아래 그림은 기준으로 사용될 한 주기의 정현파를 보여준다.
- 수평축의 첫 번째 양의 값에서 만나는 곳은 0°(0 rad)이고, 양의 최댓값은 90°(π/2 rad)이다.
- 음의 값으로 진행되는 그래프는 수평축과 180°(π rad)에서 만나고, 음의 최댓값이 발생하는 곳은 270°(3π/2 rad)이며, 한 주기는 360°(2π rad)에서 끝난다.

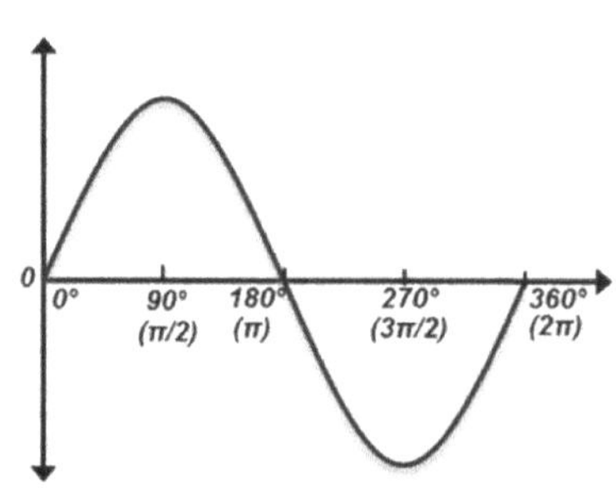


- 정현파가 기준 정현파에 대해 왼쪽이나 오른쪽으로 이동한 경우, 위상천이(phase shift) 되었다고 한다.

# 정현파의 위상천이(Phase Shift of a Sine Wave)

- 정현파가 기준 정현파에 대해 왼쪽이나 오른쪽으로 이동한 경우, 위상천이(phase shift) 되었다고 한다.

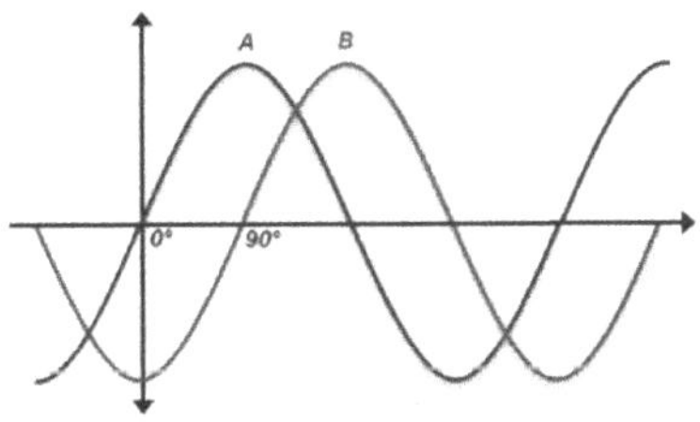


(a) A leads B by 90°, or B lags A by 90°

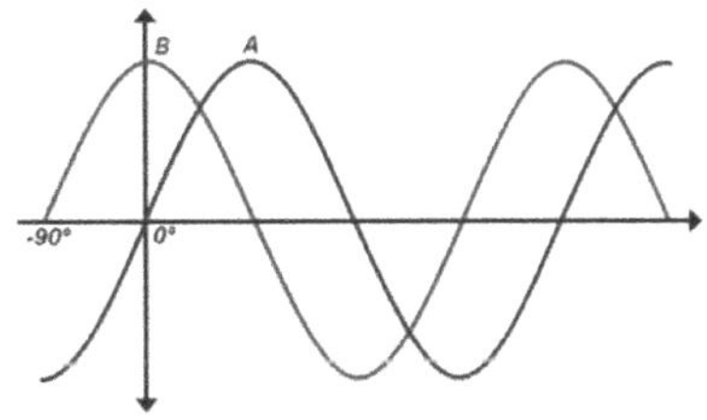


(b) B leads A by 90°, or A lags B by 90°

- 시간축에서 양의 최댓값이 먼저 발생하는 경우 위상이 앞선다(phase lead)고 하고, 나중에 발생하는 경우 위상이 뒤진다(phase lag)고 한다.



# 정현파 공식(Sine Wave Formula)

- 모든 정현파의 파형은 특정 공식에 따라 변하며, 아래 그림에 나타낸 정현파의 일반적인 공식은 다음과 같다.

$$y = A \sin \theta$$

y : 전압 $v$ 또는 전류 $i$ 의 순시값, A: 최댓값(amplitude), $\theta$ : 각도(angle)

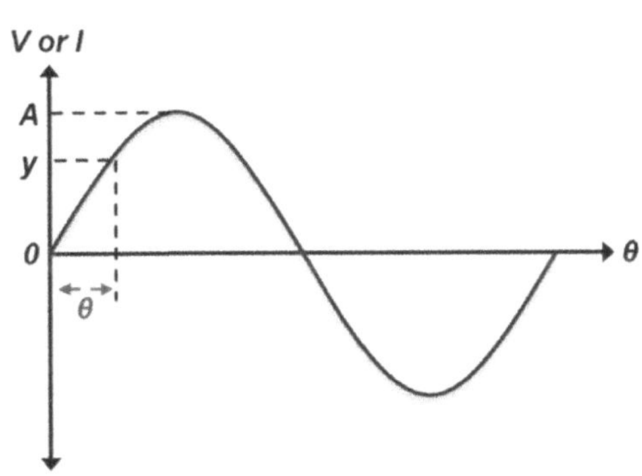

135

# 정현파 공식(Sine Wave Formula)

- 일반식으로부터, 정현파 전압의 어느 한 점에서의 순시값 $v$는 최댓값 A에 그 점의 각도 $\theta$에 대한 sin 값을 곱하여 얻을 수 있음을 알 수 있다.

*Ex) v = A sin θ → 10 sin θ*

*If θ =60° → v=10 sin 60°= 8.66 [V]*

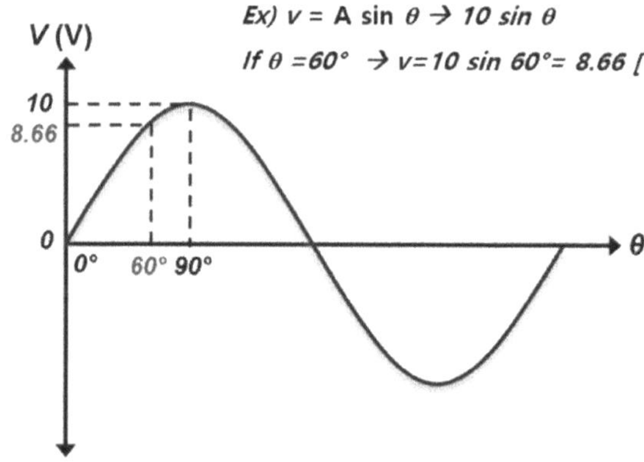


136

# 위상천이된 정현파의 표시(Expressions for Shifted Sine Waves)

- 정현파가 기준 정현파의 오른쪽으로 각도 $\phi$만큼 이동하였을 때, 위상이 뒤진다는 뜻으로, 지상(lagging)이라 하고, 다음과 같이 표현한다.

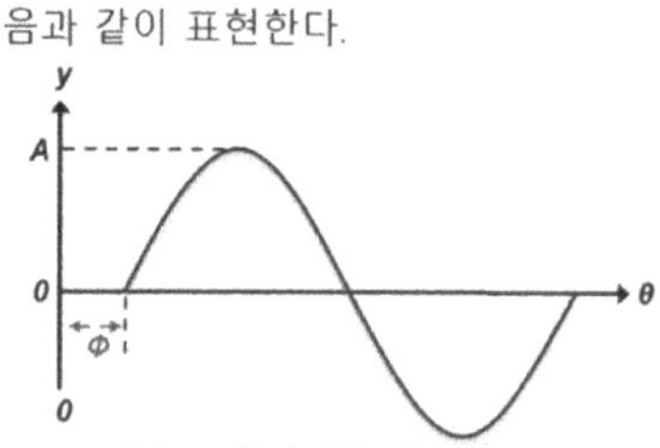


(a) $y = A \sin(\theta - \Phi)$

- 정현파가 기준 정현파의 왼쪽으로 각도 $\phi$만큼 이동하였을 때, 위상이 앞선다는 뜻으로, 진상(leading)이라 하고, 다음과 같이 표현한다.

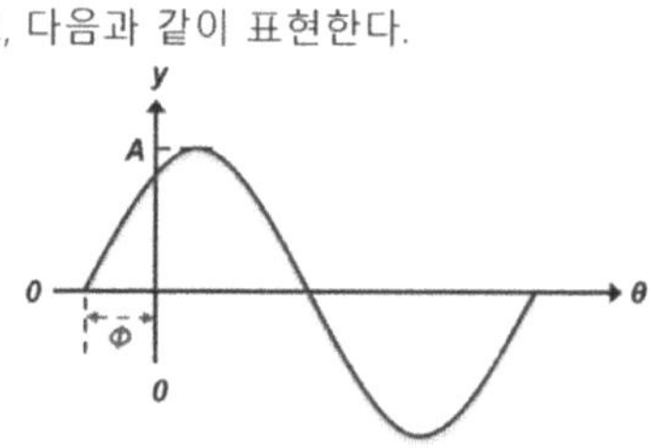


(b) $y = A \sin(\theta + \Phi)$

# 옴의 법칙과 키르히호프의 법칙
(Ohm's Law and Kirchhoff's Laws in AC Circuits)

- 정현파 전압, 즉 시간에 따라 변화하는 교류전압이 회로에 가해질 때에는 앞에서 배운 회로 법칙들이 적용된다.
- 옴의 법칙과 키르히호프의 법칙은 직류회로에 적용될 때와 같이 교류회로에도 적용된다.

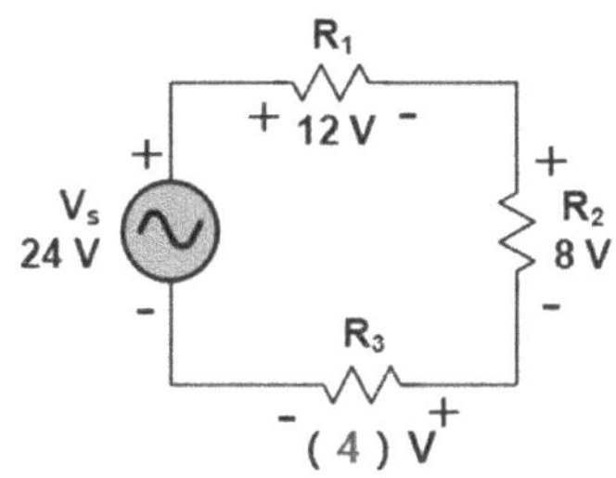


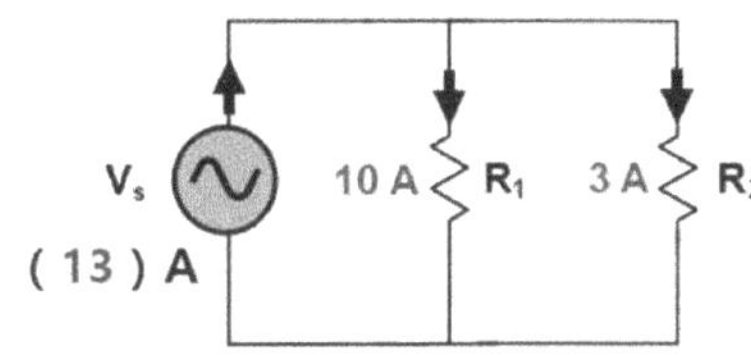




# 중첩된 직류와 교류전압(Superimposed dc and ac Voltages)

- 직류전압과 교류전압을 직렬로 연결하면, 직류전압과 교류전압은 대수적으로(algebraically) 합해져서, 직류 전압에 교류전압이 합해진 형태가 된다.

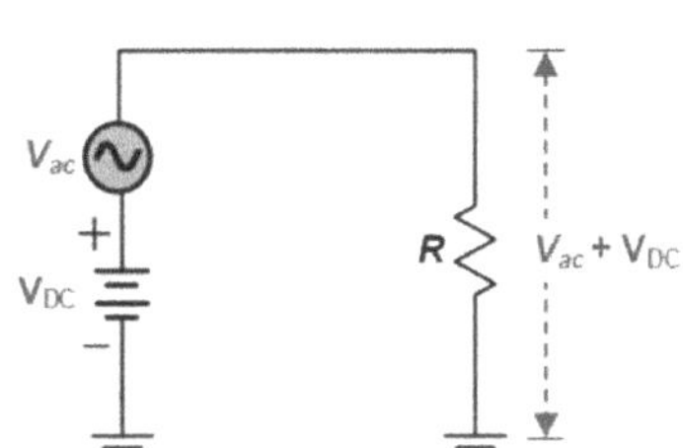


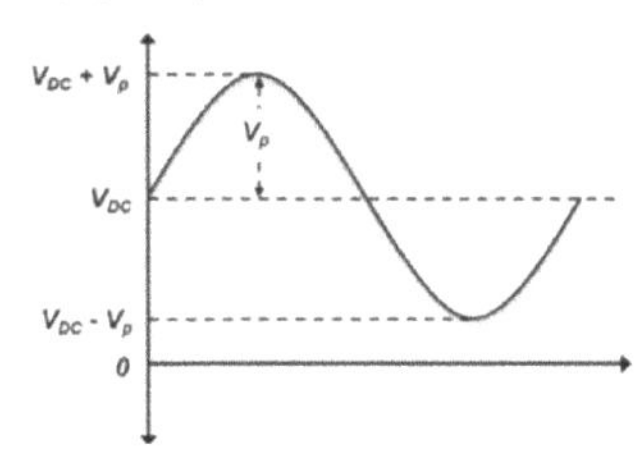


$V_{DC} > V_p$. The sine wave never goes negative.

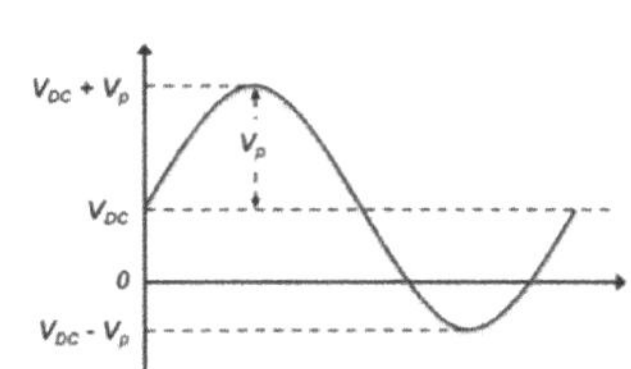


$V_{DC} < V_p$. The sine wave reverses polarity during a portion of its cycle.

139

# 펄스파형(Pulse Waveforms)

- 펄스(pulse)는 어떤 전압이나 전류의 레벨(기준선, baseline)으로부터 다른 레벨로 급속히 전이하고(선단부, **leading** or **rising edge**), 잠시 뒤에 원래의 크기로 급속히 전이하는 (후단부, **trailing** or **falling edge**) 파형으로, 이러한 레벨의 전이를 스텝(step)이라 한다.
- 펄스는 기준선의 위치에 따라, 순간적으로 양의 방향으로 변화(positive-going)하는 상승구간(rising edge)과 음의 방향으로 변화(negative-going)하는 하강구간(falling edge)을 가진다.
- 상승구간과 하강구간 사이의 거리(시간 간격)를 펄스폭(**pulse width)**이라 한다.

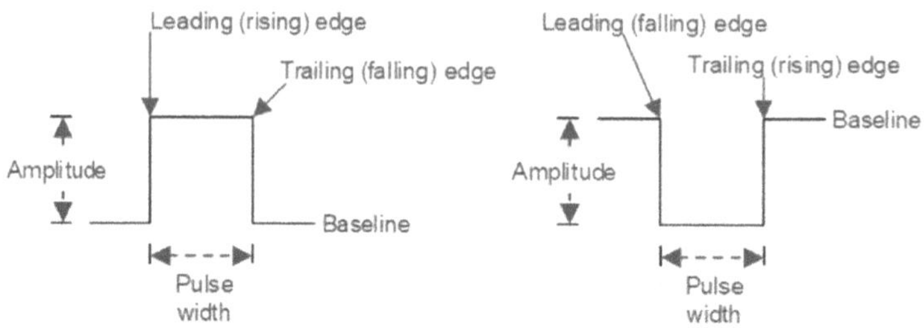


(a) Positive – going pulse (b) Negative – going pulse

140

# 실제의 펄스(Non-ideal Pulse)

- 실제 이상적인 펄스는 없으며, 모든 펄스는 이상적인 펄스와 다른 특성을 가진다.
- 실제 펄스는 아래 그림과 같이, 어떤 크기에서 다른 크기로 한 순간에 전이될 수 없다.
- 펄스가 낮은 준위에서 높은 준위로 전이하는 동안에는 시간이 필요하며 이를 상승시간 (rise time)이라 하고, $t_r$ 로 나타낸다. **(→ 최대 진폭의 10% 에서 90%로 증가하는 동안의 시간)**
- 펄스가 높은 준위에서 낮은 준위로 전이하는 데에도 시간이 필요하며 이를 하강시간 (fall time)이라 하고, $t_f$ 로 나타낸다. **(→ 최대 진폭의 90% 에서 10%로 감소하는 동안의 시간)**

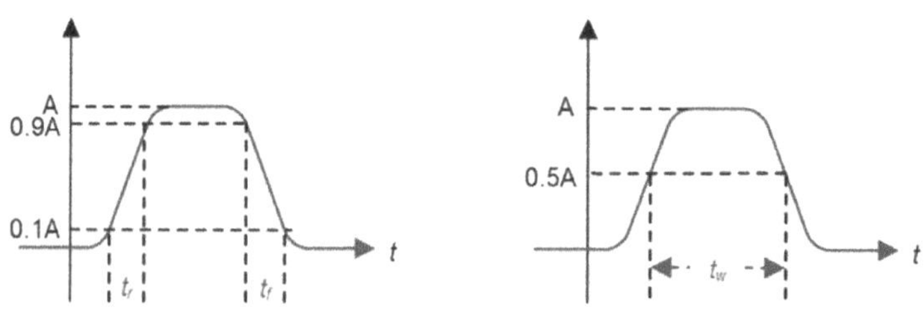


(a) Rise and fall times (b) Pulse width

# 반복되는 펄스파형(Repetitive Pulses)

- 일정한 시간(interval)을 두고 반복되는 파를 주기적(**periodic**)이라고 한다.
- 한 펄스에서 다음 펄스의 대응되는 점까지 걸리는 시간을 주기(period)라 하고, T로 나타낸다.
- 주파수와 주기의 관계는 정현파와 같다. $f = 1 / T$
- 듀티 사이클(**duty cycle**)은 주기적인 펄스 파형의 중요한 특성으로 다음 수식과 같이, 펄스폭($t_W$)의 주기($T$)에 대한 비율이며, 보통 백분율(%)로 표시된다.

**Duty cycle = $(t_w / T) \times 100$ [%]**

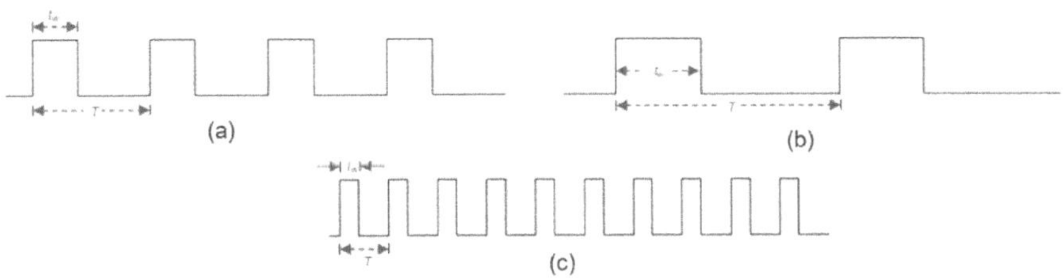

- 구형파(Square wave)의 듀티 사이클은 50 % 이다.

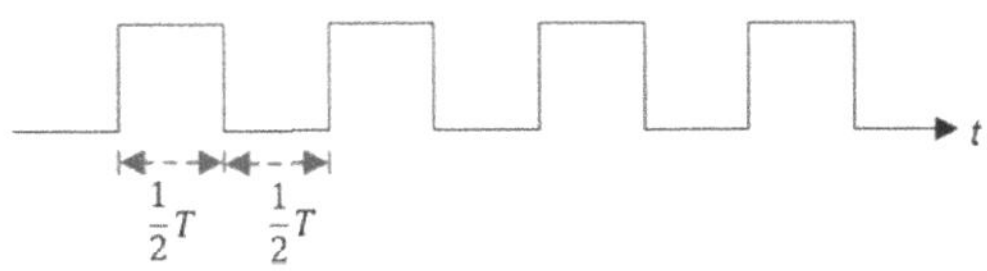



# 삼각파형(Triangular waveform)과 톱니파형(Sawtooth waveform)

- 삼각파형과 톱니파형은 전압이나 전류 램프(ramp)로 형성된다.
- 램프(ramp)는 전압이나 전류의 선형적인 증가 또는 감소를 말한다.
- 삼각파형은 같은 크기를 갖는 양의 기울기 램프와 음의 기울기 램프가 합해져서 만들어진다.

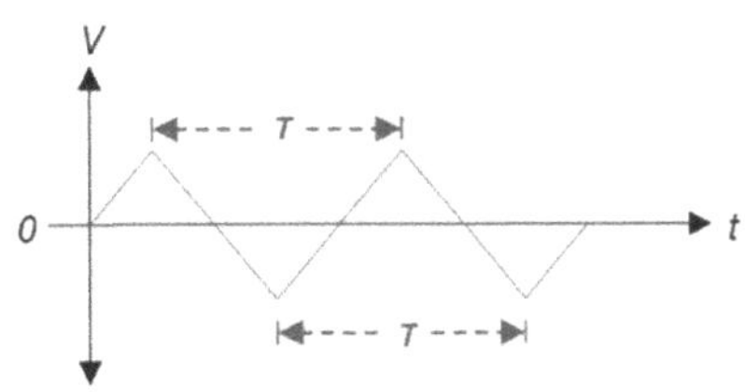

- 톱니파형은 삼각파의 두 램프 중 하나가 다른 것보다 오래 지속되는 특수한 경우로, sweep voltage로 불리기도 한다.

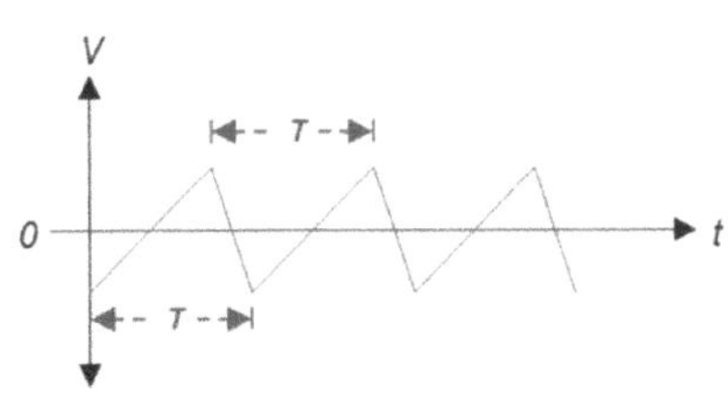

# 고조파(Harmonics)

- 반복되는 비정현파형은 기본 주파수(**fundamental frequency**)와 고조파의 주파수(**harmonic frequency**)로 이루어진다.
- 홀수 고조파(Odd harmonics)는 파형의 기본 주파수의 홀수 배인 주파수를 가진다.
- 짝수 고조파(Even harmonics)는 파형의 기본 주파수의 짝수 배인 주파수를 가진다.
- 복합파형(**Composite waveform**)은 순수한 정현파로부터 변형된 것으로, 홀수 고조파, 또는 짝수 고조파만을 갖거나, 둘 다 갖고 있을 수도 있다

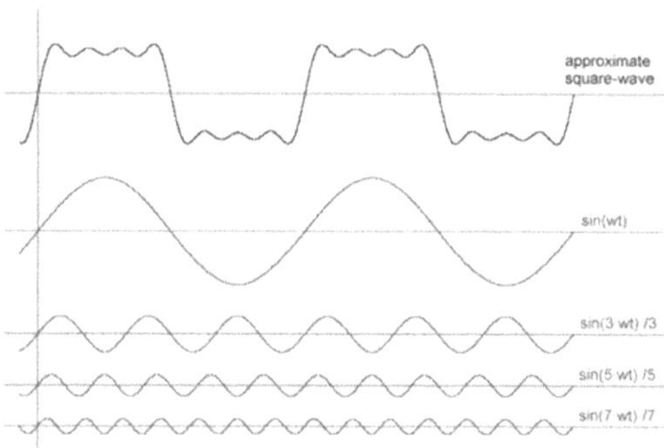




+ Lab.

3

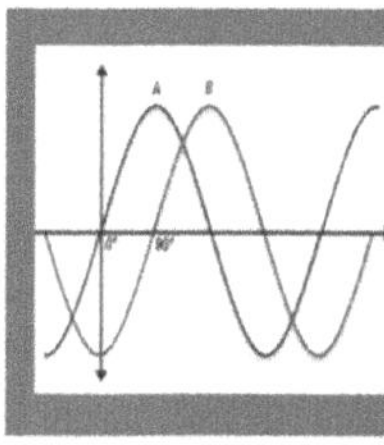

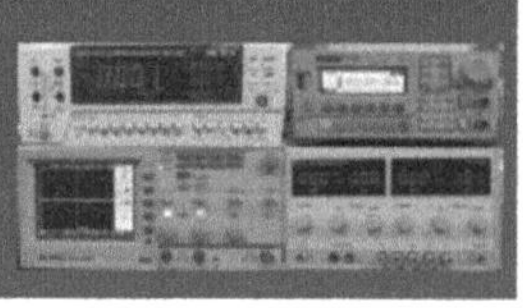

Analog-3

교류전기

교류전압(정현파, 삼각파, 구형파), 주파수, 진폭

## 정보통신 기초 및 실험

**Lab. 3 교류전기** 학번 ________ 성명 ________

[교류전압(정현파,삼각파,구형파), 주파수, 진폭]

## 예비보고서

1. 교류의 정의를 쓰시오.

2. 다음 정현파에 대하여 값과 단위를 적으시오.

   최댓값($V_p$)

   첨두-첨두값($V_{pp}$)

   진폭(A)

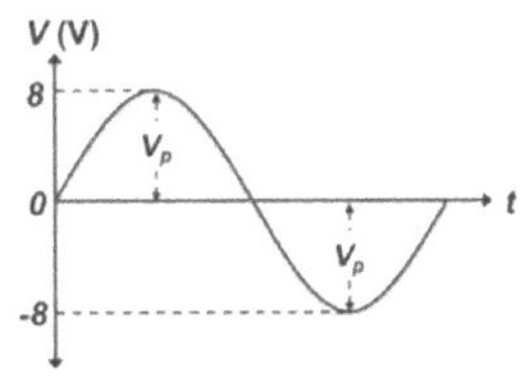


3. 아래 그림 중 기준파형 A보다 B의 위상이 앞서는 것을 고르시오.

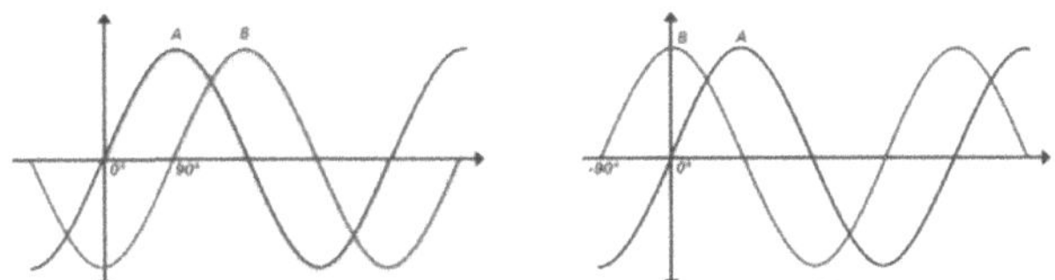


(a) (b)



# Digital Logic Lab

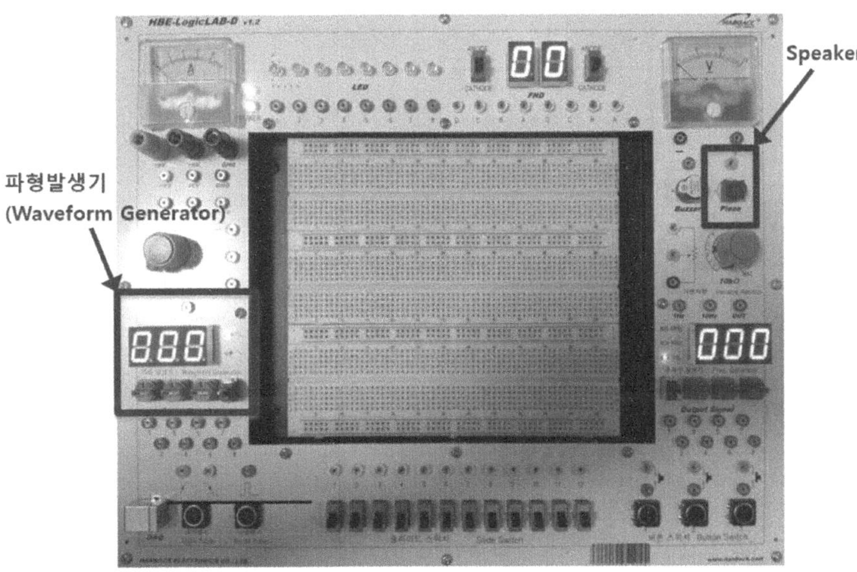

# 실험 1) 정현파 측정(디지털로직랩)

점퍼선(jumper line)

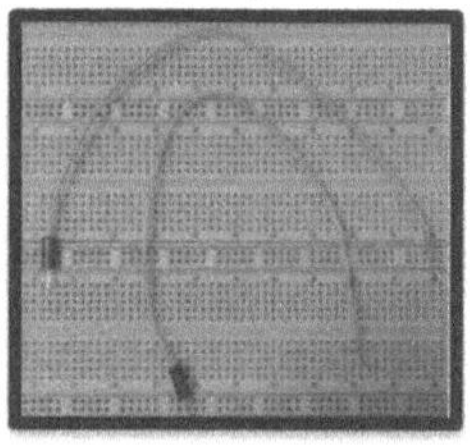

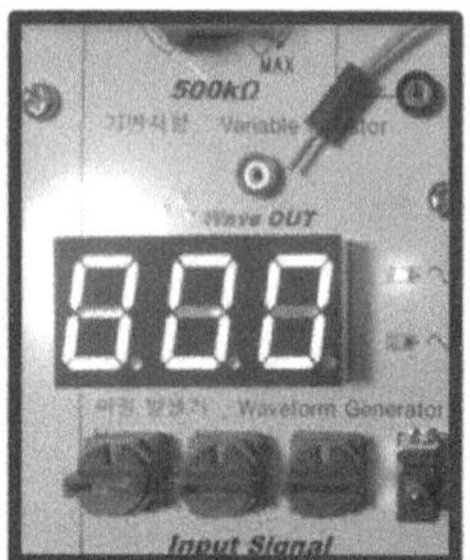

파형발생기
(Waveform Generator)

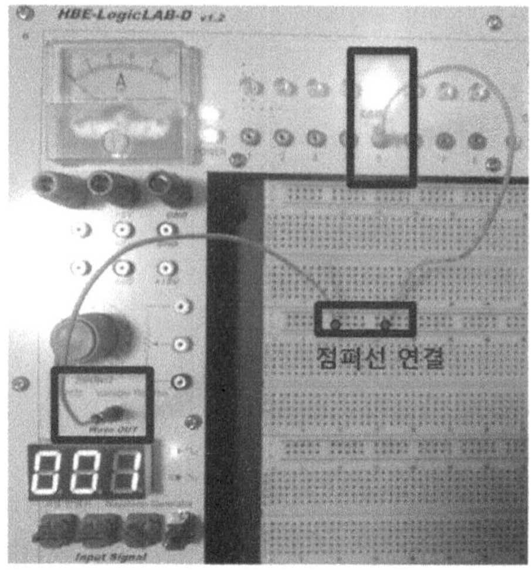


- 파형발생기를 정현파로 선택하고, 로터리 스위치를 돌려 주파수를 1 Hz로 조정한다
- 점퍼 라인으로 wave OUT과 LED를 연결한다.



# 실험 1) 정현파 측정(디지털로직랩)

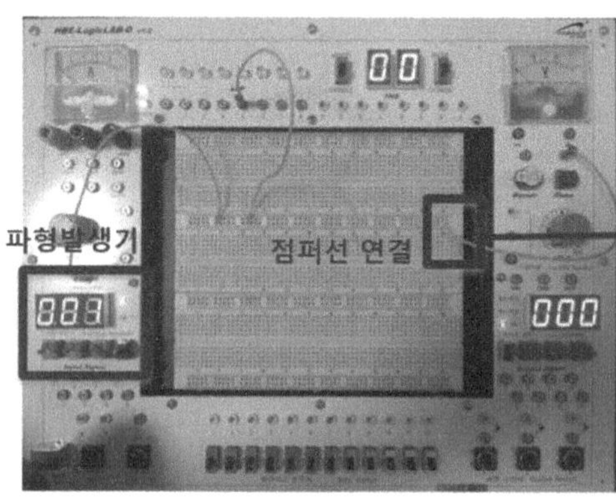


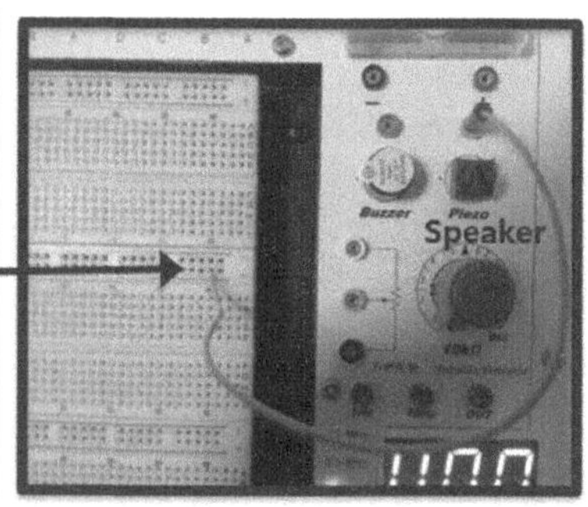


- 점퍼 라인으로 wave OUT과 LED 및 Speaker를 연결한다(Speaker 볼륨은 중간 부근으로 조정할 것)
- 파형발생기의 로터리 스위치를 돌리면서, LED와 스피커의 변화를 관찰하여 아래에 표기하시오.

→ 파형 발생기의 주파수를 1 Hz 에서 10 Hz 로 순차적으로 증가시킬 경우,
LED의 깜박임은 (느려진다, 빨라진다)

→ 파형 발생기의 주파수를 10 Hz 이상 높일 때, (        ) Hz부터는 LED가 깜박인다는 사실을 느낄 수 없다. 스피커는 (        ) Hz보다 높아야 소리가 들리기 시작한다.

# 함수신호발생기(Function Generator)

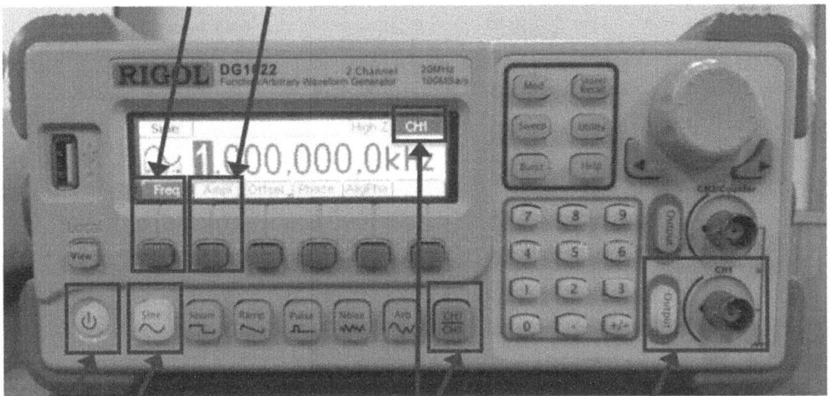




# 오실로스코프(Oscilloscope)

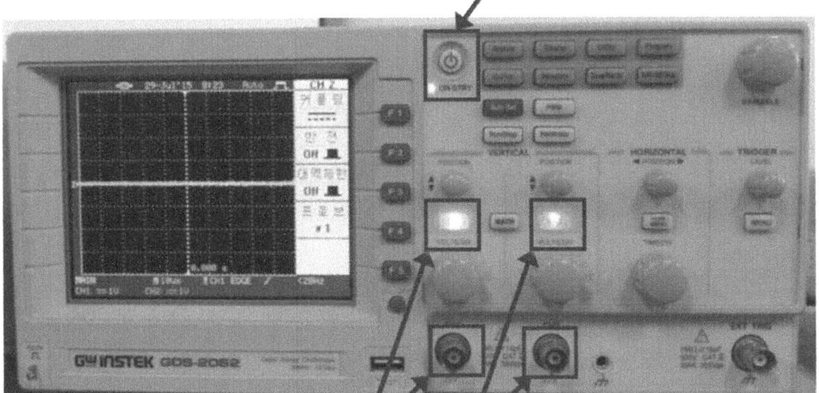

# 오실로스코프와 프로브 정상상태 확인

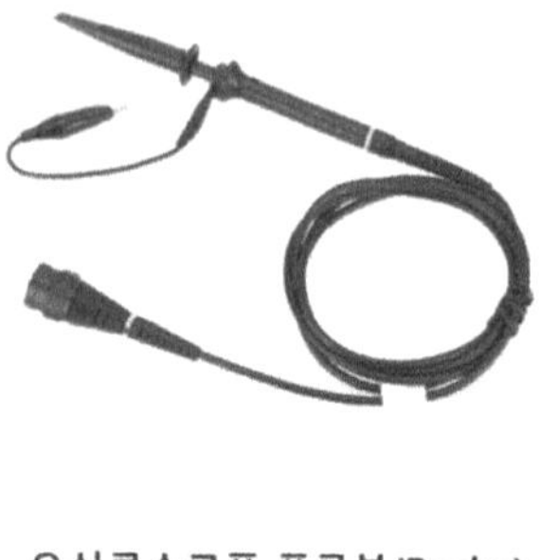

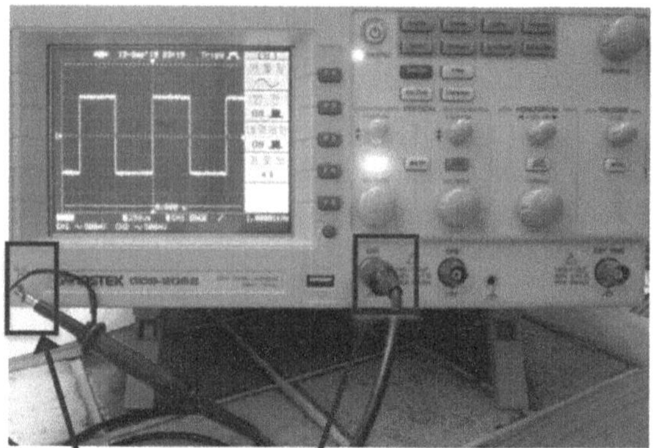

오실로스코프 프로브(Probe)

채널1

Probe 점검



# 오실로스코프와 프로브 정상상태 점검

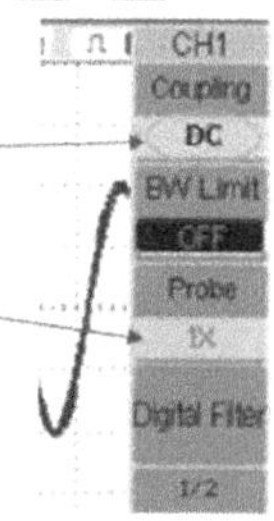


**<오실로스코프 세팅>**
채널1 램프 = ON
커플링(또는 결합) = 직류(⎓)
프로브 = 1X → 확대 배율이 1배라는 뜻

**<오실로스코프 프로브 체크>**
프로브 손잡이의 스위치 = (1X) 위치
프로브 핀을 오실로스코프 체크 핀에 접촉함
오실로스코프 [AUTO SET] 누름
사각형 파형이 화면에 나타나면 프로브와 오실로스코프가 정상상태임

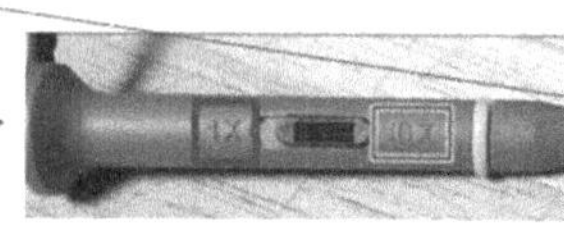


**<오실로스코프 화면 조작 실습>**
수직(vertical) 조정 스위치 돌리면서 파형 수직방향 확대/축소 변동 확인 → VOLTS/DIV 다이얼
수평(horizontal) 조정 스위치 돌리면서 파형 수평방향 확대/축소 변동 확인 → TIME/DIV 다이얼
수직 POSITION 다이얼 돌리면서 파형 수직방향 이동 확인
수평 POSITION 다이얼 돌리면서 파형 수평방향 이동 확인

**<오실로스코프 주파수, 진폭 측정 실습>**
파형의 주기 = 시간 눈금값 * 한 주기 칸 수 =
파형의 주파수 = 1/주기 =
파형의 최저 전압 = 전압 눈금값 * 최저점 위치(칸 수) =
파형의 최고 전압 = 전압 눈금값 * 최고점 위치(칸 수) =
파형의 첨두-첨두값 = 최고 전압 – 최저 전압 =

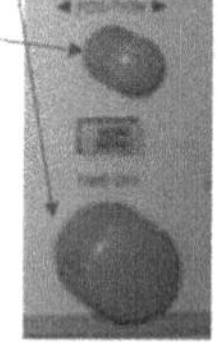

153

# 실험 2) 정현파 측정(오실로스코프)

1 kHz 정현파

채널1

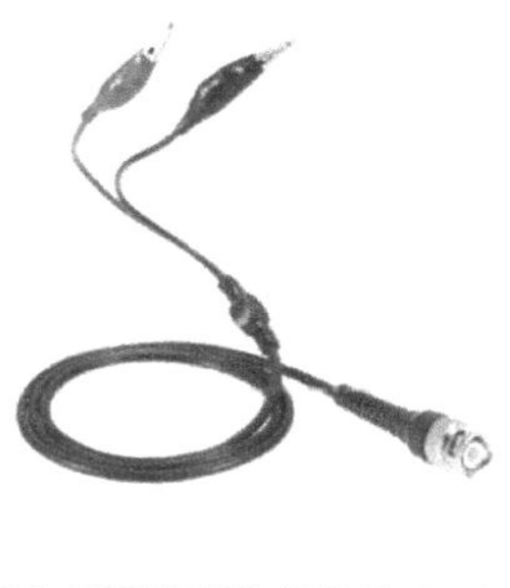

함수신호발생기 프로브(Probe)

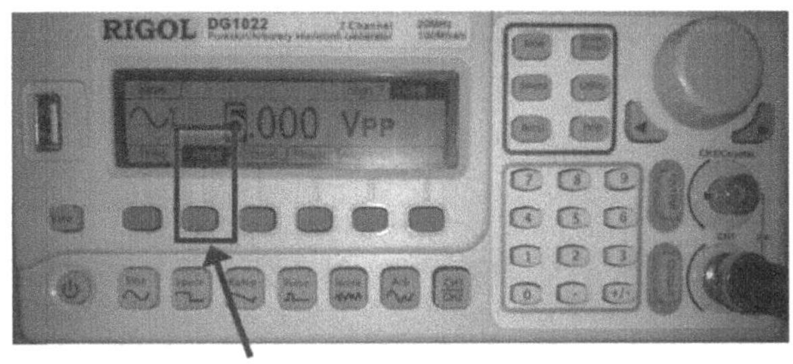


5 $V_{PP}$ 정현파

154

# 실험 2) 정현파 측정(오실로스코프)

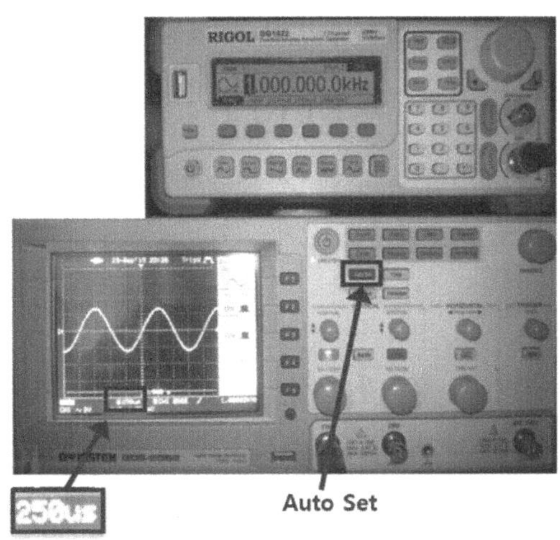


Auto Set

- 프로브들끼리 연결하고, 오실로스코프의 Auto Set을 선택하여, 측정.

→ 오실로스코프의 가로축인 시간축 1 칸은 (　　) s 이다.

→ 오실로스코프에 출력된 파형의 주기는 (　　) s 이고, 주파수로 환산하면, (　　) Hz 이다.

155

## 실험 3) 정현파 주파수 변경 측정(오실로스코프)

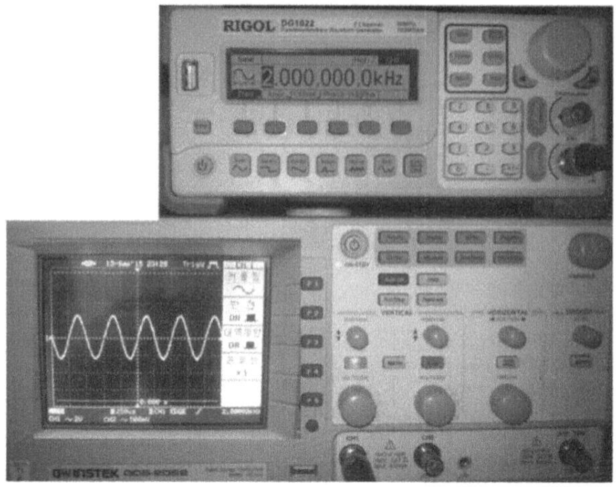


- 함수신호발생기의 주파수를 2 kHz 로 변경하고, 오실로스코프 파형을 관찰한다.

→ 오실로스코프의 가로축인 시간축 1 칸은 (        ) s 이다.

→ 오실로스코프에 출력된 파형의 주기는 (        ) s 이고, 주파수로 환산하면, (        ) Hz 이다.

156

## 실험 4) 정현파 크기 변경 측정(오실로스코프)

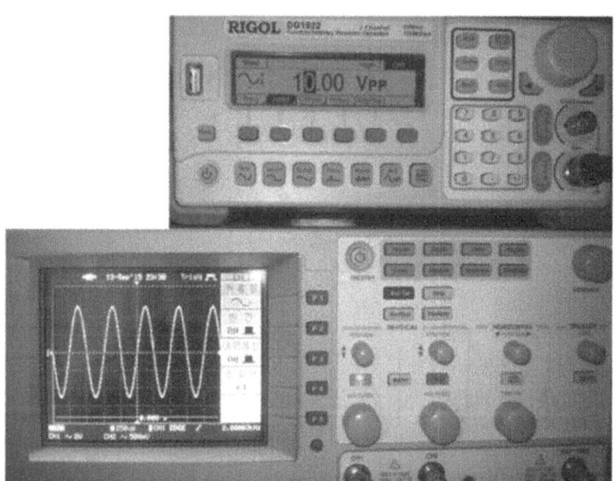


- 함수신호발생기의 정현파 신호 크기를 10 $V_{pp}$로 변경하고, 오실로스코프 파형을 관찰한다.

→ 오실로스코프의 세로축인 신호의 크기 1 칸은 (        ) V 이다.

→ 오실로스코프에 출력된 파형의 $V_{pp}$ 크기는 (        ) 칸이고, 전압으로 환산하면, (        ) $V_{pp}$이다.

**Lab. 3 교류전기** 학번 __________ 성명 __________

[교류전압(정현파,삼각파,구형파), 주파수, 진폭]

## 결과보고서

1. 실험 1)의 디지털로직랩 실험에서 스피커 소리는 (            ) Hz보다 높아야 들린다. LED가 계속 켜진 것처럼 보이려면 주파수는 (          ) Hz보다 높아야 한다. 연속적 ON으로 보이는 이유를 쓰시오.

2. 실험 2)에서 오실로스코프에 출력된 파형의 주기는 (          ) s 이다.

3. 실험 3)에서 오실로스코프에 출력된 파형의 주기는 (          ) s 이고, 주파수로 환산하면, (          ) Hz 이다.

4. 실험 4)에서 오실로스코프에 출력된 파형의 $V_{pp}$ 크기는 (          ) 칸이고, 전압으로 환산하면, (          ) $V_{pp}$이다.

5. 함수신호발생기가 만들 수 있는 파형을, 정현파 외에 2가지 이상 쓰시오.

6. [도전] 1kHz, 5Vpp 정현파를 DMM으로 측정하면 몇 V인가? 2.5V가 아닌 이유는 무엇인가?

7. [도전] 1kHz, 5Vpp 구형파를 DMM으로 측정하면 2.5V인가? 그 이유는 무엇인가?



+

# Chapter 4

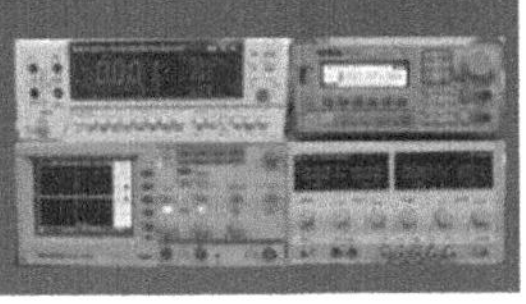

Analog-4

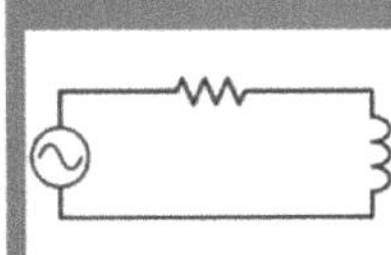

교류회로

주기, 위상

커패시터

(Capacitor, C)

인덕터

(Inductor, L)

정보통신 기초 및 실험

## 강의 계획



| 장 | 강의주제 | 내용 | 단위 | 부품, 도구, 장비 |
|---|---|---|---|---|
| 1 | 직류전기 | 기술동향, 직류전기, 전기 기차 | [V], [A] | DMM, Power Supply, LED, buzzer |
| 2 | 직류회로 | 직렬, 병렬, 저항, 임피던스(resistance), 전력/에너지 | [Ohm], [Watt], [Joule] | 저항, 가변저항 |
| 3 | 교류전기 | 교류전압(정현파, 삼각파, 구형파), 주파수, 진폭 | [Hz], [sec] | OSC, FuncGen, FreqCounter, piezo, speaker |
| **4** | **교류회로** | **주기, 위상, 인덕터, 커패시터** | **[radian], [degree], [H], [F]** | **OSC, FuncGen** |
| 5 | 납땜 연습 | 납땜 원리, 납땜 연습 | | 인두, 납, 공기정화기, 전선, 니퍼, 드라이버, 납흡입기, 만능기판, 전자부품 |
| 6 | 라디오 조립 | 방송수신기 원리, 1석 라디오 조립 | | 다이오드, 트랜지스터, 코일, 바리콘, 안테나 |
| | 중간고사 | | | |
| 7 | 진법 | 이진법, 십진법, 16진법, 덧셈, 뺄셈 | 1, 0, 0~9, 0~F, +, - | LED, 7 segment display, 점퍼선, 스위치 |
| 8 | 디지털게이트 | and, or, not, nand, nor, exor, 부울대수, 진리표 | Hi/Lo, True/False | 슬라이드 스위치, 게이트, 로직 IC |
| 9 | 플립플롭 | SR ff, JK ff, D ff, 카운터, 레지스터 | clock, enable, reset, Q | 플립플롭, 카운터, 시프트 레지스터 |
| 10 | 아두이노 | 기초 예제 | | 아두이노 우노 Kit, 스케치 IDE |
| 11 | 아두이노 | 교통신호 제어 | | 아두이노 우노 Kit |
| 12 | 아두이노 | 4x4 키패드를 이용한 잠금 장치 | | 아두이노 우노 Kit, 키패드, 서보모터 |
| 13 | 아두이노 | 원격 서보모터 제어 안드로이드 앱 개발 | | 아두이노 우노 Kit, 블루투스, 안드로이드 앱, MIT App Inventor 2 |
| | 기말고사 | | | |



## 커패시터(Capacitor)

- 커패시터(capacitor)는 유전체(dielectric)라는 절연 재료로 분리된, 2개의 평행한 도체판으로 구성된 전기 소자이다.
- 중성 상태에서 커패시터의 두 도체판은 같은 수의 자유전자를 갖고 있다.

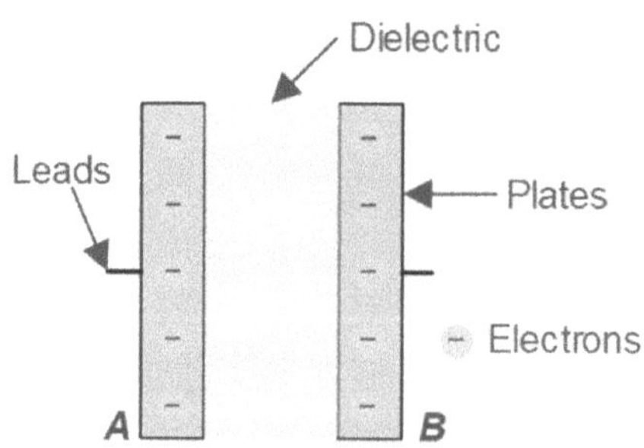


Neutral (uncharged) capacitor (same charge on both plates)

# 커패시터(Capacitor)

- 커패시터가 직류전압원에 연결되면, 전자(음전하)들이 도체판 A에서 제거되고, 도체판 B에는 전자들이 공급되어, 도체판 A는 B에 대해, 양전하를 띄게 된다.

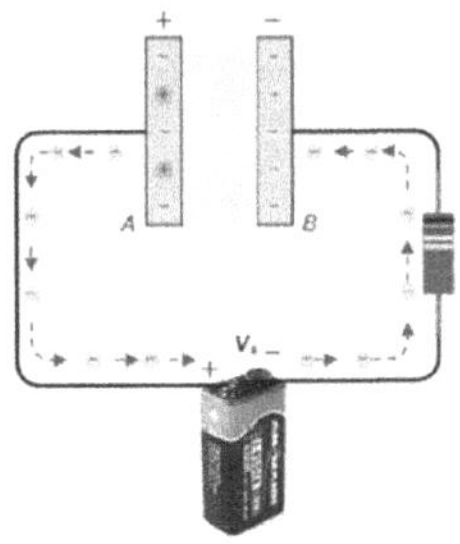

(a) Electron flow from plate A to plate B as capacitor charges.

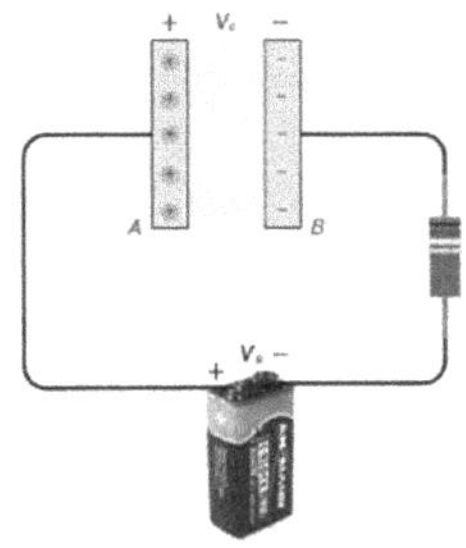

(b) Capacitor charged to $V_S$. No more electrons flow.

- 이와 같이 충전되는 동안, 전자들은 연결된 전선과 전원을 통해서만 흐르며, 절연체인 유전체로는 전자들이 통과할 수 없다.
- 커패시터에 형성된 전압이 전원의 전압과 같아질 때, 전자의 이동이 멈추게 된다.



# 커패시터(Capacitor)

- 충전된 커패시터가 전원과 분리되면, 커패시터는 오랜 시간동안(그 시간은 커패시터의 종류에 따라 다르다) 전하를 저장하고 양단간에 전압이 유지된다.
- 대전(충전)된 커패시터는 일시적인 전지로 작용할 수 있다.

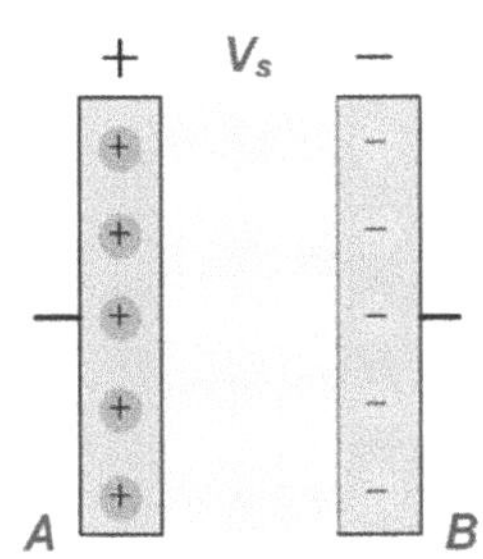


Capacitor retains charge when disconnected from source.

# 커패시턴스(Capacitance)

- 커패시터가 저장할 수 있는 단위 전압당 전하의 양을 커패시턴스(capacitance)라 하고, C로 표시한다.
- 커패시턴스는 전하를 저장하는 커패시터의 능력을 나타내는 척도이다.
- 커패시터가 저장할 수 있는 단위 전압당 전하가 많으면 많을수록 커패시턴스는 커지며, 다음 식으로 표현된다.

$$C = \frac{Q}{V}$$

→ C는 커패시턴스이고, Q는 전하량, V는 전압이다.

- 위 수식으로부터, Q와 V를 계산할 수 있는 다른 두 식을 얻을 수 있다. $Q = CV$, $V = \frac{Q}{C}$
- 커패시턴스의 단위는 **[F]** 이며, 패럿(Farad)으로 읽는다.
- 1[F]은 1[C]의 전하가 1[V]의 전압으로 저장되는 커패시턴스의 양이다.

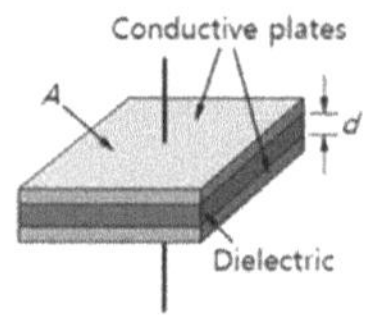

(a) Capacitor structure

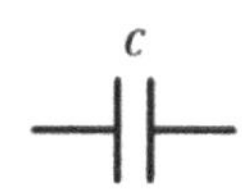

(b) Capacitor symbol



# 커패시터의 에너지 저장

- 커패시터는 두 도체판에 모인 반대 극성의 전하에 의해, 형성되는 전기장(전계)에 에너지를 저장한다.
- 커패시터의 두 도체판은 배터리에 연결되어 전하를 공급받게 되고, 이것은 판 사이에 에너지를 저장하는 전기장을 만든다.
- 전기장에 저장된 에너지는 커패시터의 크기에 직접적으로 관련되고, 다음 수식과 같이 주어진다.

$$W = \frac{1}{2}CV^2$$

→ 저장된 에너지의 단위는 [J]이며, 커패시턴스(C)와 전압의 제곱에 비례한다.

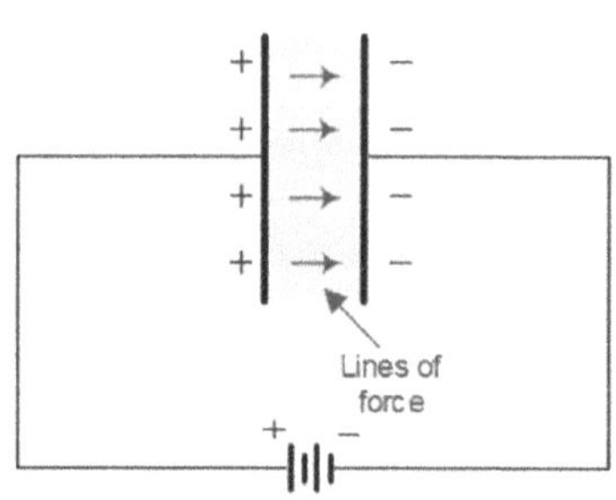

# 커패시터의 정격 전압(Capacitor Ratings)

- 모든 커패시터는 도체판 사이에서 견딜 수 있는 전압의 양에 한계를 갖고 있다.
- 정격 전압은 소자에 손상을 주지 않고, 가할 수 있는 최대 직류전압으로, 이 최대 전압을 초과하면, 커패시터는 손상을 받아 못쓰게 된다.
- 커패시터를 회로에서 실제로 사용하기 전에 커패시턴스와 정격 전압을 고려하여, 정격 전압이 그 커패시터가 사용될 회로에서 예상되는 최대 전압보다 항상 크도록 한다.

→ 유전체 강도: 유전체 물질이 파괴(dielectric breakdown) 없이 견딜 수 있는 단위너비당 최대전압

Ex) 공기의 유전체 강도 : 3 X $10^6$ [V/m]

→ 1m 간격의 전극판, 3백만 V 이상, 정량 이상의 이온화, 스파크(코로나 방전)

**일반적인 물질의 유전체 강도**

| 물질 | 유전체 강도 |
|---|---|
| 공기 | 3 X $10^6$ |
| 종이 | 15 X $10^6$ |
| 폴리스틸렌 | 20 X $10^6$ |
| 고무 | 25 X $10^6$ |
| 유리 | 30 X $10^6$ |



# 커패시터의 종류

- 커패시터는 유전체의 종류에 따라 분류되며, 일반적인 유전체로는 운모, 세라믹, 플라스틱 박막, 전해질(알루미늄산화물, 탄탈산화물) 등이 있다.

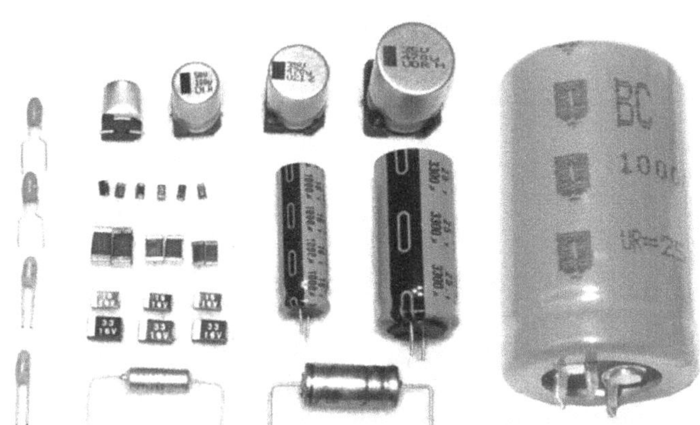

167

# 전해 커패시터(Electrolytic Capacitors)

- 전해 커패시터는 한쪽 도체판이 양으로, 다른 도체판이 음으로 대전되도록 분극이 발생한다.
- 전해 커패시터는 1 μF부터 200,000 μF 이상의 높은 커패시턴스를 가질 수 있으나, 비교적 낮은 절연 파괴전압(350 V 정도)과 높은 누설전류를 갖는 단점이 있다
- 전해 커패시터를 사용할 경우에는 극성이 바뀌지 않도록 주의해야 한다. 어떻게 연결되느냐에 따라 커패시턴스 값에 차이가 발생하고, 역방향으로 연결될 경우 폭발하여 부상을 초래할 수 있다.

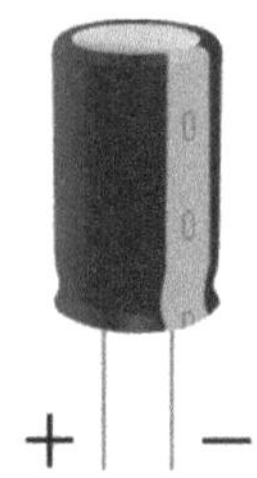


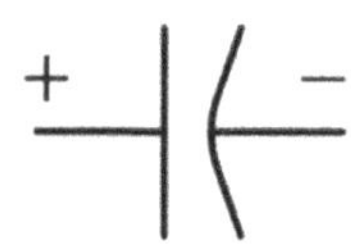


168

# 직렬 커패시터(Series Capacitors)

- 직렬 연결된 커패시터의 전체 커패시턴스는 어떤 커패시터의 개개의 커패시턴스보다 작다.
- 직렬 연결된 커패시터의 전체 커패시턴스 계산 수식은 다음과 같다.

$$1/C_T = 1/C_1 + 1/C_2 + 1/C_3 + \ldots + 1/C_n$$

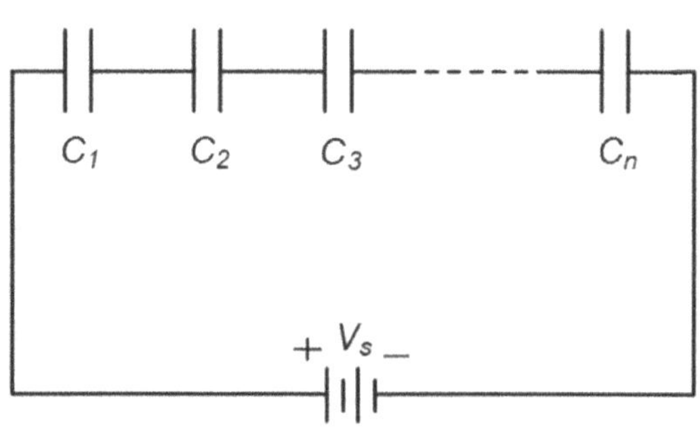

169

# 병렬 커패시터(Parallel Capacitors)

- 병렬로 연결된 커패시터의 전체 커패시턴스는 개개의 커패시턴의 합과 같다.

$$C_T = C_1 + C_2 + C_3 + \dots + C_n$$

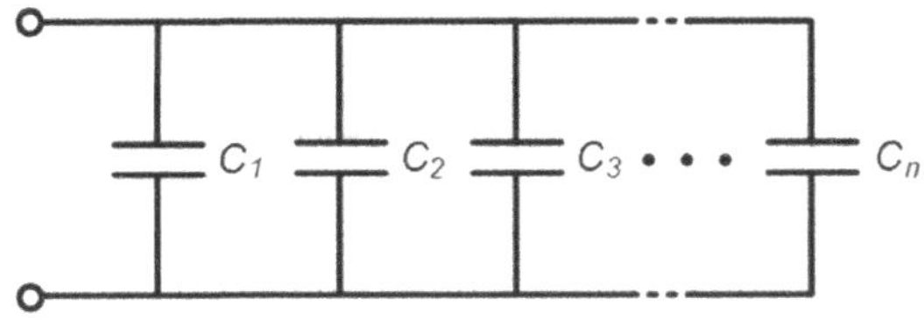


170

# 직류 회로에서의 커패시터(Capacitors in DC Circuits)

- 직류전압원에 연결된 커패시터는 충전된다.
- 충전이 되지 않은 상태의 커패시터에서 두 도체판에는 같은 수의 자유전자가 있다.
- 충전스위치가 닫히면, 도체판 A는 전자를 잃고, 도체판 B는 전자를 얻게 되어, 도체판 A는 B에 대해 양(+)의 극성을 띄게 된다.
- 충전이 계속되어, 도체판 사이의 전압이 전원 전압과 같아지면, 전류는 더 이상 흐르지 않는다.
- 충전된 커패시터를 전원에서 분리하면, 커패시터는 오랜 시간동안 충전된 상태를 유지한다.

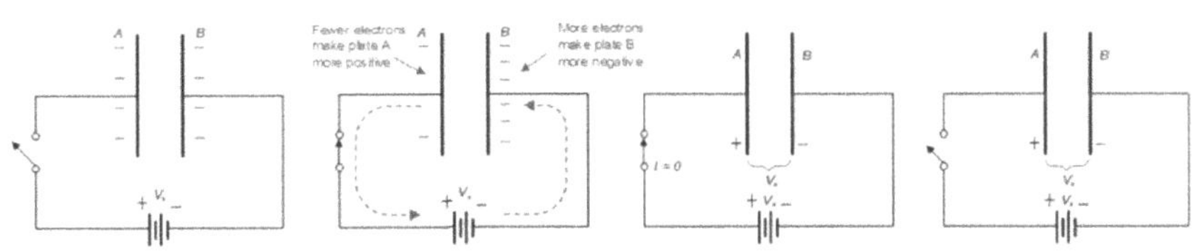

(a) Uncharged (b) Charging (c) Fully charged (d) Retains charge

# 교류회로에서의 커패시터(Capacitors in ac Circuits)

- 일정한 직류는 커패시터를 통해 흐를 수 없지만, 교류는 통과하여 흐를 수 있으며, 주파수에 따라 달라진다.
- 전원 전압이 일정하게 유지되고, 주파수가 증가한다면 전류는 증가하며, 전원의 주파수가 감소하면, 전류도 감소한다.

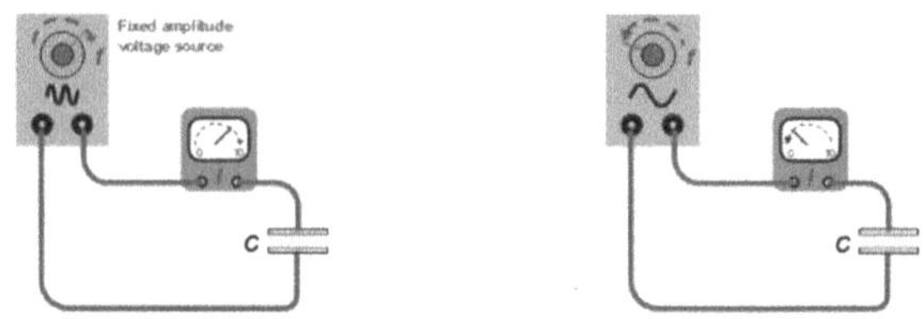


(a) Current increases when the frequency increases

(b) Current decreases when the frequency decreases

- 커패시터에서 정현파 전류를 방해하는 성질을 용량성 리액턴스(capacitive reactance)라 하고, 기호로 $X_C$로 나타내며, 단위는 [Ω]이다.
- 용량성 리액턴스는 주파수와 커패시턴스에 반비례하며, 다음 수식으로 표현된다.

$$X_C = \frac{1}{2\pi f C} \quad [\Omega]$$



# 교류회로에서의 커패시터(Capacitors in ac Circuits)

- 정현파 전압은 사인곡선을 따라 그 값이 변화한다.
- 사인곡선은 0을 지나는 점에서 곡선의 다른 점보다 빠른 비율로 변하며, 정점에서는 전압이 최댓값에 도달하며 변화하는 방향이 바뀌므로 변화율이 0이 된다.
- 전압이 0을 지나는 곳에서 최대의 비율로 변화할 때, 전류는 양의 최댓값을 갖는다.
- 전압이 최댓값(정점)을 지나면서 변화율이 0이 될 때, 전류는 0이 된다.
- 전압의 음의 최댓값을 향해 가면서 0을 지나는 곳에서 음의 최대 비율로 변화할 때, 전류는 음의 최댓값을 갖는다.
- 전류는 전압보다 위상이 90° 앞선다.

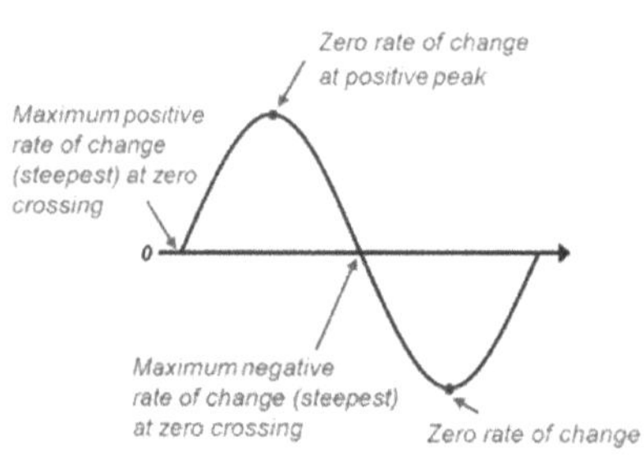


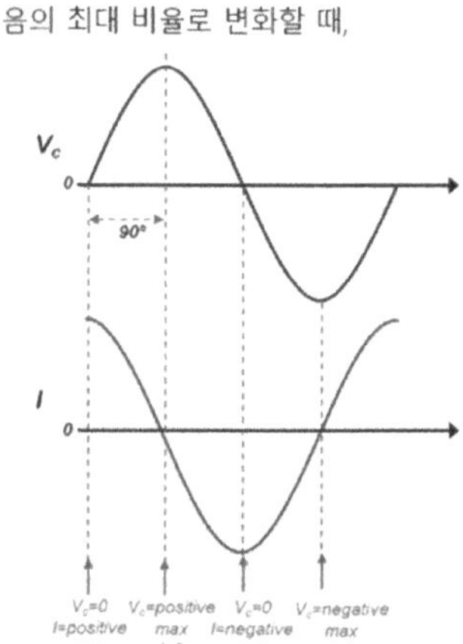

# 인덕터(Inductor)

- 도선을 감아서 코일을 만들면 기본적인 인덕터가 된다.
- 코일에 흐르는 전류는 전자기장을 형성한다.
- 코일의 각 권선(winding) 주위의 자력선이 더해져서 코일 내부와 주위에 강한 자기장을 형성한다.

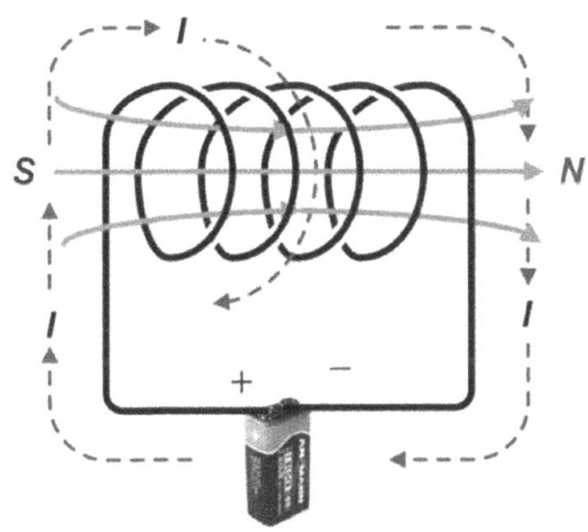




# 인덕터(Inductor)

- 인덕터에 전류가 흐를 때 전자기장이 형성된다.
- 전류가 변하면, 전자기장이 변하며, 전류가 증가하면 전자기장이 확장되고, 전류가 감소하면, 전자기장이 축소된다.
- 변화하는 전류는 인덕터 주위의 전자기장을 변화시킨다.
- 전자기장이 변화하면, 전류의 변화를 방해하는 방향으로 코일에 유도전압(induced voltage)이 발생한다.
- 이러한 성질을 자기인덕턴스(self-inductance)라 하고, 간단히 인덕턴스(inductance)라고도 하며, L로 나타낸다.

# 인덕터(Inductor)

- 인덕턴스는 코일에 흐르는 전류의 변화에 따라 어느 정도의 유도전압이 발생하는가를 나타내는 척도이며, 전류의 변화를 억제하는 방향으로 유도전압이 발생한다.

- 인덕턴스의 단위는 [H]이고 헨리(Henry)로 읽는다.

- 코일에 흐르는 전류가 1[s]당 1[A] 비율로 변화하면 1[V]의 전압이 유도되는 인덕턴스가 1[H]이다.

- 인덕터는 전류에 의해 형성된 자기장 내에 에너지를 저장하며, 저장되는 에너지는 다음 수식과 같다

$$W = \frac{1}{2}LI^2$$

→ W는 [J]의 단위를 가지고, L은 [H], I는 [A]이다.



# 인덕터의 종류

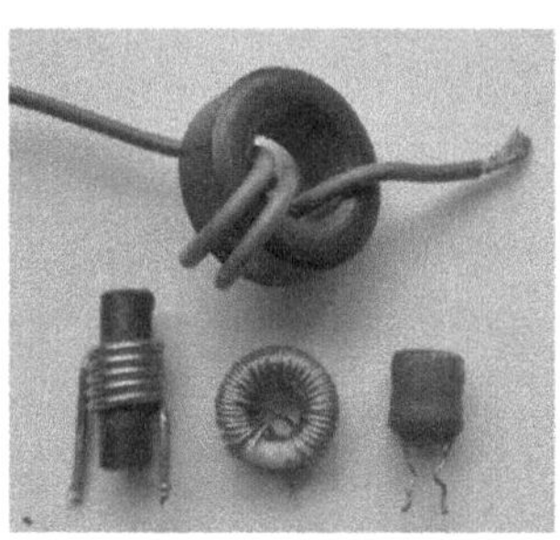

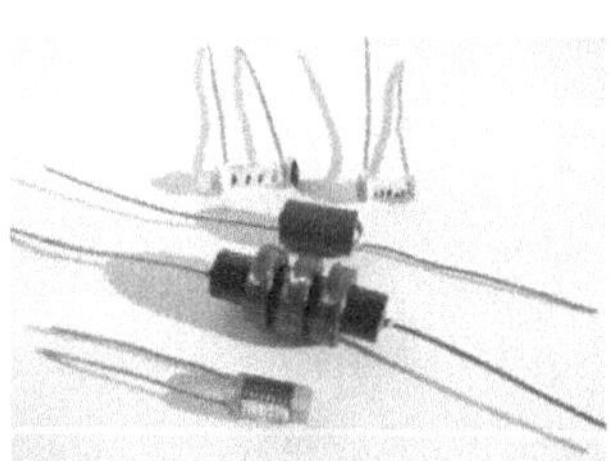

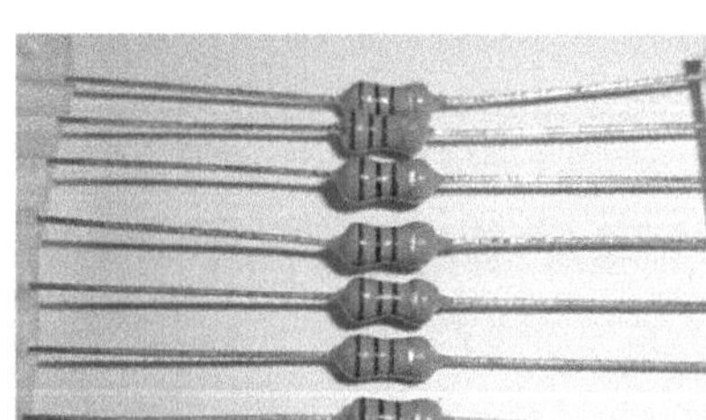

177

# 직렬 인덕터(Series Inductors)

- 인덕터를 직렬로 연결할 경우, 총 인덕턴스는 각각의 인덕턴스의 합이 된다.

$$L_T = L_1 + L_2 + L_3 + \ldots + L_n$$

178

# 병렬 인덕터(Parallel Inductors)

- 인덕터를 병렬로 연결할 경우, 총 인덕턴스는 가장 작은 인덕턴스보다 작게 된다.
- 병렬연결 인덕터의 경우, 총 인덕턴스의 역수는 각 인덕턴스의 역수의 합과 같다.

$$1/L_T = 1/L_1 + 1/L_2 + 1/L_3 + \ldots + 1/L_n$$

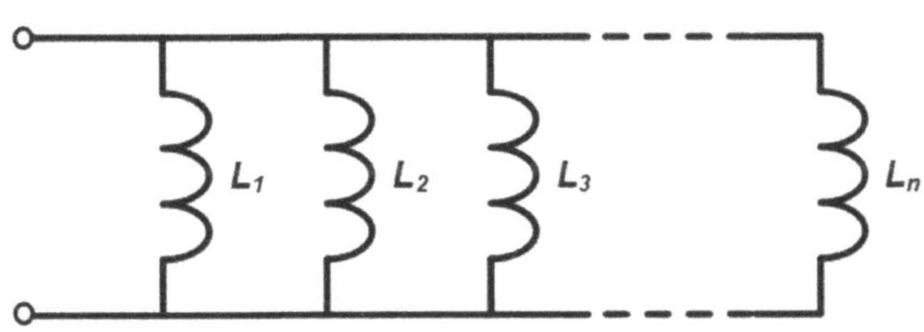

# 직류회로에서의 인덕터

- 인덕터에 일정한 직류전류가 흐를 때는 전압이 유도되지 않는다..
- 코일의 권선저항에 의한 전압강하는 발생하지만, 기본적으로 직류에 대해서는 단락(short)으로 작용한다.

# 교류회로에서의 인덕터

- 인덕터가 정현파 전압원에 연결된 경우, 전원 전압의 진폭이 일정하게 유지되면서, 주파수가 증가하면 전류의 크기가 감소하고, 전원의 주파수가 감소하면, 전류크기는 증가한다.

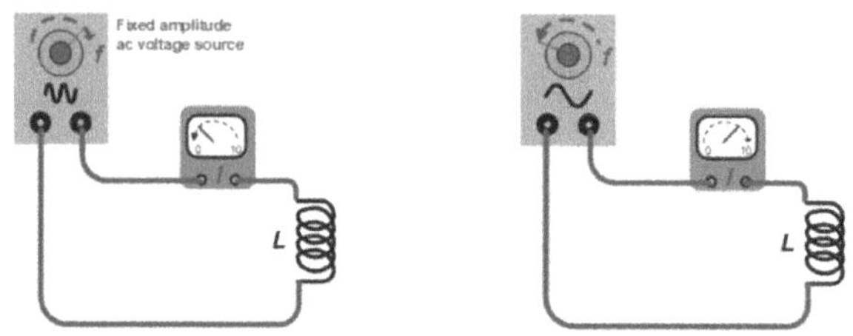


(a) Current decreases when the frequency increases.

(b) Current increases when the frequency decreases.



# 유도성 리액턴스(Inductive Reactance)

- 전원 전압의 주파수가 증가하면, 변화율 역시 증가한다.
- 전원 전압의 주파수가 증가하면, 전류의 주파수 역시 증가한다.
- 패러데이의 법칙(Faraday's law)와 렌츠의 법칙(Lenz's law)에 따르면, 주파수가 증가하면 전류를 방해하는 방향으로 인덕터에 더 큰 전압이 유도되어, 전류의 크기가 감소한다.
- 주파수가 감소하면, 전류가 증가한다.
- 일정한 전압에서 주파수가 증가하면 전류가 감소하는 것은, 전류의 증가를 방해하는 정도가 커졌다는 것을 의미한다.
- 인덕터가 전류의 흐름을 방해하는 정도는 주파수에 따라 변화한다(비례한다).

181

# 유도성 리액턴스(Inductive Reactance)

- 인덕터에서 정현파 전류의 흐름에 대한 저항을 유도성 리액턴스(Inductive Reactance)라 한다.

- 유도성 리액턴스의 기호는 $X_L$ 이고 단위는 [Ω]이다.

- 유도성 리액턴스는 주파수와 인덕턴스에 비례하며, 다음 수식으로 표현된다

$$X_L = 2\pi f L\ [\Omega]$$

→ f의 단위는 [Hz], L은 [H]이다.

182

# 교류회로에서의 인덕터

- 정현파 신호는 0을 지날 때 최대 변화율을 가지며, 정점에서 영의 변화율을 갖는다.
- 패러데이의 법칙에서 코일에 유도되는 전압의 크기는 전류가 변화하는 비율에 비례한다.
- 전류가 0을 지나는 점에서 전류의 변화율이 최대가 되고, 코일전압이 최대가 된다.
- 전류가 첨두값에 도달한 점에서 전류의 변화율은 0이 되고, 전압의 크기도 0이 된다.
- 전류의 최댓값은 전압의 최댓값보다 ¼사이클 늦게 발생한다.
- 인덕터에서 전류는 전압보다 위상이 90° 뒤진다.

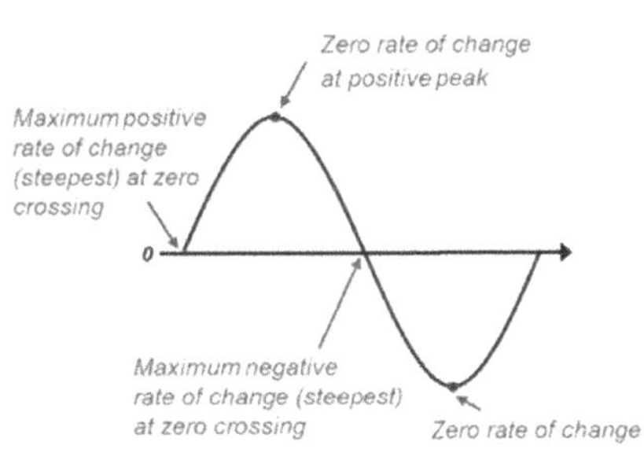


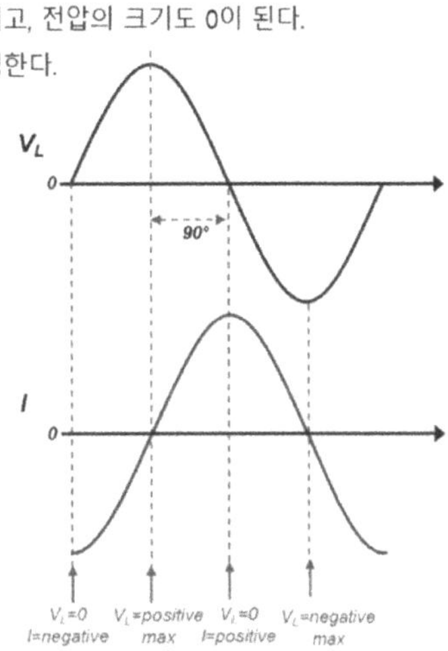

# 교류회로에서 R, C, L 특성 요약

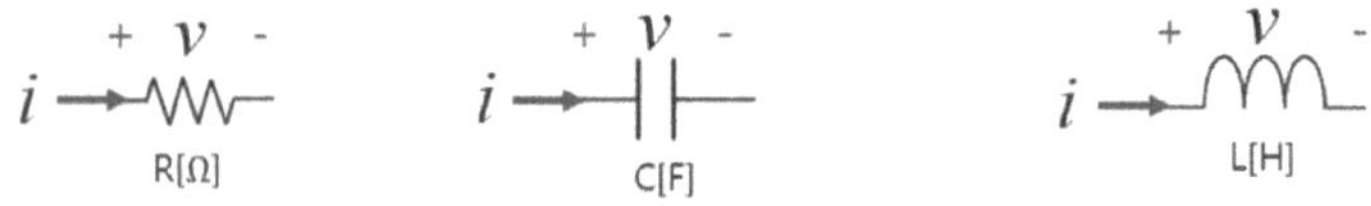


| R[Ω] | C[F] | L[H] |
|---|---|---|
| $v = Ri$ | $v = \frac{1}{C}\int idt$ | $v = L\frac{di}{dt}$ |
| $i = v / R$ | $i = C\frac{dv}{dt}$ | $i = \frac{1}{L}\int vdt$ |
| $R = \frac{길이}{도전율 \times 단면적}$ | $C = \frac{유전율 \times 극판면적}{극판간격}$ | $L = \frac{투자율 \times 면적 \times (횟수)^2}{길이}$ |
| 전류 방해하는 정도 | 전하 저장하는 용량 정도(전압 관성) | 전류 변경에 대한 반발 정도(전류 관성) |
| 전압, 전류 불연속 가능 | 전압 시간연속 함수 | 전류 시간연속 함수 |
| (수도 파이프) | (물탱크) | (수레바퀴) |
| 힘 작용➔물 흐름 | 물 유입➔물 축적➔물높이 상승 | 힘 작용➔회전속도 증가 |
| 전압과 전류 위상 같다 | 전류 위상이 90도 앞선다 | 전압 위상이 90도 앞선다 |
| R 클수록 전류 작다 | C 클수록 전류 크다 | L 클수록 전류 작다 |
| 주파수에 무관 | 주파수 클수록 전류 크다 | 주파수 클수록 전류 작다 |
| 에너지 소모는 양수, $P = VI = RI^2 = \frac{V^2}{R} \geq 0$ | 에너지 소모 = 0 | 에너지 소모 = 0 |
| 에너지 저장 = 0 | 에너지 저장 = $W = \frac{1}{2}QV = \frac{1}{2}CV^2$ | 에너지 저장 = $W = \frac{1}{2}LI^2$ |



+ Lab.

Analog-4

4

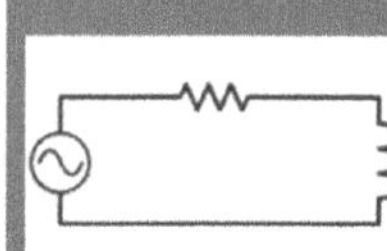

교류회로

주기, 위상

커패시터

(Capacitor, C)

인덕터

(Inductor, L)

## 정보통신 기초 및 실험

**Lab. 4 교류회로** [주기, 위상, L, C] 학번 ________ 성명 ________

## 예비보고서

1. 아래 그림의 커패시터 교류회로에서 주파수가 높아지면 전류가 ( 증가 , 감소 )하고,
   주파수가 낮아지면 전류가 ( 증가 , 감소 ) 한다.

(a) Current increases when the frequency increases (b) Current decreases when the frequency decreases

2. 커패시터 교류회로에서 오른쪽 그림을 참고하여, 전류와 전압의 관계를 설명하시오.

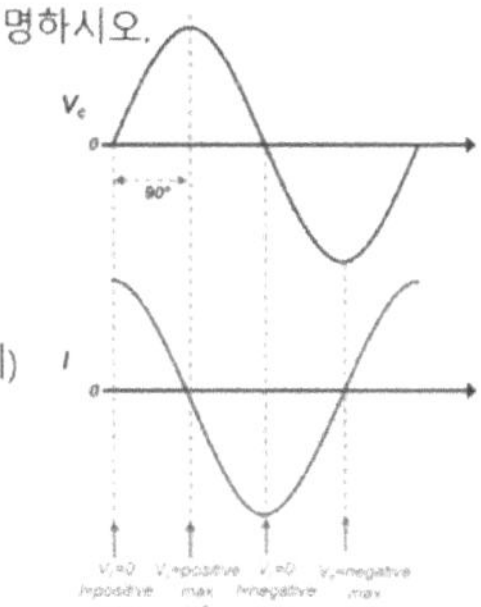


3. 인덕터는 ( )에 관련되며, 커패시터는 ( )에 관련된다. (전계, 자계)

4. 인덕턴스는 코일 감은 횟수의 ( )에 비례하고,
   커패시턴스는 도체판의 면적의 ( )에 비례한다.



# 함수신호발생기(Function Generator)

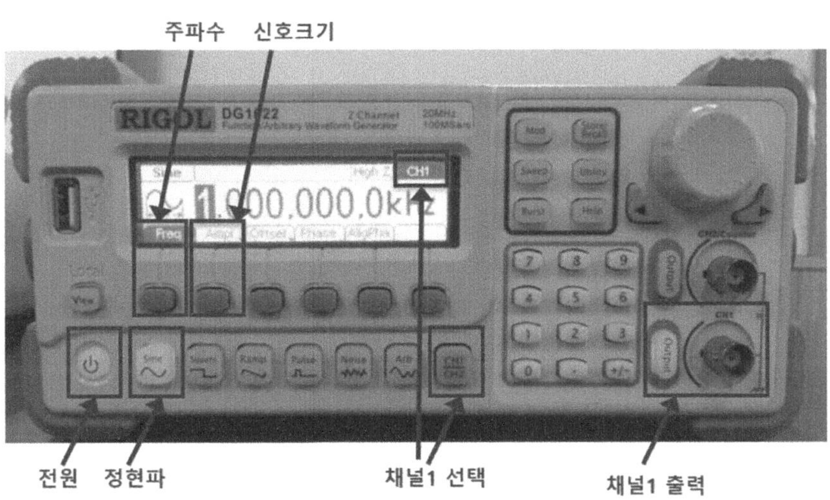

187

## 오실로스코프(Oscilloscope)

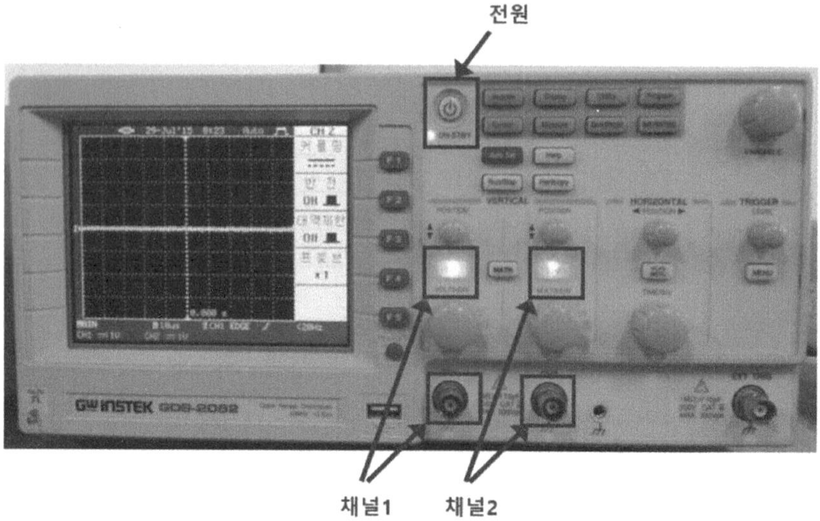


188

## BNC T자형 커넥터

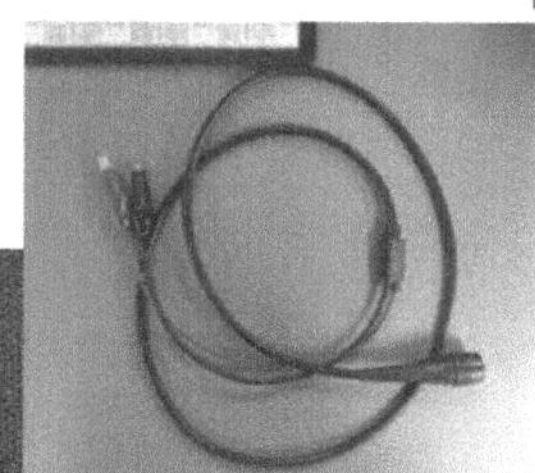

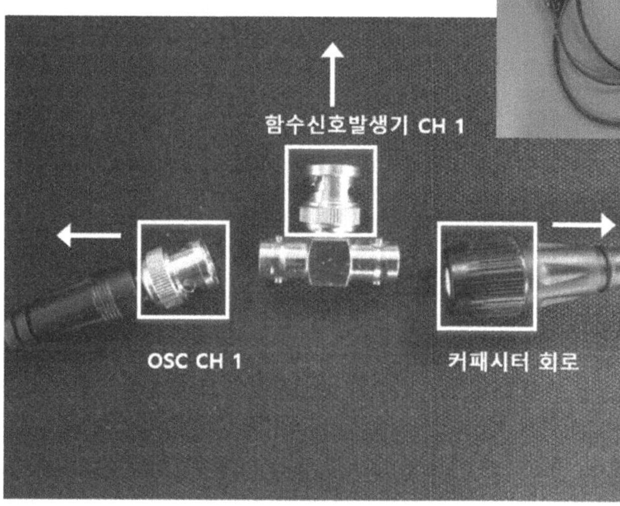

# BNC T자형 커넥터 연결

→ 함수신호발생기 CH1 출력 단자에 BNC T자형 커넥터를 삽입한다. (홈에 맞추어 끼운 후 시계방향으로 회전시킨다)



# BNC T자형 커넥터 연결

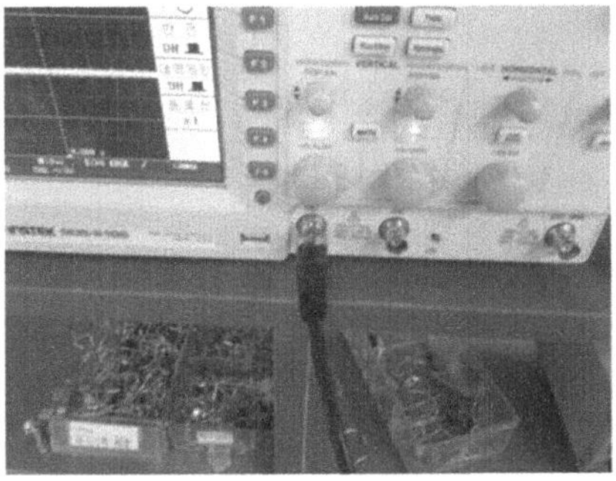

→ BNC to BNC 케이블을 사용하여 함수신호발생기 CH1 출력 단자를 오실로스코프 CH1 입력 단자에 연결한다.

# BNC T자형 커넥터 연결

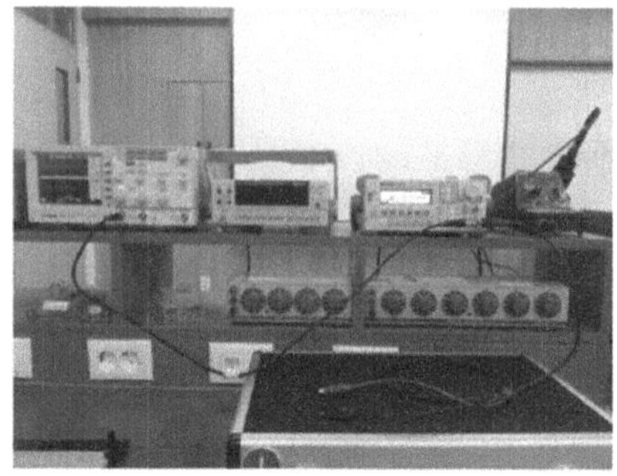

→ 함수신호발생기 CH1 출력 단자(BNC T자형 커넥터의 또 하나의 단자)에 프로브 케이블을 연결한다.



# 실험 1) 커패시터 교류회로 측정

→ 실험에 사용할 0.22 μF 전해 커패시터는 – 극성표기가 된 짧은 다리가 – 극성을, 긴 다리가 + 극성을 가진다.

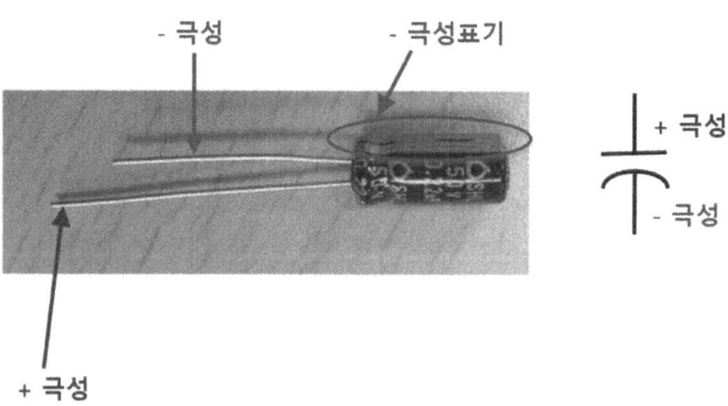

# 실험 1) 커패시터 교류회로 측정

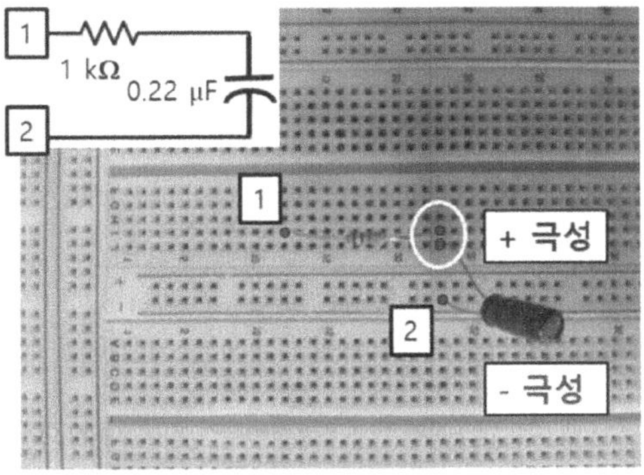


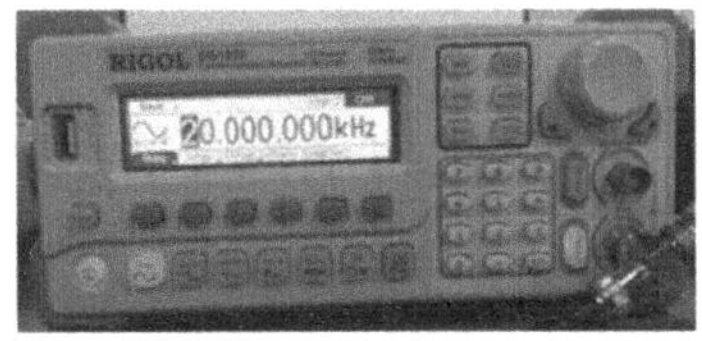

→ 브레드보드에 1 KΩ 저항과 0.22 μF 커패시터를 삽입하여 서로 직렬로 연결한다. (커패시터는 + 극성, - 극성 유의)

→ 함수신호발생기를 정현파, 주파수=20 kHz, 크기=20 $V_{PP}$로 조정한다.

→ Output 램프를 ON시켜 신호가 케이블로 출력되게 한다.

→ 오실로스코프 화면에 나타난 파형이 정현파, 20 kHz, 20 $V_{PP}$인지 확인한다.



# 실험 1) 커패시터 교류회로 측정

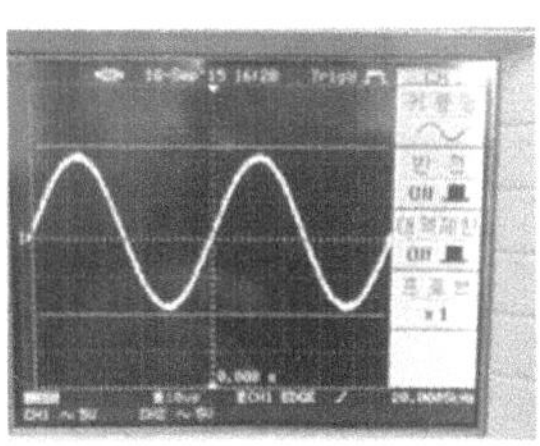

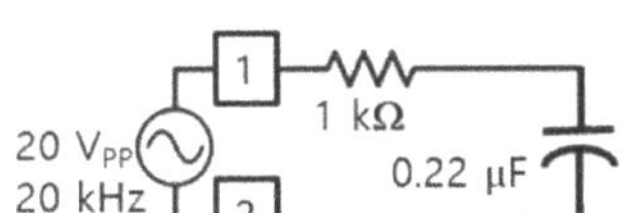


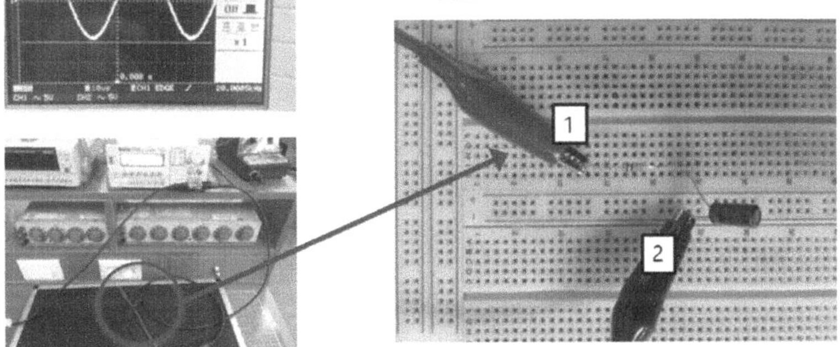


→ 함수신호발생기의 프로브를 회로에 연결하여 교류입력신호를 인가한다.

→ 붉은색 집게는(①) 저항에 연결하고, 검은색 집게는(②) GND에 연결한다.

195

# 실험 1) 커패시터 교류회로 측정

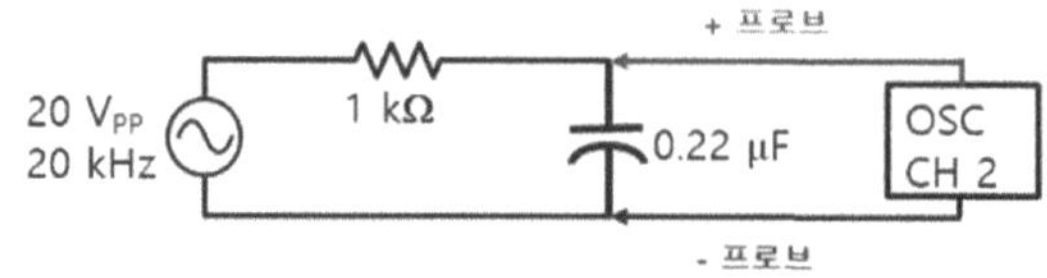


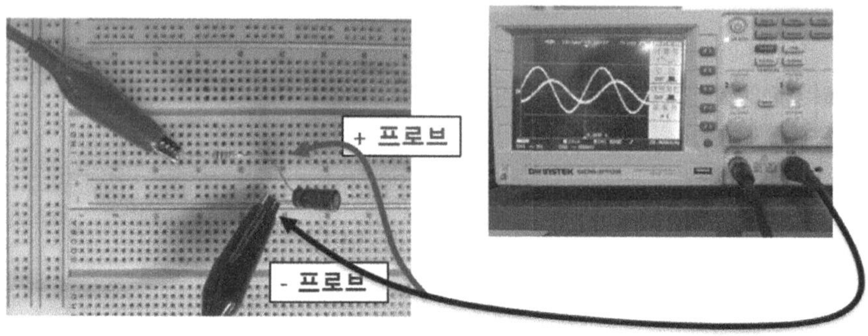


→ 저항과 커패시터 사이의 전압을 오실로스코프 CH2로 측정한다(+ 프로브, - 프로브).

→ 커패시터의 전압은 입력전압과 비교하여 약 ( ) [s] 정도 ( 앞선다, 뒤진다. )

→ 커패시터의 전압 주파수는 ( ) [kHz] 이다.

196

# 실험 1) 커패시터 교류회로 측정

정현파 주파수를 변경하면서 CH2의 Vpp 전압을 측정하여 그래프를 그려라.
(단, CH1은 20Vpp 일정함)

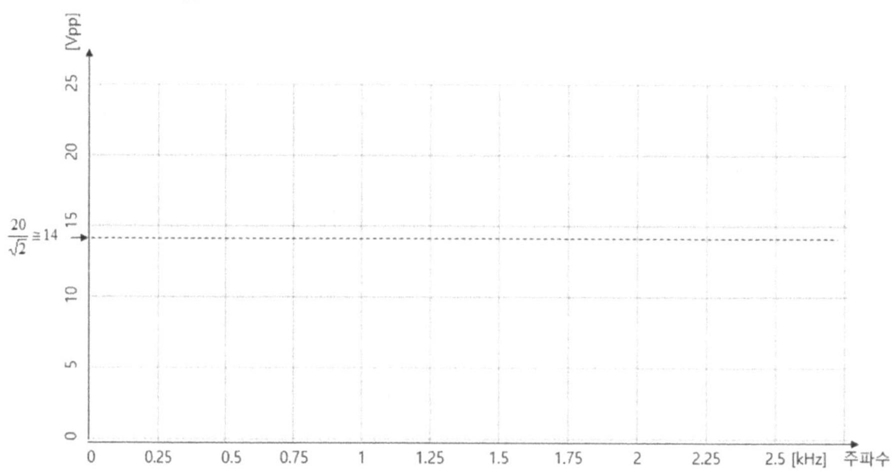

197

# 실험 2) 인덕터 교류회로 측정

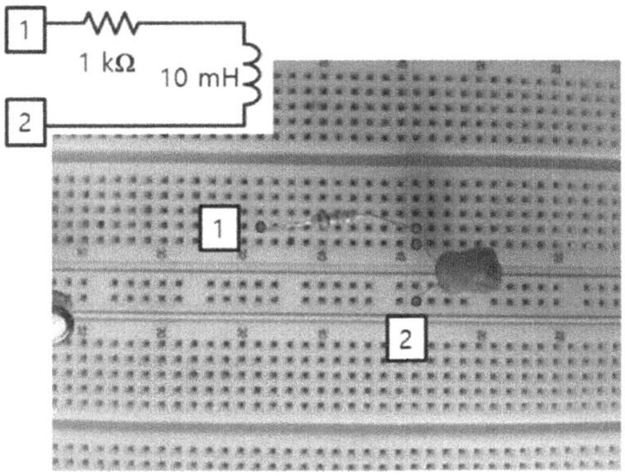


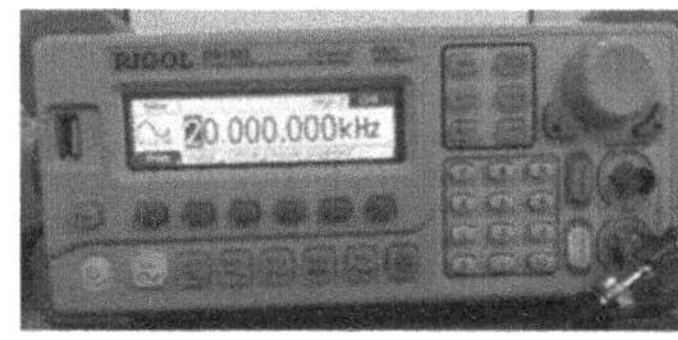


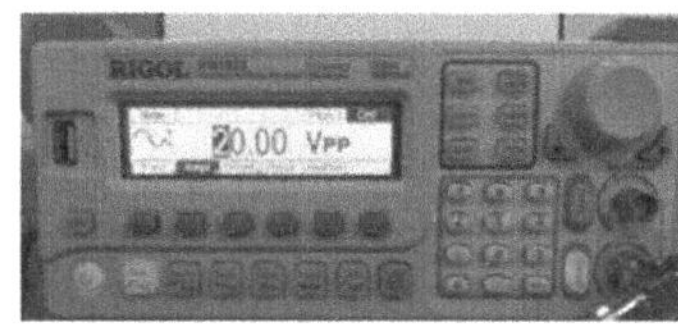


→ 브레드보드에 1 kΩ 저항과 10 mH 인덕터를 직렬로 연결한다.

→ 함수신호발생기의 입력주파수를 20 kHz, 신호 크기를 20 $V_{PP}$로 조정한다.

198

# 실험 2) 인덕터 교류회로 측정

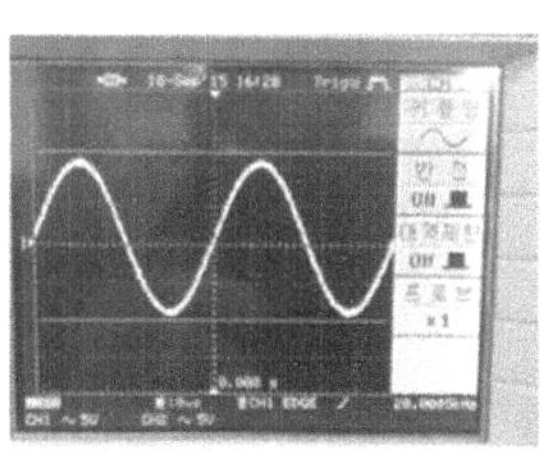

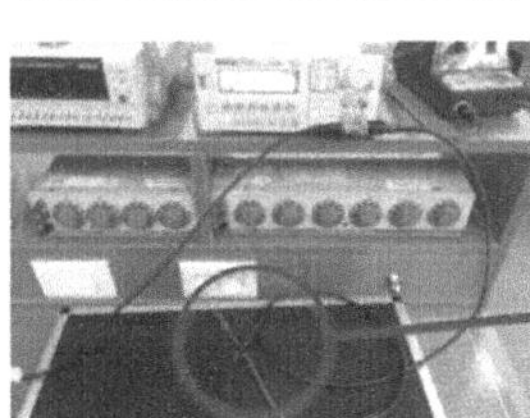

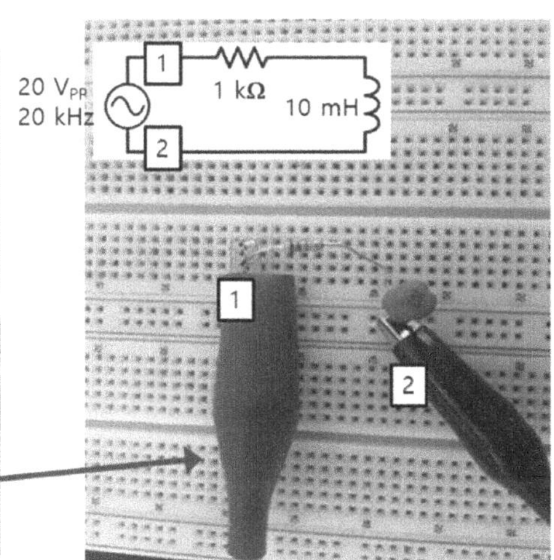


→ 함수신호발생기의 프로브를 연결하여 교류입력신호를 인가한다.

→ 붉은색 집게는(①) 저항에 연결하고, 검은색 집게는(②) GND에 연결한다.

199

# 실험 2) 인덕터 교류회로 측정

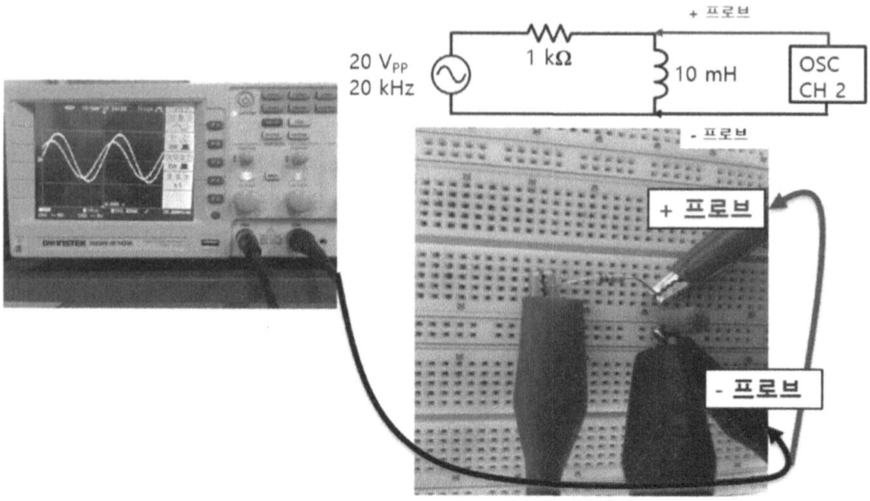


→ 저항과 인덕터 사이의 전압을 오실로스코프 CH2로 측정한다(+ 프로브, - 프로브).

→ 인덕터의 전압은 입력전압과 비교하여 약 (                    ) [s] 정도 ( 앞선다, 뒤진다. )

→ 인덕터의 전압 주파수는 (                    ) [kHz] 이다.

200

# 실험 2) 인덕터 교류회로 측정

정현파 주파수를 변경하면서 CH2의 Vpp 전압을 측정하여 그래프를 그려라.
(단, CH1은 20Vpp 일정함)

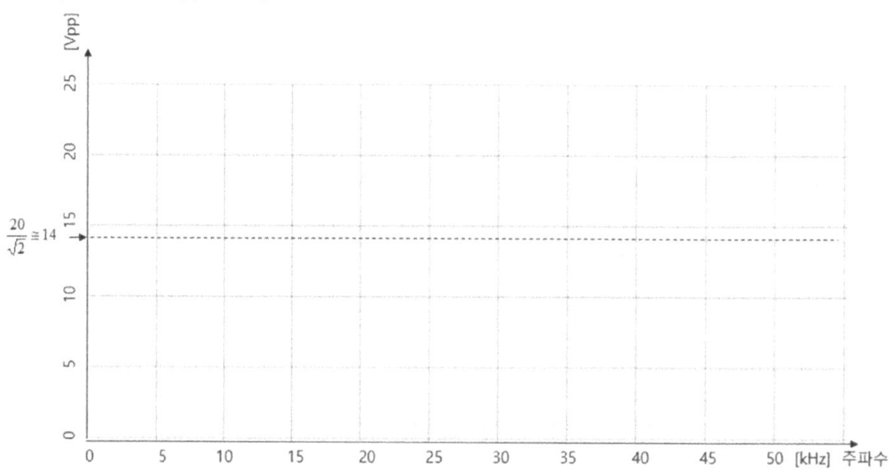

**Lab. 4 교류회로** [주기, 위상, L, C]　　　학번 ________ 성명 ________

## 결과보고서

1. 실험 1)과 2)에서 BNC T자형 커넥터를 사용하는 이유는 무엇인가?

2. 실험 1)에서 커패시터의 전압은 입력전압에 비해 (　　　　　) [s] ( 앞선다, 뒤진다 )

3. 실험 2)에서 인덕터의 전압은 입력전압에 비해 (　　　　　) [s] ( 앞선다, 뒤진다 )

4. 실험 1)과 2)에서 입력전압의 주파수는 (　　) [kHz]이고, 커패시터와 인덕터의 전압 주파수는 (　　　　) [kHz] 이다.

5. 교류 주파수가 높을수록 전류를 잘 흘리고 양단 전압이 작아지는 부품은 (　　　)이고, 그 반대의 부품은 (　　　)이며, 주파수의 영향을 받지 않는 부품은 (　　　)이다. (저항, 인덕터, 커패시터)

6. [도전] 실험 1)에서 커패시터의 교류 전압의 크기는 주파수가 높을수록 (작아진다, 커진다)

7. [도전] 실험 2)에서 커패시터의 교류 전압의 크기는 주파수가 높을수록 (작아진다, 커진다)



**Lab. 4 교류회로** [주기, 위상, L, C]　　　학번 ________ 성명 ________

8. [도전] 그림과 같은 회로를 LC 병렬공진회로라고 부른다. 정현파 주파수 변경에 대한 CH2의 Vpp 전압 그래프는 어떤 모습일까?

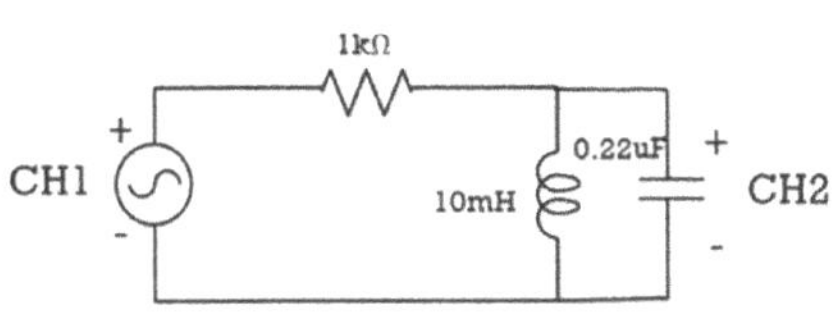


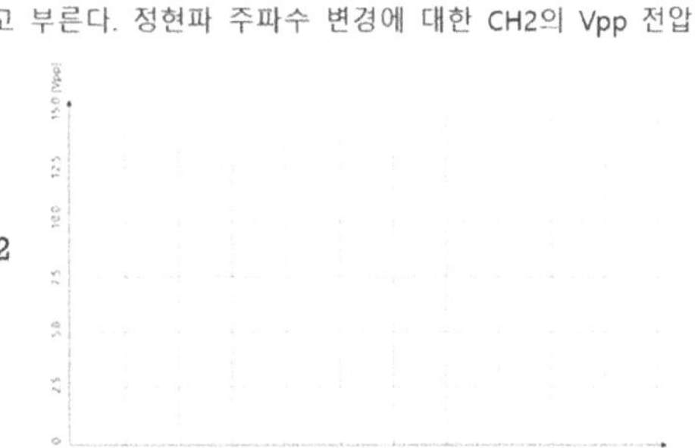

9. [도전] 그림과 같은 회로를 LC 직렬공진회로라고 부른다. 정현파 주파수 변경에 대한 CH2의 Vpp 전압 그래프는 어떤 모습일까?

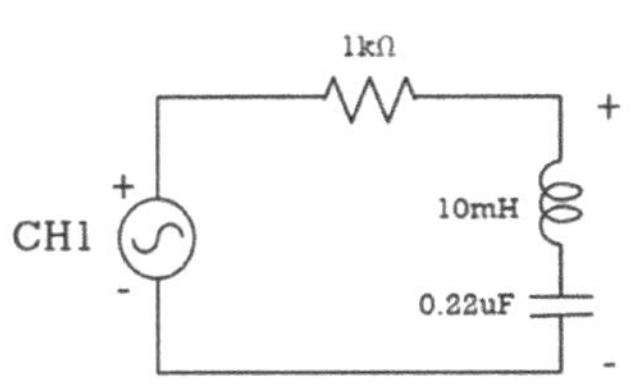

203

+

# Chapter 5

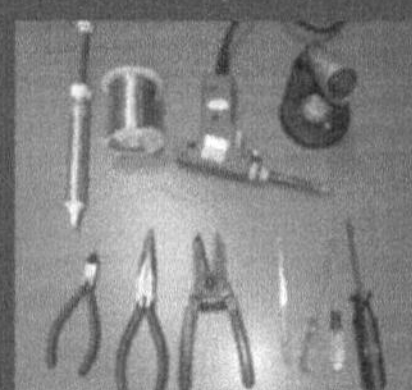

전기공작-1

납땜 연습

납땜 원리
납땜 연습

정보통신 기초 및 실험

204

## 강의 계획

| 장 | 강의주제 | 내용 | 단위 | 부품, 도구, 장비 |
|---|---|---|---|---|
| 1 | 직류전기 | 기술동향, 직류전기, 전기 기차 | [V], [A] | DMM, Power Supply, LED, buzzer |
| 2 | 직류회로 | 직렬, 병렬, 저항, 임피던스(resistance), 전력/에너지 | [Ohm], [Watt], [Joule] | 저항, 가변저항 |
| 3 | 교류전기 | 교류전압(정현파, 삼각파, 구형파), 주파수, 진폭 | [Hz], [sec] | OSC, FuncGen, FreqCounter, piezo, speaker |
| 4 | 교류회로 | 주기, 위상, 인덕터, 커패시터 | [radian], [degree], [H], [F] | OSC, FuncGen |
| **5** | **납땜 연습** | **납땜 원리, 납땜 연습** | | **인두, 납, 공기정화기, 전선, 니퍼, 드라이버, 납흡입기, 만능기판, 전자부품** |
| 6 | 라디오 조립 | 방송수신기 원리, 1석 라디오 조립 | | 다이오드, 트랜지스터, 코일, 바리콘, 안테나 |
| | 중간고사 | | | |
| 7 | 진법 | 이진법, 십진법, 16진법, 덧셈, 뺄셈 | 1, 0, 0~9, 0~F, +, - | LED, 7 segment display, 점퍼선, 스위치 |
| 8 | 디지털게이트 | and, or, not, nand, nor, exor, 부울대수, 진리표 | Hi/Lo, True/False | 슬라이드 스위치, 게이트, 로직 IC |
| 9 | 플립플롭 | SR ff, JK ff, D ff, 카운터, 레지스터 | clock, enable, reset, Q | 플립플롭, 카운터, 시프트 레지스터 |
| 10 | 아두이노 | 기초 예제 | | 아두이노 우노 Kit, 스케치 IDE |
| 11 | 아두이노 | 교통신호 제어 | | 아두이노 우노 Kit |
| 12 | 아두이노 | 4x4 키패드를 이용한 잠금 장치 | | 아두이노 우노 Kit, 키패드, 서보모터 |
| 13 | 아두이노 | 원격 서보모터 제어 안드로이드 앱 개발 | | 아두이노 우노 Kit, 블루투스, 안드로이드 앱, MIT App Inventor 2 |
| | 기말고사 | | | |

205

# 납땜(Soldering)

- 용융점(melting temperature)이 낮은 합금을 녹여서 금속 사이를 연결하는 것
  - 전자회로에서는 보통 납을 이용함. 금속 용접보다는 금속 접착의 개념에 가까움
  - 예 : 전선과 전선 연결
  - 예 : 인쇄회로 기판(PCB: printed circuit board)에서 부품의 리드 선과 기판의 금속 패턴 연결

- 사용 도구와 재료
  - 납땜용 인두(iron) 및 인두 스탠드
  - 실납, 땜납
  - 솔더링 페이스트, 송진, 플럭스(flux)
  - 기판 고정 지지대
  - 납 흡입기(desolder, solder sucker)
  - 배기용 팬, 납연기 제거기
  - 니퍼(nipper)
  - 라디오 펜치(long nose plier)
  - 스트리퍼(wire stripper)
  - 핀셋(pincette)
  - 드라이버(driver)

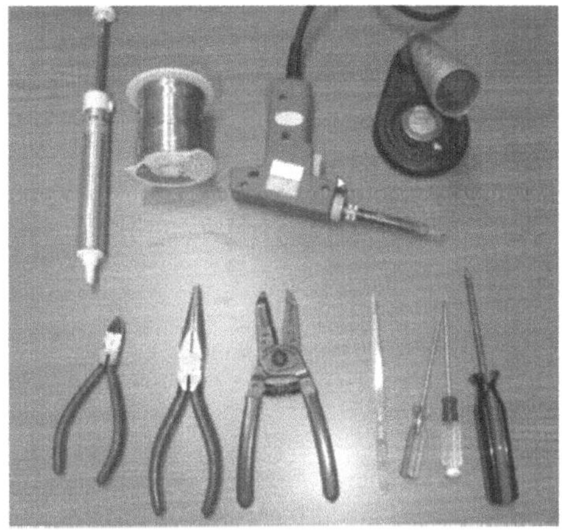

206

# 납땜용 인두(Soldering Iron)

**권총 인두(soldering gun)**

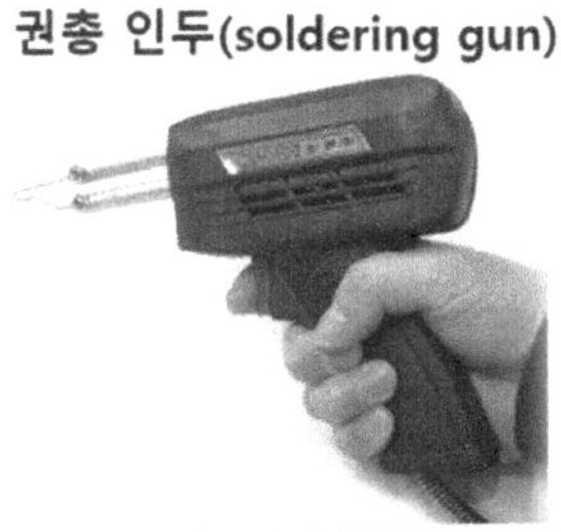

- 변압기 원리로 큰 전류를 tip에 흘려서 발열($P=I^2R$)
- 납땜할 때에만 스위치 ON, 전력 소모 적음
- 대전력용(50 W 이상)

**막대형(일자형) 인두(soldering iron)**

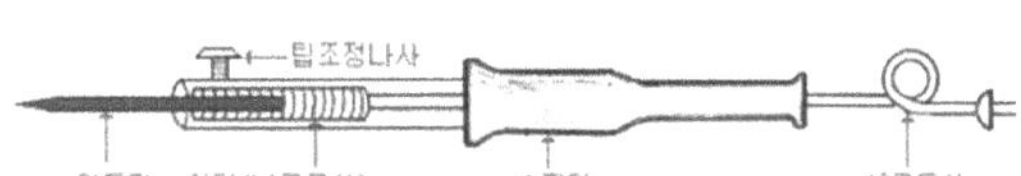


- 전열선(니크롬, 세라믹)을 이용
- 납땜되는 회로에 전기적 접촉이 없어 전기적으로 안전
- 소전력용(30~40 W)

# 인두 스탠드(Soldering Station) TC-50 ESD

- Temperature Controlled : 200 ~ 480 °C 온도 설정 가능
- 정전기 방지 기능(ESD)

- Iron
  - 전압 24 VAC, 전력소모 50 W
  - Ceramic heater, Tungsten sensor
- Station
  - 전압 AC 220 V, 전력소모 60 W,
  - 출력전압 AC 24 V, 온도 200 ~ 480 °C

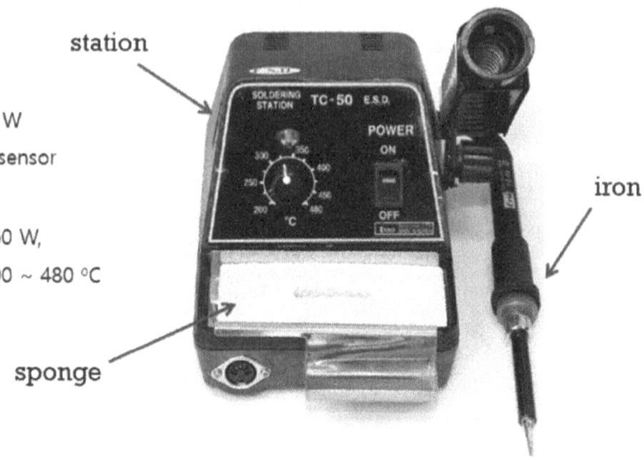




# 납연기 제거기(Smoke Absorber) QK 493ESD

- 활성탄소 필터 사용으로 유해물질 연기 및 플럭스를 여과하는 기능
- 제품 사양
  - 소비전력 16 W
  - 흡수량 0.93/1.07 $m^3$/min
  - 사이즈 220x270x168 mm
  - 무게 1.5 kg
- 필터 성능 규격
  - 흡착률 : 벤젠(35 %), 암모니아(26.4 %), 사염화탄소(60.5 %)
  - 먼지 필터율 ≥75 %
  - 활성탄 중량 7 g
  - 탄소 함유량 40 % 이상
  - 바람 저항 ≤20 Pa

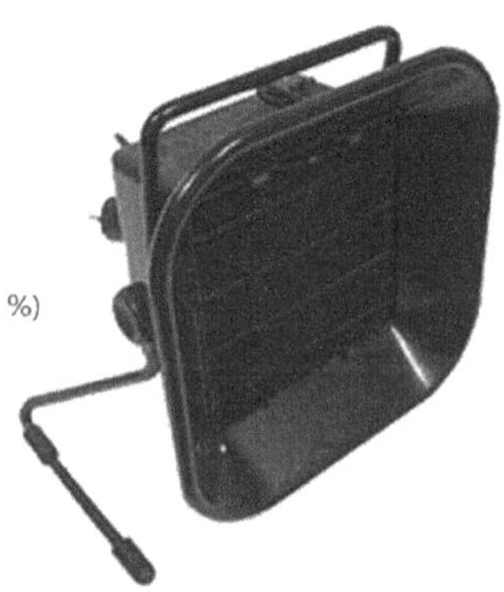

209

# 납땜용 납, 땜납(Lead Solder)

**(1) 성분**

- 납(lead, 원자기호 Pb)와 주석(tin, 원자기호 Sn)의 합금
- 주석과 납의 비율이 보통 60:40 이고, 185~195 °C 범위에서 녹는다
  (이론적으로는 63:37 비율일 때 183 °C의 최저 용융점이 나타난다)
  (순수 납의 융점은 327.3 °C, 순수 주석은 231.9 °C)
- 전자회로 땜납으로는 직경 0.75~1 mm가 적당함

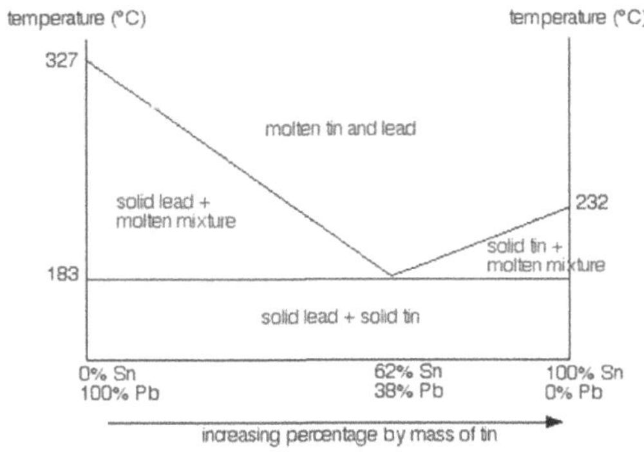


http://www.chemguide.co.uk/physical/phaseeqia/snpb.html

210

# 납땜용 납, 땜납(Lead Solder)

**(2) 기타 땜납**

https://en.wikipedia.org/wiki/solder

- 무연 납(lead-free solder)
  주석, 구리, 은, 비스무스, 인듐, 아연, 안티몬
  환경보호 추세에 부응함 : 유럽의 유해물질 제한 규정(RoHS, 2006) 등
  용융점이 Sn60/Pb40 혹은 Sn63/Pb37보다 5~20 °C 더 높음
- 로진 코어 납(rosin-core solder), 플럭스 코어 납(flux-core solder)
  내부에 로진(플럭스)을 갖고 있음
  (acid-core solder는 배관공사용이며, 전자회로용으로는 부적합)
  점차 로진 플럭스를 수용성(water-soluble) 플럭스로 대체하는 추세임

Electrical solder with an integrated rosin core, visible as a dark spot in the cut end of the solder wire.

211

# 플럭스(Soldering Flux, Soldering Paste)

**(1) 용도**

- 모재 금속 표면의 산화막 제거
- 금속 가열 시 금속과 공기의 접촉을 막음으로써 금속의 재(再)산화 방지
- 표면장력 줄임으로써 솔더링의 퍼짐성(젖음성) 향상

**(2) 종류 : 수지계, 유기계, 무기계**

- 수지(rosin)계 플럭스 : 송진(로진, 레진), 합성수지

http://www.icbanq.com/QNA_NET/qna_view.aspx?number=7360&tbname=semi_elecQnA_new&category=

212

# 납땜 시범 동영상(3분 56초)

https://www.youtube.com/watch?v=Qps9woUGkvI

- **인두 팁 깨끗하게 함**
- **인두는 고열, 주의할 것**
- **보호용 고글 착용 권장**

**(1) 인두 가열 (315~370 °C)**

**(2) 납땜할 곳을 움직이지 않도록 고정, 부품 다리 구부리거나 고정용 테이프 사용**

**(3) 인두 팁 깨끗하게 함**

**(4) 납땜 : 납을 인두에 직접 닿지 않도록 함**

**(5) 납땜 결과 점검 및 리드 선 절단**

- **나쁜 사례 시범 : 인두에 납을 묻혀서 납땜**

213

## 납땜 준비 ➔ PCB 납땜 ➔ 납땜 후 처리

**(1) 작업 공간 확보**

- 인두 주변, 팔이 움직이는 작업 공간에 장애물 제거

**(2) 인두 준비**

- 설정한 온도까지(315 ℃가 적당) 인두가 덥혀져서 자동적으로 전력공급이 ON/OFF 될 때까지 기다림
- 스폰지를 물로 적심

**(3) 인두 팁을 납으로 코팅(Tinning)**

- 열 전달이 잘 되도록 하기 위함
- 인두 팁에 납을 입혀서 깨끗하게 만듦
- 인두 팁에 묻은 플럭스는 물 스폰지 혹은 금속 스폰지에 문질러 닦아냄

214

## 납땜 준비 ➔ PCB 납땜 ➔ 납땜 후 처리

**(1) 납땜 부위 이물질 제거**

- 납땜하려는 금속 표면, 부품 전선의 녹, 이물질 제거
- 용매제, 금속 칫솔/수세미, 세척제, 압축 공기 등을 사용

**(2) 부품 삽입**

- 기판에 1회 납땜할 분량의 부품을 삽입
- 크기가 작은 부품, 평편한 부품을 먼저 납땜함
- 저항, IC, 다이오드 등을 먼저하고, 콘덴서, 전력 트랜지스터, 트랜스포머 등을 나중에 함
- 손상 위험이 높은 부품은 맨 나중에 함(MOSFET, 소켓 없는 IC)
- 부품 다리가 움직이거나 기판에서 빠질 우려 있으면 부품 다리를 적당히 구부림

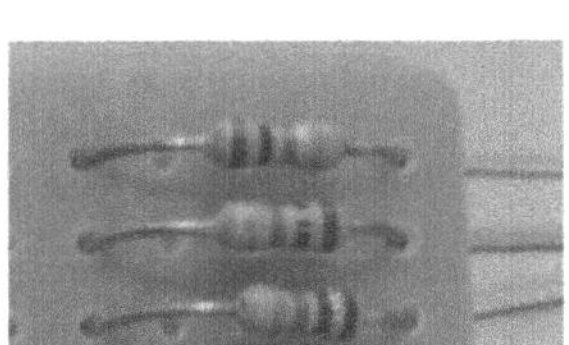

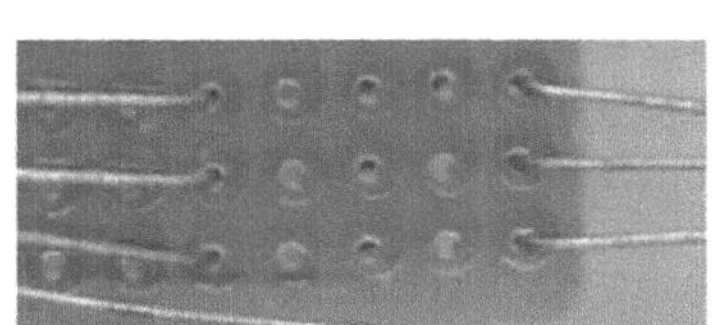

215

## 납땜 준비 ➔ PCB 납땜 ➔ 납땜 후 처리

**(3) 납땜 순서**

① 인두 끝을 부품 다리와 기판 접점이 만나는 부분에 동시에 지긋이 눌러 두 개를 동시에 2~3 초 간 덥힌다

② 실납을 인두 끝과 기판 패턴 사이에 밀어 넣는다 (1~2 초). 연기가 발생함. 납이 인두 팁을 통해서 공급되면 안 됨

③ 적당한 양의 납이 녹으면 납을 뗀다 (기판 접점을 완전히 덮을 수 있을 정도). 납이 충분히 녹지 않으면 냉 납땜(cold soldering)이 발생함

④ 인두의 자세를 그대로 유지한 채로 1~2 초 기다리면 납이 번져서 기판 접점을 덮는다. 전선이 굵거나 기판 접점이 넓으면 좀 더 오래 기다릴 필요가 있다. 필요 이상으로 너무 오래 가열하면 납의 접촉 상태가 악화됨

⑤ 납이 얇게 퍼진 상태가 되면 인두를 즉시 뗀다 (떼는 순간에 부품 다리가 흔들리면 안 됨)

- 납이 굳을 때까지의 2~3 초 간 기판이 흔들리면 안 됨. 흔들리면 냉 납땜이 발생함
- 납이 너무 많으면 공 모양의 납뭉치 또는 solder bridge(이웃 접점과 연결됨)가 만들어짐

216

## 납땜 준비 ➔ PCB 납땜 ➔ 납땜 후 처리

**(4) 납땜 부위 점검 및 정리**

- 냉납 부위 : 인두로 다시 가열하여 납이 퍼지게 함
- 이웃 접점과의 합선 부위 : 납 흡입기로 납 제거 후에 다시 납땜
- 부품 다리 절단 : 부품 다리를 손으로 잡거나 누른 채로 하여 절단한다(절단 전선이 작업대 밖으로 흩어지지 않도록)
- 기판의 잔류 플럭스 제거 : 메틸 하이드레이트, 헝겊 등 사용

**(5) 반복**

- (2) 다른 부품 삽입 ~ (4) 납땜 부위 정리 과정을 반복한다
- 종종 인두 끝을 깨끗하게 유지한다

# 납땜 준비 ➔ PCB 납땜 ➔ 납땜 후 처리

**(1) 작업 공간 정리 정돈**

- 인두 전력 OFF
- 공구는 제자리에
- 작업 테이블 납 찌꺼기, 리드 선 등을 청소

**(2) 환경, 건강 관리**

- 산업 폐기물 정리
- 손 세척



# PCB 부품 삽입

http://cafe.daum.net/_c21_/bbs_search_read?grpid=wQRN&fldid=3leN&datanum=17

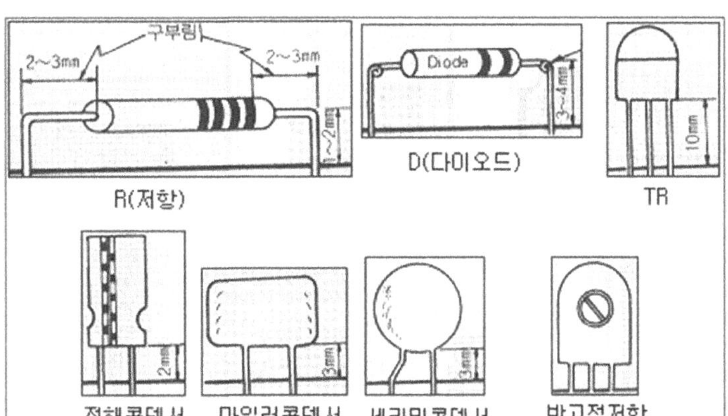


참고로, 저항, 다이오드 등은 보통 밀착시키고,
TR, 콘덴서, 반고정 저항 등은 다리를 약간 길게 한다.

# PCB 부품 삽입

http://cafe.daum.net/_c21_/bbs_search_read?grpid=wQRN&fldid=3leN&datanum=17

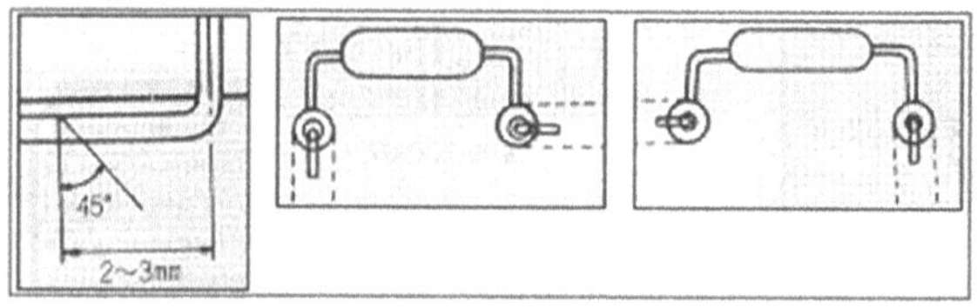


1). 부품의 다리는 평행 또는 직각이 되도록 기판의 구멍에 맞게 구부린다.
2). 부품의 다리를 동박면에 구부려 니퍼를 사용하여 2-3mm정도의 길이로 비스듬히 자른다.
3). 만능기판에서는 다리가 동박 밖으로 나오지 않도록 절단한다.



# 납땜 순서

http://cafe.daum.net/_c21_/bbs_search_read?grpid=wQRN&fldid=3leN&datanum=17

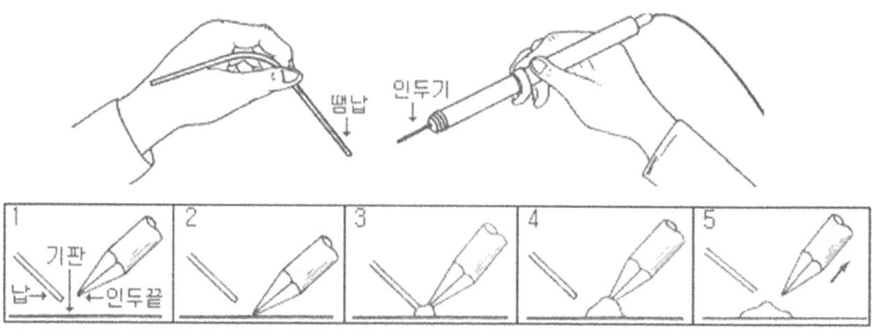


1). 인두 끝과 납을 가까이 하고 납땜 준비를 한다.
2). 인두 끝으로 모재를 가볍게 누르며 모재를 가열한다.
3). 납땜할 위치에 납을 대고 적량 녹인다. 이때 납이 곧 녹지 않으면 인두의 가열이 부족한 것이다.
4). 적량의 납이 녹으면 납을 땐다. 납의 양은 약간 퍼졌을 때가 적량이다.
5). 납이 빛나고 약간 퍼질때까지 기다렸다가 적당한 때에 인두를 땐다. 이때 인두 끝이 흔들리면 마무리가 제대로 되지 않으니 유의해야 한다.

221

# 이상적인 납땜 접합점

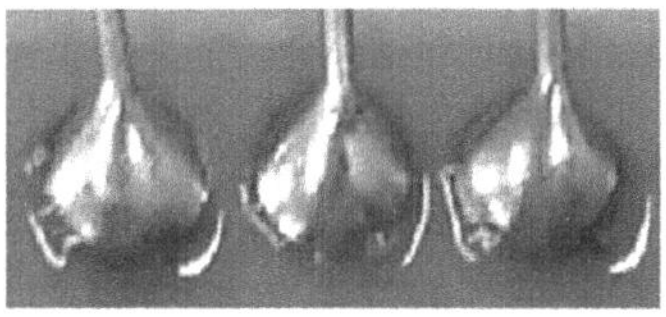

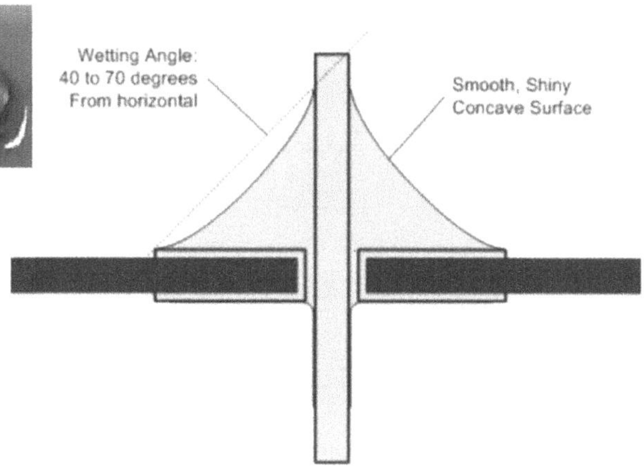


222

# 잘못된 납땜 접합점

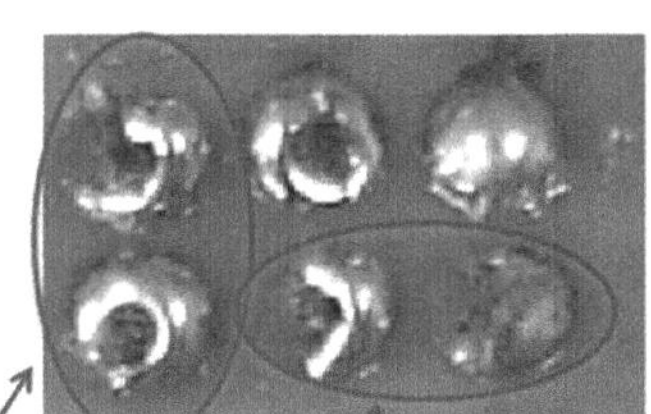

부품 다리 불결　　납 부족

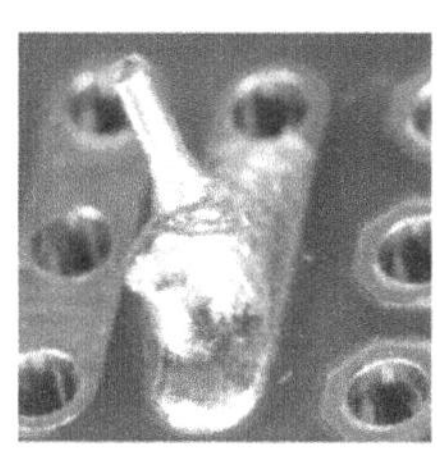

냉 납땜

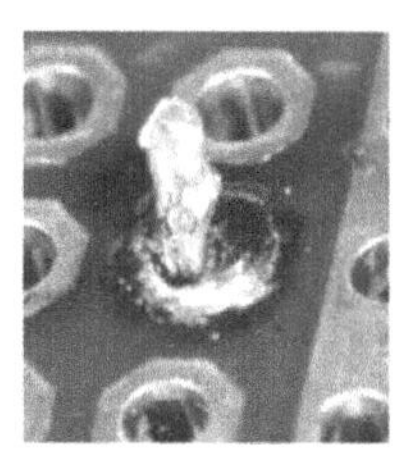

과열 납땜

pin만 가열, pad는 열 부족

납 과잉

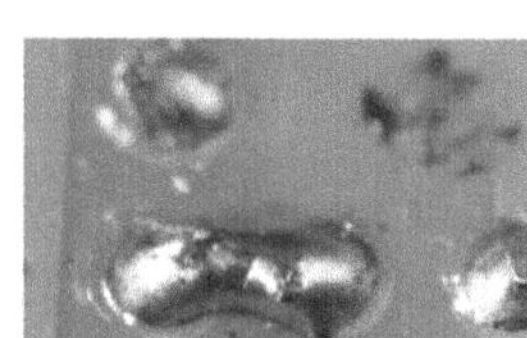

solder bridge

# 잘못된 납땜 접합점

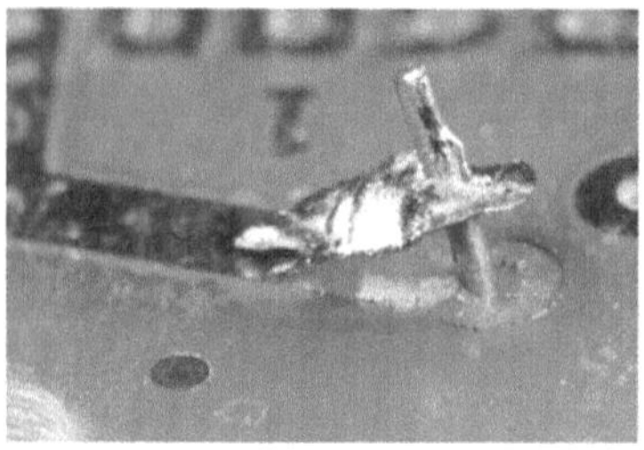

기판 패턴이 떨어짐

발생 이유 : 납 제거 과정, 반복 납땜 영향
해결책 : 납땜 부위를 연장시킴, 점퍼선 이용

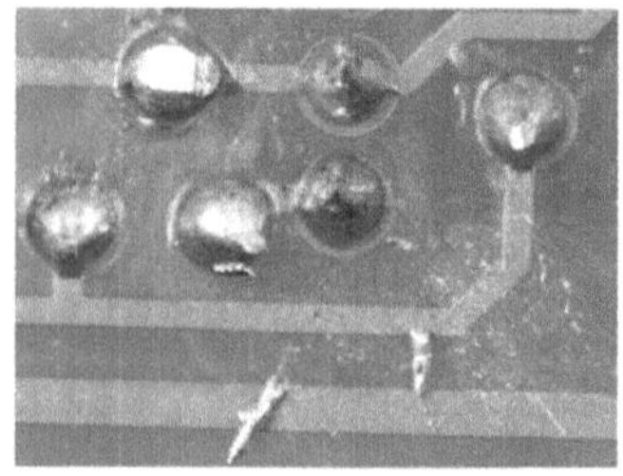

납 찌꺼기 남아 있음

발생 이유 : 잔류 플럭스의 점착성
해결책 : 칼, 핀셋으로 제거

https://learn.adafruit.com/adafruit-guide-excellent-soldering/common-problems



# 납량

http://cafe.daum.net/_c21_/bbs_search_read?grpid=wQRN&fldid=3leN&datanum=17

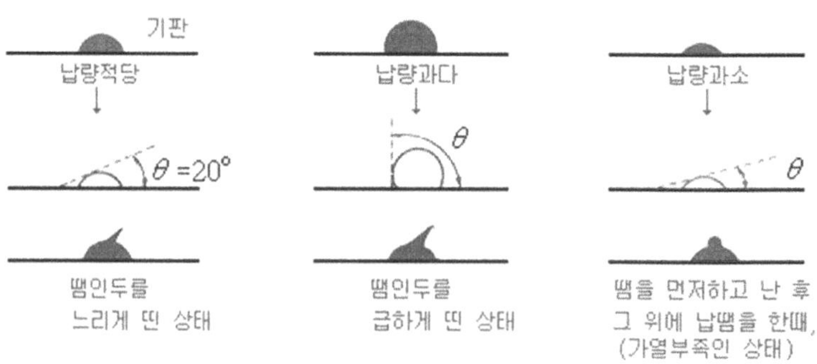

225

# 전선 납땜

**(1) 한 쪽 전선에 절연 튜브를 넣는다**

**(2) 전선 2 가닥을 잇는다**

두 전선 끝의 피복을 1~2 cm 정도 벗겨서 구리 선이 노출되게 한다

두 구리 선이 마주보는 형태로 X 형으로 만든 후 꼰다

두 구리 선이 평행한 형태로 Y 형으로 만든 후 꼰다

**(3) 구리 선을 납땜한다**

전선이 움직이지 않도록 고정한다

구리 선에 인두를 대어 가열한다

구리 선 반대 쪽에 납을 대어 녹인다

납이 전선 내부로 스며들도록 한다

**(4) 절연 튜브 처리**

튜브를 옮겨 구리 선을 덮도록 한다

튜브 아래 쪽에서 열을 가하여 튜브가 수축되도록 한다

226

# 납땜 수정

**(1) 납 흡입기 사용**

인두로 납을 가열하여 녹은 상태로 만든 다음

흡입기를 대어서 버튼을 누르면

공기와 함께 녹은 납이 흡입기로 빨려 들어감

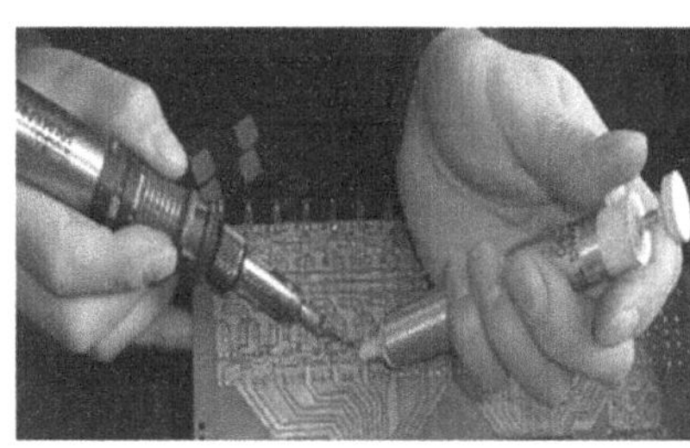

**(2) 솔더윅(solder wick) 사용**

솔더윅에서의 모세관 현상으로 녹은 납을 흡수함

https://www.youtube.com/watch?v=Fm4ruQixbA8

227

# + Lab. 5

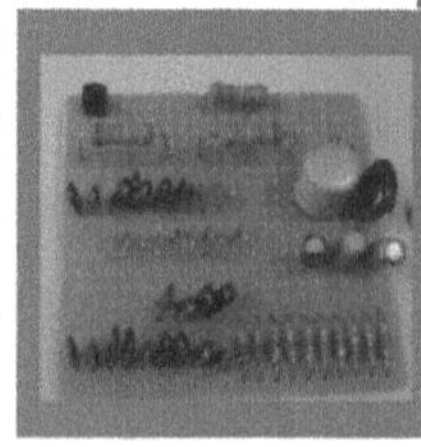

납땜 연습

납땜 원리
납땜 연습

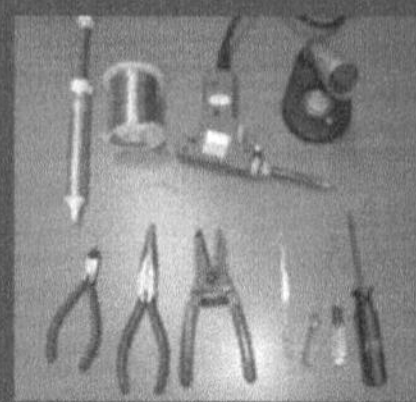

전기공작-1

정보통신 기초 및 실험

228

**Lab. 5 납땜 연습** 학번 __________ 성명 __________

[납땜 원리, 납땜 연습]

## 예비보고서

1. 납땜의 정의

2. 다음 설명에서 (  ) 안의 용어를 기입하시오.
   (1) 땜납의 성분은 주석 (  ) %와 납 (  ) %이다.
   (2) 전자회로 납땜 인두의 적정온도는 (  ) ℃이다.

3. PCB 납땜의 순서대로 기호를 나열하시오.
   A. 납을 기판과 부품 리드 선에 갖다 댄다
   B. 부품을 기판에 삽입한다
   C. 인두를 뗀다
   D. 납을 뗀다
   E. 부품 리드 선을 절단한다
   F. 인두를 기판과 부품 리드 선에 갖다 댄다
   (  ) ➔ (  ) ➔ (  ) ➔ (  ) ➔ (  ) ➔ (  )

229

# 필수 유의 사항

(1) 안전 사고 및 건강 조심

- 피부 화상, 의복 손상
- 납땜 연기 호흡, 안구 자극
- 화재
- 작업 후에는 비누로 손 세척
- 작업 공간 정돈 상태, 시간적 여유가 중요함

(2) 잘못된 납땜

- 땜납 과다
- 땜납 과열
- 기판과 동박의 분리
- 냉 납땜(cold soldering)
- 주변 땜납과 합선

230

# 납땜 재료와 공구를 확인

- 만능 기판, 땜납
- 전자 부품 (대략 50 개)
  - 저항 : 탄소 저항, 가변 저항
  - 콘덴서 : 마일러 콘덴서, 전해 콘덴서
  - 다이오드
  - 푸시버튼 스위치
- 공구
  - 납땜용 인두(iron) 및 인두 스탠드 : TC-50 ESD
  - 납연기 제거기 : QK 493ESD
  - 니퍼(nipper)

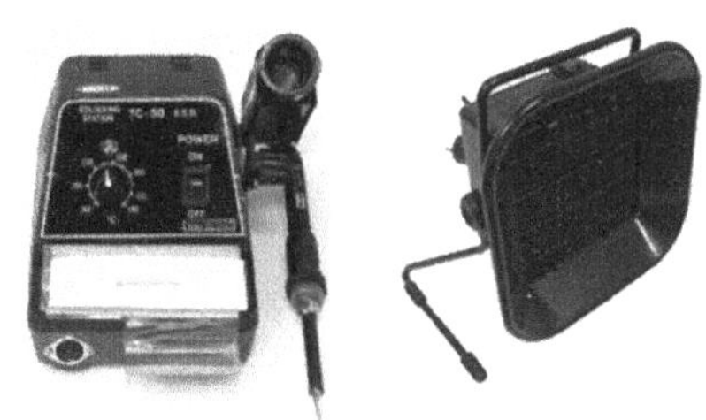

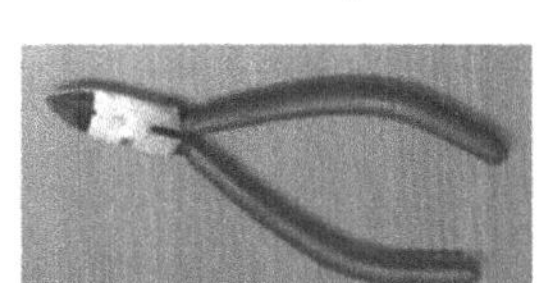

231

# 납땜 준비

- 작업 공간 정돈
  - 공간 확보, 불필요 장애물 제거
  - 인두 스폰지에 물 적심

- 인두 및 납연기 제거기 전원 ON
  - 인두 온도 : 315 °C
  - 납연기 제거기의 공기 흡입부는 납땜할 공간을 바라보도록 놓음

- 인두 팁 코팅
  - 1 분 정도 지나면 인두가 덥혀짐
  - 인두 팁을 납을 묻혀서 코팅
  - 인두 팁의 플럭스를 스폰지에 닦음

232

# 부품 삽입 및 납땜

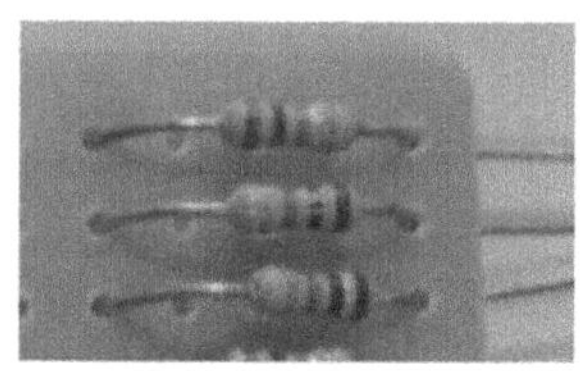

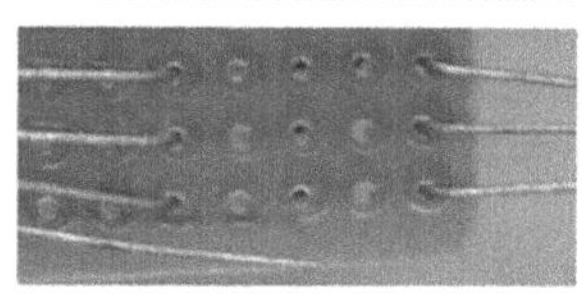

- 2 명의 학생이 번갈아 가면서 실시함
- 한 학생이 납땜할 때, 옆의 학생은 기판을 잡아 줌
- 안전 사고 주의할 것

- 저항
  - 첫 시도로서 저항 5 개 정도의 다리를 구부려서 기판에 삽입
  - 저항 다리를 굽혀서 기판에서 도로 빠지지 않도록 함
  - 납땜 요령에 따라 납땜

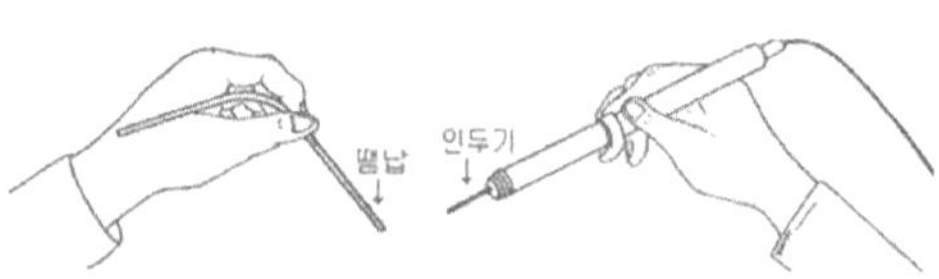


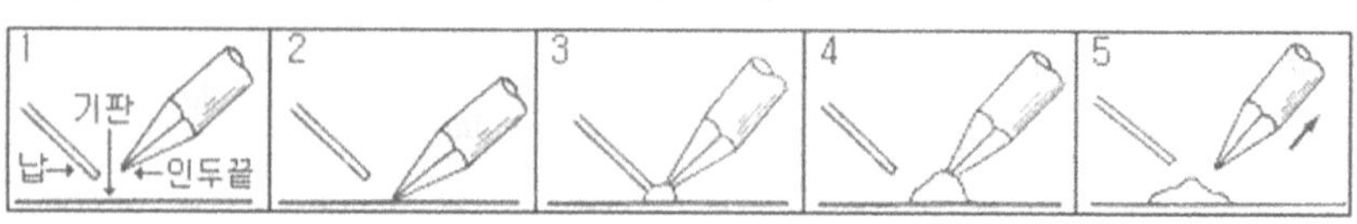

# 부품 삽입 및 납땜

- 다양한 부품으로 최대한 많이 납땜 연습할 것
  - 최소 60개 이상
  - 저항, 다이오드
  - 마일러 콘덴서, 전해 콘덴서
  - 부품 다리는 손으로 잡고 절단 (튕겨 날아가지 않도록)

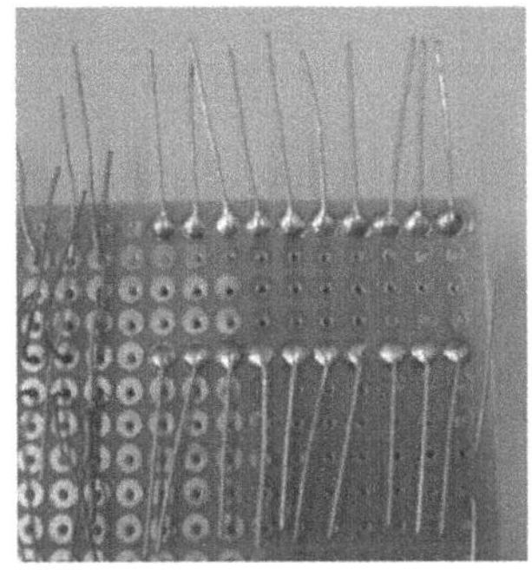

납땜 완료 모습 (앞면)

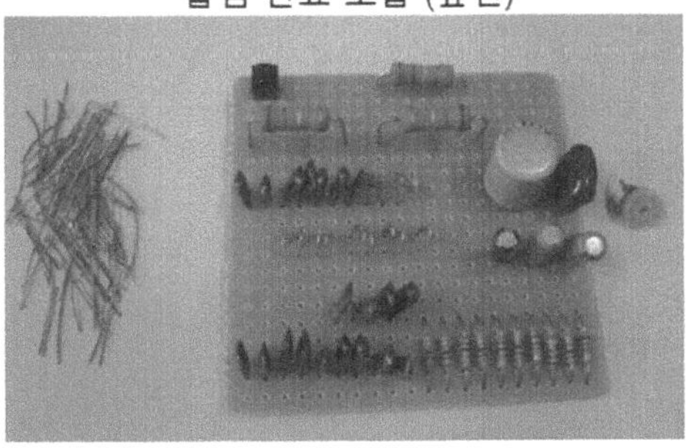

납땜 완료 모습 (뒷면)

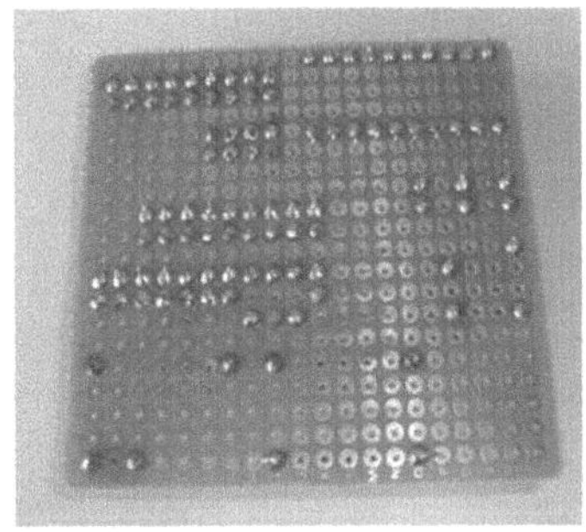



# LED 점멸회로를 만들어 보자

- 다음의 LED 점멸회로를 납땜 제작
  - LED 2개, 저항 2개를 그림을 참고하여 납땜. 이때 LED의 극성에 유의할 것

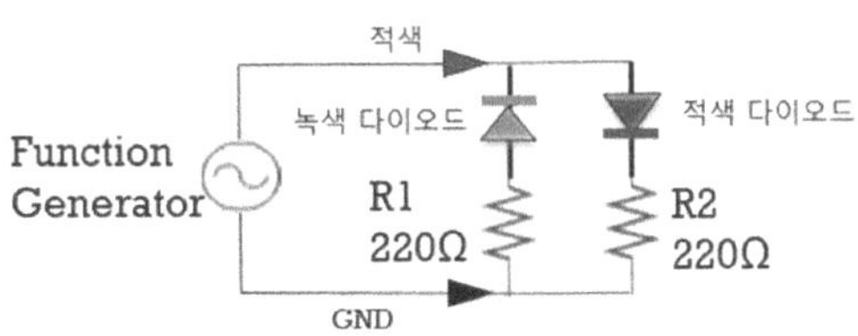


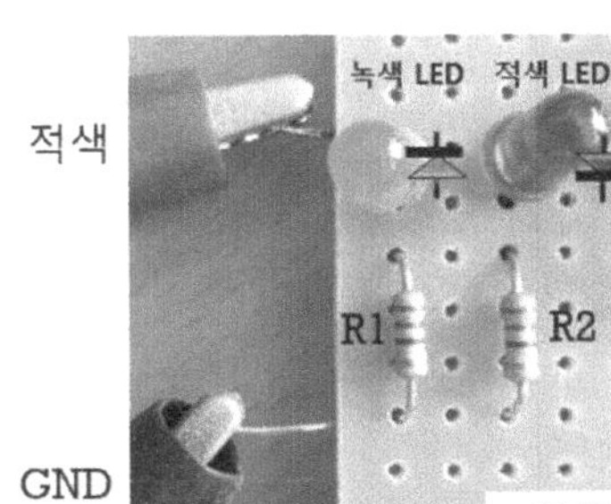


<앞면>

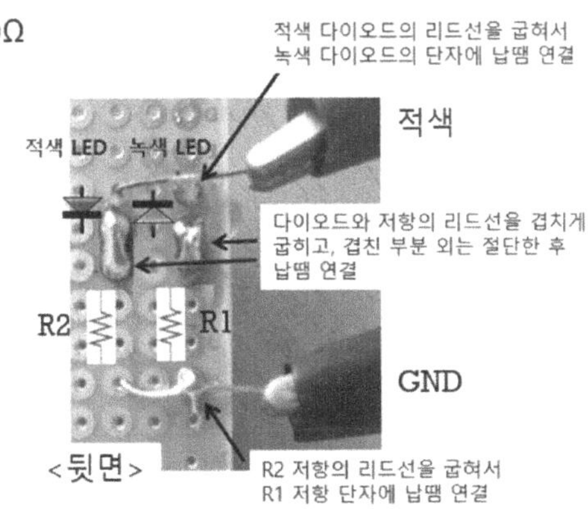


<뒷면>

# LED 점멸회로를 만들어 보자

- LED 점멸회로의 동작을 확인한다
  - 함수발생기 출력을 10Vpp, 1Hz 사인파로 설정. 그 출력을 BNC 케이블로 점멸회로에 공급
  - 1초 간격으로 LED가 번갈아가며 점멸되는 것 확인
- 도전 문제
  - 함수발생기 주파수를 0.1Hz, 10Hz, 100Hz 등으로 변경하면서 LED 밝기의 변화를 관찰
  - 함수발생기 파형을 구형파, 삼각파 등으로 변경하면서 LED 밝기의 변화를 관찰
  - 두 LED는 왜 번갈아가며 점멸되는가?
  - 둘 다 동시에 점멸되게 하려면 무엇을 어떻게 변경해야 하나?
  - LED 밝기가 서서히 변화되는 것이 눈으로 관찰되는 주파수는?
  - LED가 항상 점등된 것처럼 보이는 주파수는?

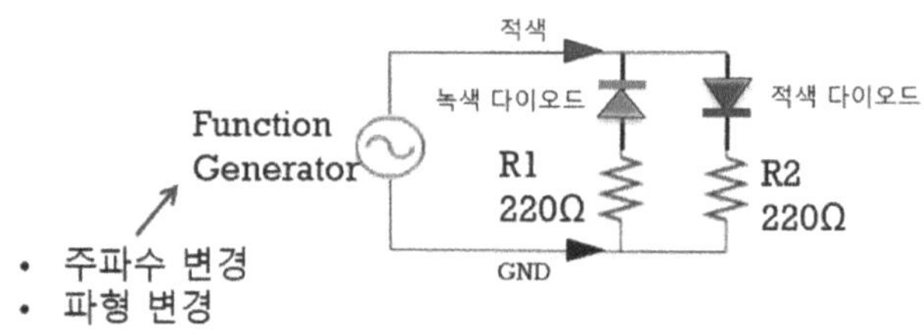




# 납땜 후 처리

- 작업 공간 정리 정돈
  - 인두 전력 OFF
  - 공구 제자리 정돈
  - 작업 테이블 납 찌꺼기, 리드 선 등을 청소
- 환경, 건강 관리
  - 산업 폐기물은 모두 모아서 처리
  - 손 세척

# 정리정돈 상태 (채점 점수 있음)

1. 모든 공구, 장비 ➔ 전원 OFF, 제자리로 원위치
2. 니퍼, 사용 후 남은 땜납 ➔ 교수 테이블에 반납
3. 부품 리드선, 납 찌꺼기 ➔ 교수 테이블 옆 산업폐기물 함에 폐기
4. 부품 봉지 ➔ 쓰레기 통에 폐기

5. 납땜 결과물(기판), 결과보고서 ➔ 실험 테이블 위에 정돈해 놓을 것
   기판에 네임펜으로 성명 기입할 것
   **실험 테이블 정돈 최종 상태를 채점함**

6. 정돈 완료되면 각자 퇴실. 꼭 손을 씻을 것



**Lab. 5 납땜 연습** 학번 ________ 성명 ________

[납땜 원리, 납땜 연습]

## 결과보고서

1. 납땜에서 사용한 기구나 공구의 명칭을 적으시오.

2. 납땜한 부품 종류별 명칭과 개수를 적으시오.

3. 만족스럽게 납땜하지 못한 것이 있다면 왜 그렇게 되었는지를 적으시오.

4. [도전] LED 점멸회로에 제시된 도전 문제를 풀어 보시오.

+

# Chapter 6

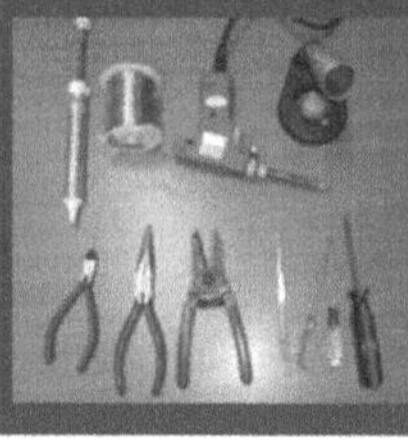

전기공작-2

라디오
조립

방송수신기의 원리
1석 라디오 조립

정보통신 기초 및 실험



## 강의 계획

| 장 | 강의주제 | 내용 | 단위 | 부품, 도구, 장비 |
|---|---|---|---|---|
| 1 | 직류전기 | 기술동향, 직류전기, 전기 기차 | [V], [A] | DMM, Power Supply, LED, buzzer |
| 2 | 직류회로 | 직렬, 병렬, 저항, 임피던스(resistance), 전력/에너지 | [Ohm], [Watt], [Joule] | 저항, 가변저항 |
| 3 | 교류전기 | 교류전압(정현파, 삼각파, 구형파), 주파수, 진폭 | [Hz], [sec] | OSC, FuncGen, FreqCounter, piezo, speaker |
| 4 | 교류회로 | 주기, 위상, 인덕터, 커패시터 | [radian], [degree], [H], [F] | OSC, FuncGen |
| 5 | 납땜 연습 | 납땜 원리, 납땜 연습 | | 인두, 납, 공기정화기, 전선, 니퍼, 드라이버, 납흡입기, 만능기판, 전자부품 |
| **6** | **라디오 조립** | **방송수신기 원리, 1석 라디오 조립** | | **다이오드, 트랜지스터, 코일, 바리콘, 안테나** |
| | 중간고사 | | | |
| 7 | 진법 | 이진법, 십진법, 16진법, 덧셈, 뻴셈 | 1, 0, 0~9, 0~F, +, - | LED, 7 segment display, 점퍼선, 스위치 |
| 8 | 디지털게이트 | and, or, not, nand, nor, exor, 부울대수, 진리표 | Hi/Lo, True/False | 슬라이드 스위치, 게이트, 로직 IC |
| 9 | 플립플롭 | SR ff, JK ff, D ff, 카운터, 레지스터 | clock, enable, reset, Q | 플립플롭, 카운터, 시프트 레지스터 |
| 10 | 아두이노 | 기초 예제 | | 아두이노 우노 Kit, 스케치 IDE |
| 11 | 아두이노 | 교통신호 제어 | | 아두이노 우노 Kit |
| 12 | 아두이노 | 4x4 키패드를 이용한 잠금 장치 | | 아두이노 우노 Kit, 키패드, 서보모터 |
| 13 | 아두이노 | 원격 서보모터 제어 안드로이드 앱 개발 | | 아두이노 우노 Kit, 블루투스, 안드로이드 앱, MIT App Inventor 2 |
| | 기말고사 | | | |

# 통신과 방송

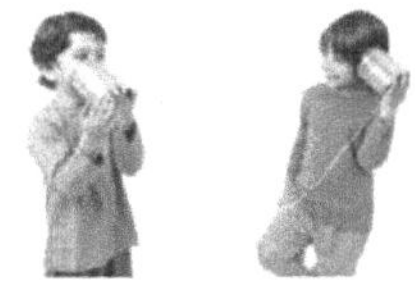

- 통신(Communication)
  - 넓은 의미 : 정보를 전달하는 것 (우편, 전신, 전화, 인터넷, 신문, 봉화, 깃발, 수신호, 그림, 문자)
  - 좁은 의미 : 지리적으로 떨어져 있는 두 지점 사이에 정보를 주고 받는 것
  - 통신공학적 의미 : 전기 혹은 전파를 이용하여 통신하는 것

  - 1 대 1의 통신이므로 정보의 흐름은 양 방향임. 통신의 양측은 송신과 수신을 동시에 진행함
  - 신호의 전달 매체(즉 채널)의 종류에 따라서 여러 가지의 형태가 있음
  - 전기통신 사례 : 전화 통신, 무선 통신, 광 통신, 인공위성 통신, 수중 음파 통신

- 방송(Broadcasting)
  - 정보를 여러 수신자에게 동시에 보내는 것
  - 정보의 흐름은 단 방향임
  - 송신기는 1개, 수신기는 여러 개로 구성되므로 수신기를 값싸게 하는 것이 중요함
  - 사례 : 라디오 방송, TV 방송, 인터넷 방송



# 전파(electric wave)의 전파(propagation) 원리

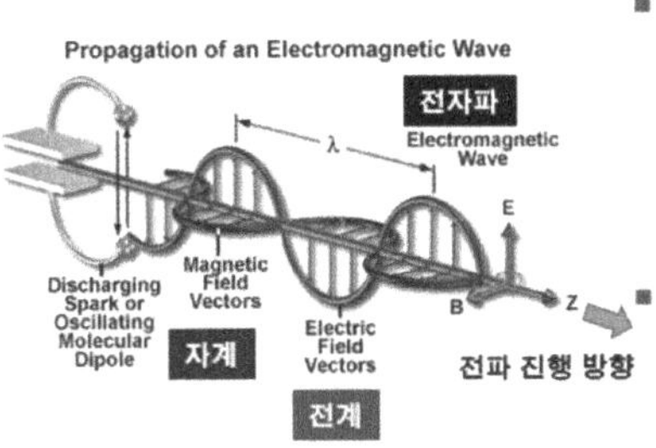


http://olympusmicro.com/primer/java/polarizedlight/emwave/index.html

위 그림에서 교류 전계(E, 적색)는 상하 방향으로 형성되며, 교류 자계(B, 청색)는 E에 수직인 좌우 방향으로 형성됨. 그리고 전파의 진행 방향은 E와 B에 수직인 Z 방향으로 퍼져 나감 (오른손을 E 방향에서 B 방향으로 돌릴 때 엄지손가락이 Z 방향이 됨)

- 용어
  - 전파(electric wave) = 전자기파 (electromagnetic wave) = 전자파
  - 전파(propagation) : 퍼져 나감

- 전파가 퍼져나가는 과정
  - 교류 전계(electric field)가 형성되면 이 영향으로 전계와 수직의 방향으로 교류 자계(magnetic field)가 만들어짐
  - 교류 자계가 형성되면 또 이것의 영향으로 자계와 수직의 방향으로 교류 전계가 만들어짐
  - 전계와 자계 사이의 이러한 상호 작용이 계속되면서 주위로 전계와 자계가 퍼져 나감. 이것이 전파임

243

# 안테나(Antenna)

- 안테나(Antenna)
  - 전기 신호를 전자기파로 바꾸어 발신하거나 그 반대로 전자기파를 전기 신호로 바꾸는 장치
  - 안테나 크기는 일반적으로 전자기파의 파장에 비례한다
  - 송신과 수신 양방향의 성능이 동일하다
- 종류

전자적 기호

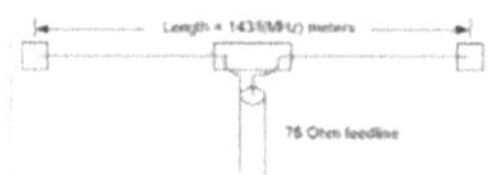

Dipole antenna

Yagi-Uda antenna

Monopole antenna

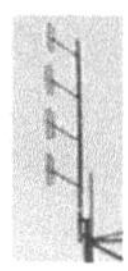

Array antenna

Loop antenna

Cassegrain parabolic antenna

Horn antenna

Helical array antenna

244

# 전자파 스펙트럼(Spectrum)

- 스펙트럼(Spectrum) : 신호 속에 어떤 주파수 성분이 있는지를 분석한 것
- 전자파의 파장 = 광속 / 전자파 주파수, $\lambda = c/f = 3 \times 10^8/f$ [m]

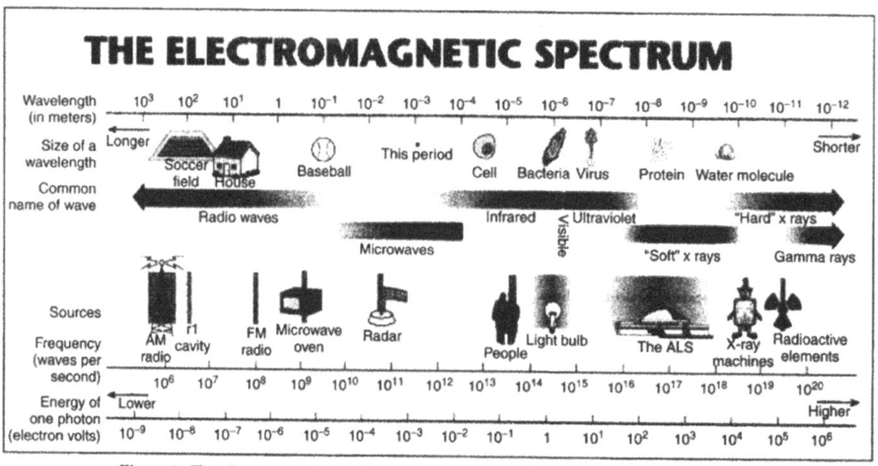


**Figure 1.** The electromagnetic spectrum (courtesy of the Advanced Light Source, Lawrence Berkeley National Laboratory).

245

# 통신용 주파수 대역

| VLF, 초장파 | 3 – 30 kHz | 장거리 항해, 수중 음파 탐지기, 잠수함 통신(30 kHz) |
|---|---|---|
| LF, 장파 | 30 – 300 kHz | 항해 보조물, 무선 전파 표지 |
| MF, 중파 | 300 kHz - 3 MHz | 해상 무전, 방향 탐지, 조난 통신, 연안 안내통신, 상업용 AM 라디오(540~1600 kHz) |
| HF, 단파 | 3 - 30 MHz | 탐색과 구조, 선박 및 항공통신, 전신/전화/팩시밀리, 선박-연안 통신 |
| VHF, 초단파 | 30 -300 MHz | ISM(40.66~40.7), VHF TV 방송 (54~72, 76~88, 174~216), FM 라디오(88~108), 육상운송, 개인전용 항공기, 항공 교통량제어, 택시/경찰/항해 보조물 |
| UHF, 극초단파 | 300 MHz - 3 GHz | UHF TV 방송(420~890), 라디오존대, 항해 보조물, 감시레이더, 위성통신, 무선 고도계, 이동통신 |
| SHF, 센티미터파 | 3 - 30 GHz | 위성통신, 무선 고도계, M/W 중계, 레이더, 공용 방송파, 육상 이동국<br>ISM(2.4~2.4835, 23.6~24) |
| EHF, 밀리미터파 | 30 - 300 GHz | 철도 서비스, 레이더 지상시스템, 실험용 |
| 서브밀리파 | 300 GHz - 3 THz | 0.1 ~ 1 mm 파장, 실험용 |
| IR, 적외선 | 43 – 430 THz | 7 – 0.7 um, 광통신시스템 |
| VL, 가시광선 | 430 - 750 THz | 0.7 – 0.4 um, 광통신시스템 |
| UV, 자외선 | 750- 3000 THz | 0.4 – 0.1 um, 광통신시스템 |

246

# 대한민국 주파수 분배도표(2018. 5.)

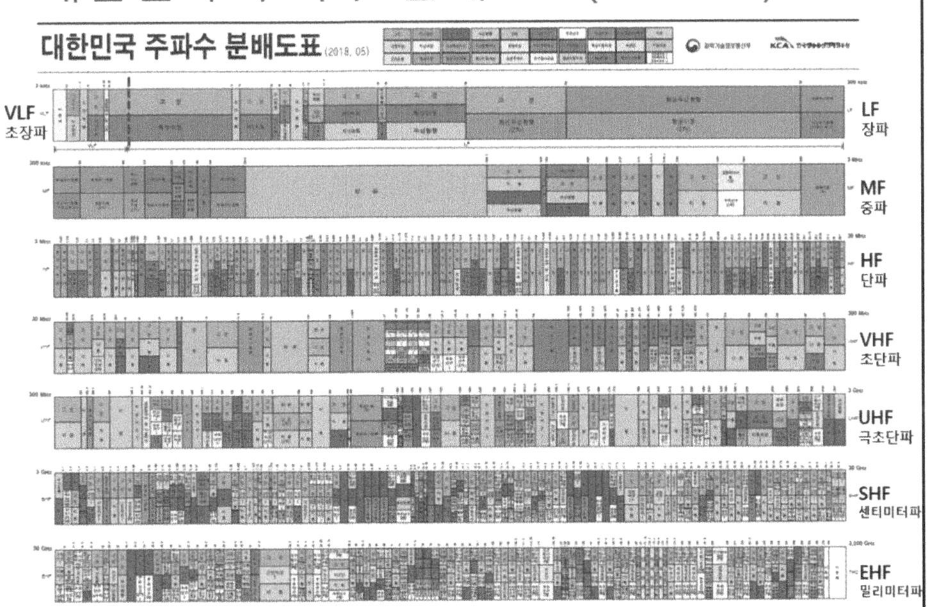

# 변조와 복조

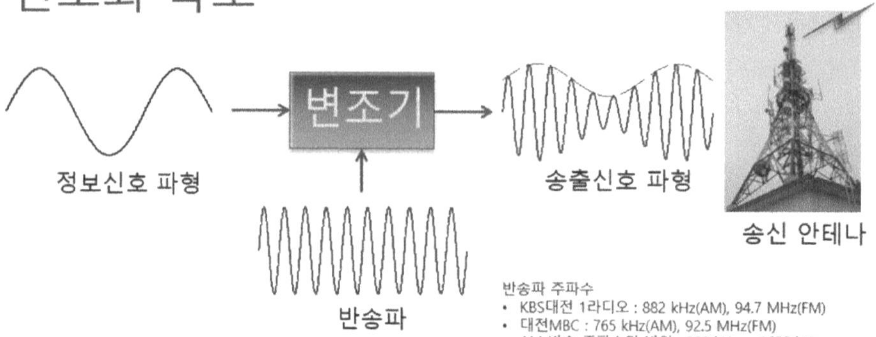


반송파 주파수
- KBS대전 1라디오 : 882 kHz(AM), 94.7 MHz(FM)
- 대전MBC : 765 kHz(AM), 92.5 MHz(FM)
- AM 방송 주파수의 범위 : 550 kHz ~ 1650 kHz

- 변조(Modulation)
  - 정보를 효율적으로 보내기 위하여 정보신호 파형을 반송파(carrier)에 싣는 것
  - 높은 값의 반송파 주파수로 변조한 후 송신 안테나에서 전파를 송출한다
  - 변조 시스템끼리 혼선되지 않도록 반송파 주파수는 서로 다른 값을 가짐
  - 변조 목적 : 작은 안테나로도 전송 용이함, 여러 가지 다른 신호와 혼선 방지
  - 사례 : AM(아날로그 라디오 방송), FM(아날로그 음악 방송), VSB(아날로그 TV), PCM(디지털 전화 통신), QAM(디지털 데이터 통신)



# 변조와 복조

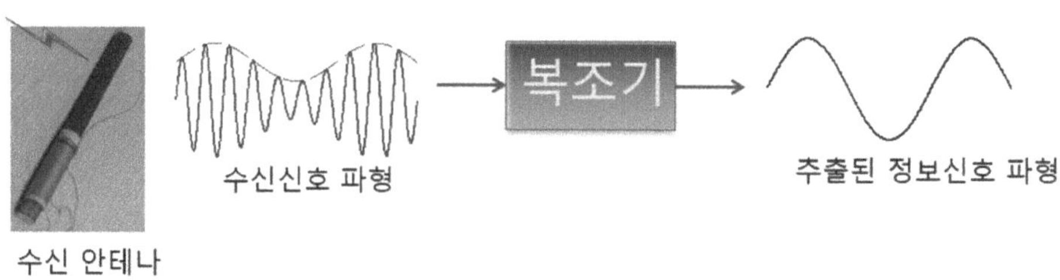


- 복조(Demodulation)
  - 반송파에 실린 변조 신호로부터 정보신호 파형을 추출하는 것
  - 수신 안테나에 잡힌 신호를 낮은 주파수로 옮겨서 원래의 정보신호로 복원한다

# AM라디오 방송의 전파(대전 지역)

대전KBS 1라디오
882 kHz, 20 kW

대전 MBC
765 kHz, 10 kW

(S) 방송국
(f) kHz, (P) kW

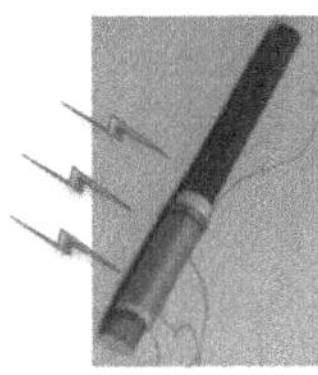

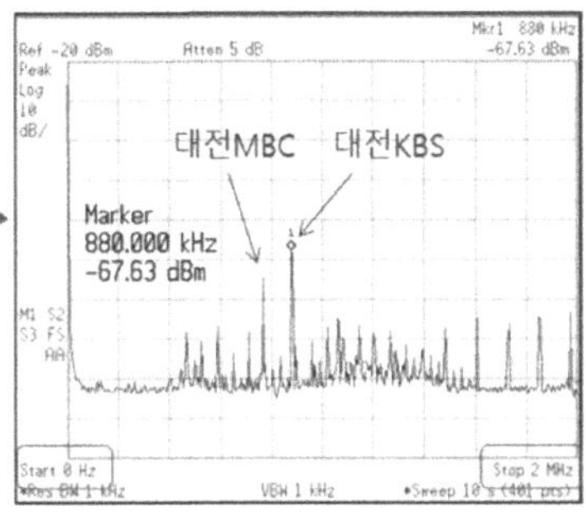


- 스펙트럼(Spectrum) 분석기
  - 신호의 스펙트럼 측정 장치
  - 가로축은 주파수(frequency)
  - 세로축은 성분의 세기(power)
  - 왼 그림의 주파수 범위는 0 ~ 2 MHz (가로축 1칸은 200 kHz)



# AM라디오 수신기 원리

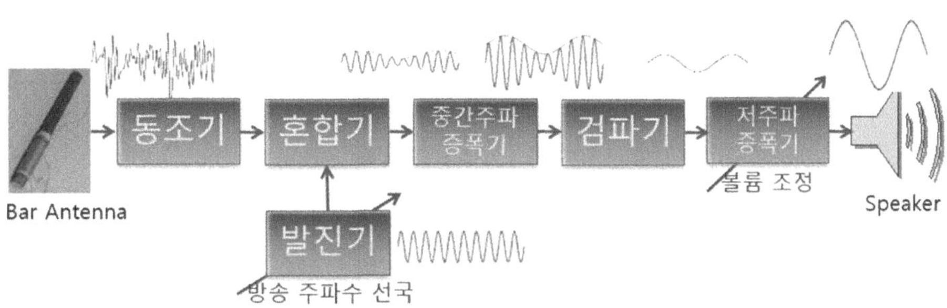


- 동조기, 혼합기, 발진기
  - 바 안테나, 바리콘, 발진 코일, 트랜지스터
  - 주파수 다이얼을 돌려서 원하는 방송국의 신호만 선택
- 중간주파 증폭기, 검파기
  - 트랜지스터, 다이오드
  - 선택한 방송국 신호를 증폭한 후 복조
- 저주파 증폭기, 스피커
  - 트랜지스터, 볼륨 가변저항, 스피커
  - 복조된 신호를 원하는 음량으로 증폭한 후 소리를 청취

# 바 안테나, 동조기 원리

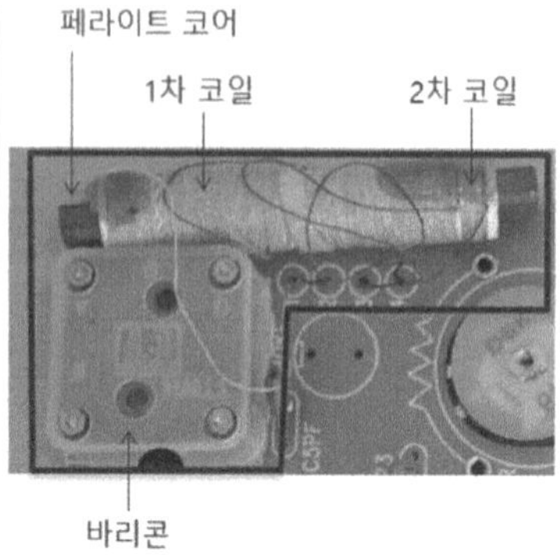


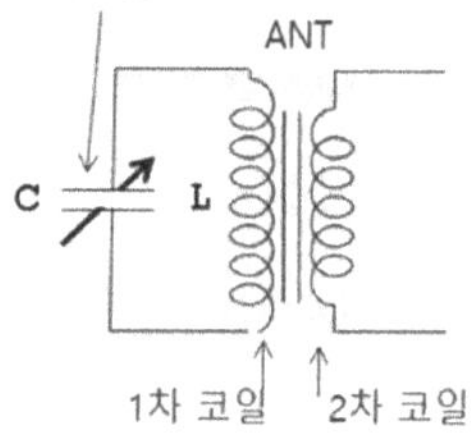


- 바 안테나(Bar antenna)
  - 페라이트 코어(Ferrite core)와 코일(coil)로 구성
- 페라이트 코어의 기능 : 전자파를 끌어 모음
  - 코어 주위의 전자파를 끌어당겨 코어 내부로 지나도록 함
  - 수신 전자파의 세기를 높이고, 수신 감도를 높임
- 코일의 기능 : 전자파를 전압으로 검출
  - 코일 내부의 자속의 교류 변화에 따라 1차 코일 양단 간에 교류 전압이 발생함
- 동조회로(Tuned circuit)의 기능 : 원하는 주파수 성분만 선택함(Filtering)
  - 1차 코일은 바리콘(varicon, 즉 가변 콘덴서)과 함께 병렬 공진회로(즉 동조회로)를 구성하여 원하는 방송 주파수 성분을 선택함. 동조주파수 = $f_o = \frac{1}{2\pi\sqrt{LC}}$
  - 선택된 1차 코일의 교류 전압이 트랜스포머의 원리에 따라 2차 코일로 전달된 후 트랜지스터 회로로 입력됨

(varicon = variable condenser)



# 트랜지스터(Transistor) 원리

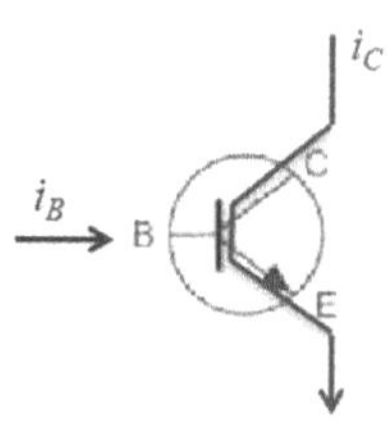


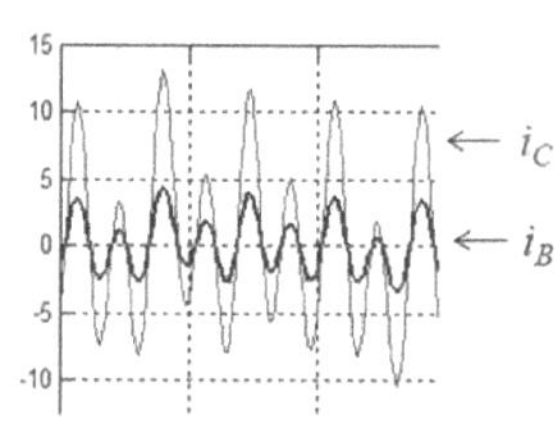


증폭률 = 3일 때, $i_B$ (청색)와 $i_C$(적색)

- 트랜지스터의 기능 : 전류 증폭(Amplification)
  - 콜렉터 C(collector)와 에미터 E(emitter) 사이에 바이어스(bias) 전압을 걸어놓은 상태에서
  - 베이스 B(base)로 전류 $i_B$를 주입하면
  - 이것보다 100배 정도로 증폭된 전류 $i_C$가 콜렉터 C로부터 에미터 E로 흐른다
  - 이러한 성질을 이용하여 작은 신호를 증폭하여 큰 신호를 만들 수 있다

# 다이오드(Diode) 원리

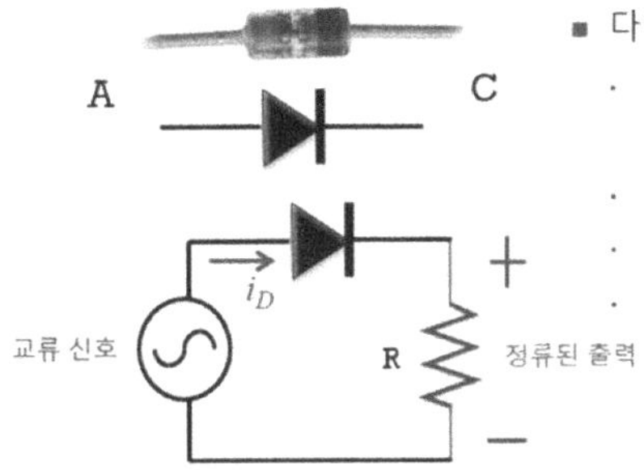


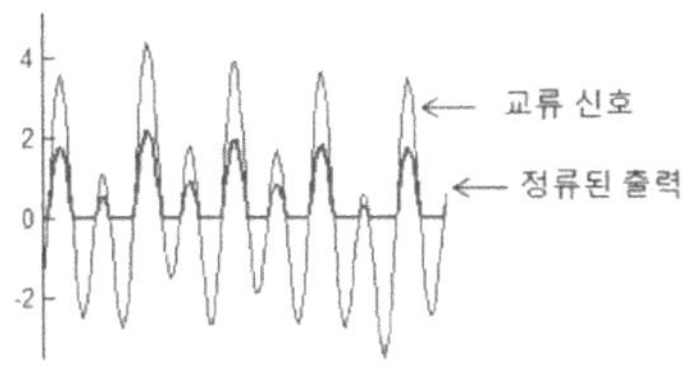


위 그림에서
청색 그래프 : 교류 신호
적색 그래프 : 정류된 신호

- 다이오드의 기능 : 정류(Rectification)
  - 애노드 A(anode)에서 캐소드 C(cathode) 방향으로만 전류가 흐르며
  - 반대 방향으로는 전류를 차단한다
  - 교류 신호를 직류 신호로 변환 가능하게 한다
  - 일종의 밸브나 혈관판막과 비슷한 기능

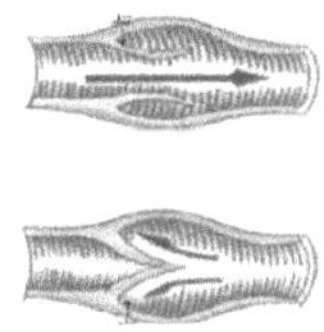



# 포락선 검파 원리

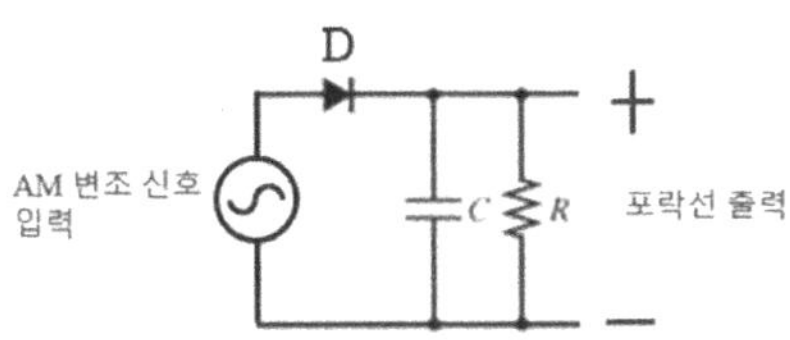


- 포락선(Envelope) 검파(Detection)
  - 포락선 : AM 변조 신호의 첨두치들을 연결한 파형
  - 다이오드 D와 저항 R을 이용하여 정류신호를 구한 다음에, 콘덴서 C에 의하여 부드러운 파형으로 변환시키면 포락선 파형이 얻어짐

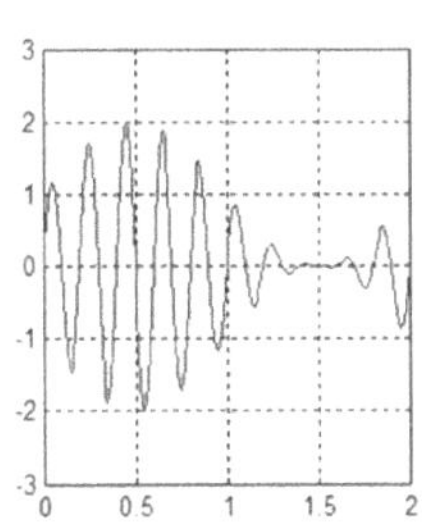

변조된 신호

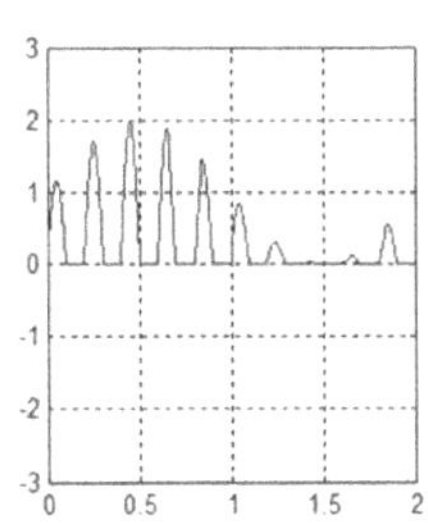

정류된 신호

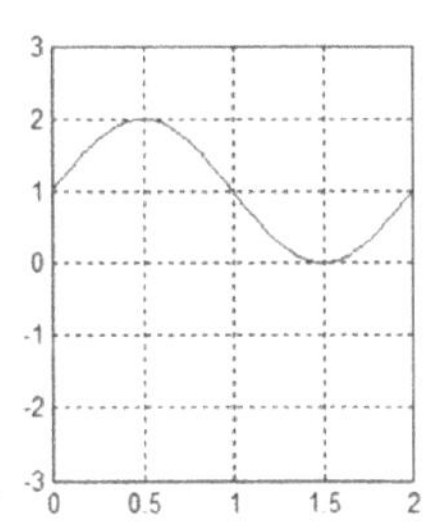

검파된 포락선

# 초크 코일(Choke Coil) 원리

- 초크 코일의 기능 : 고주파 성분 차단
  - 여러 가지 주파수 성분이 섞여 있는 신호 중에서 주파수가 높은 성분(방송파 신호)은 차단하고, 주파수가 낮은 성분(복조된 신호)은 통과시킴
  - 일종의 인덕터와 같음

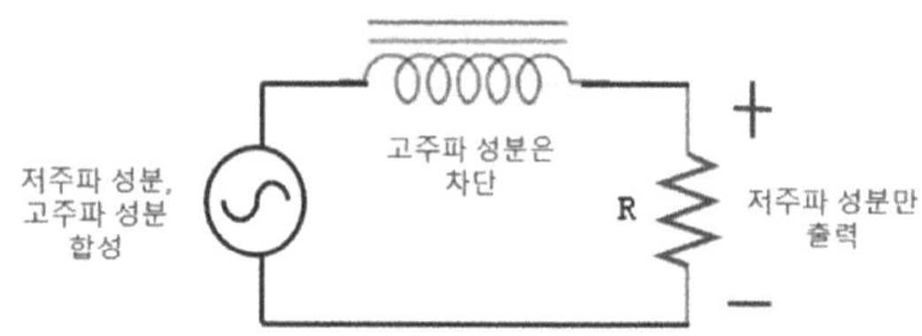


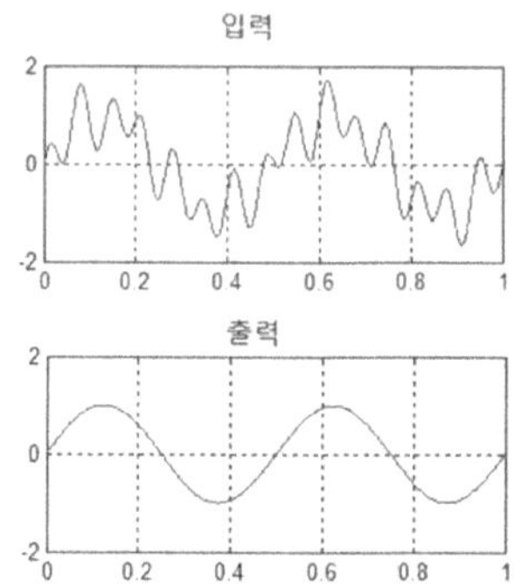




# Lab.

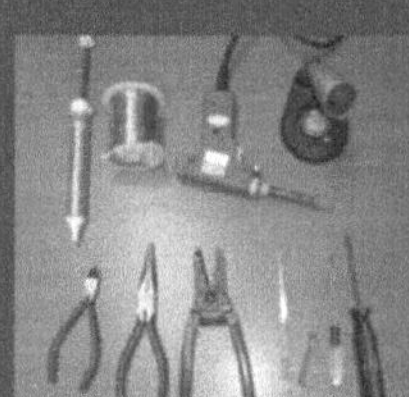

## 6

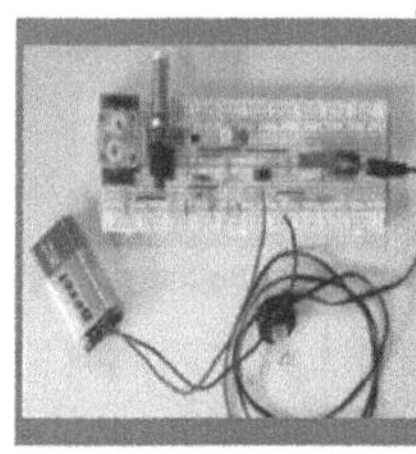

## 라디오 조립

**방송수신기의 원리**

**1석 라디오 조립**

**전기공작-2**

**정보통신 기초 및 실험**

**Lab. 6 라디오 조립** 학번 ________ 성명 ________

[방송수신기 원리, 1석 라디오 조립]

## 예비보고서

1. 통신과 방송의 차이점을 쓰시오.

2. 880 kHz AM 라디오 방송 전파의 파장을 계산하시오(단위도 제시할 것).

3. 다음 설명에서 (  ) 안의 용어를 기입하시오.
   (1) 변조는 정보신호 파형을 (        )에 싣는 것이다.
   (2) 신호를 증폭하는 전자 부품은 (        )이다.



# 실험 재료와 공구를 확인

- 실험조별로 1 세트
  - 새로나 Kit : 1석 라디오(AM)의 부품, 점퍼선, 회로도
  - 세라믹 이어폰
  - 건전지, 건전지 스냅
  - 브레드보드
- 공구
  - 핀셋(pincette)
  - 드라이버(driver)

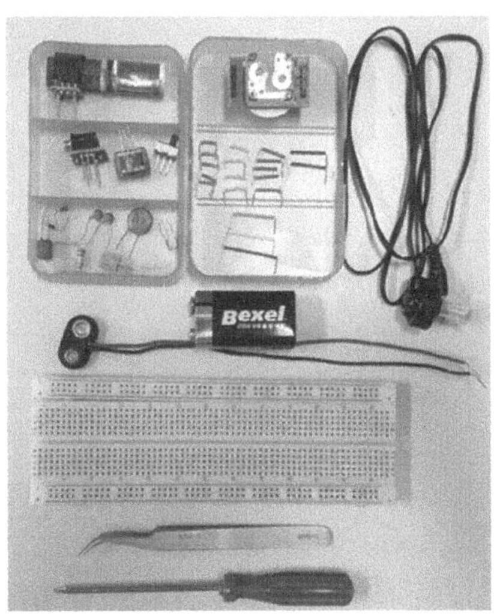

259

# 브레드보드에 조립 순서

1. 부품 종류, 명칭 확인
2. 점퍼선 종류 확인
3. 라디오 회로와 브레드보드 부품 배치도를 대조
4. 점퍼선 삽입
5. 부품 삽입 (트랜지스터, 다이오드 극성 주의)
6. 전원 연결하여 라디오 신호 청취

회로도

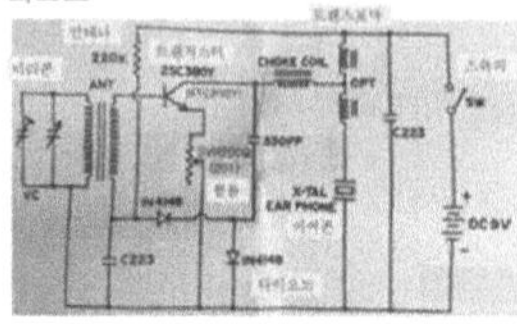

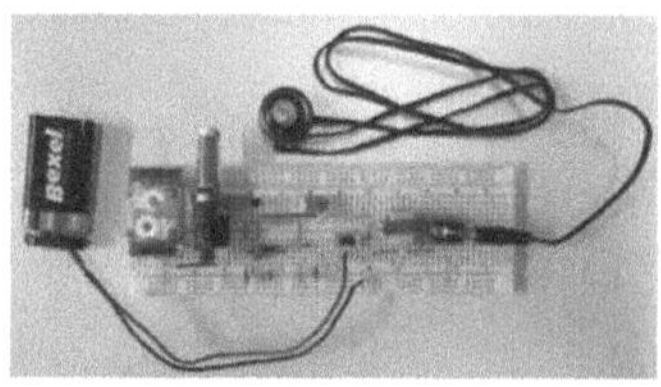

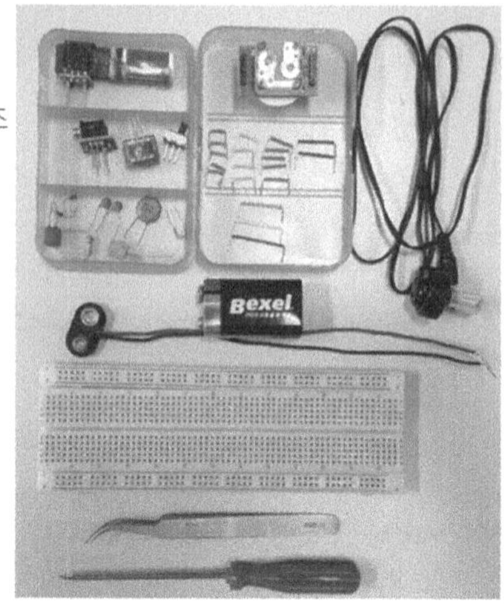


260

# 점퍼선 종류

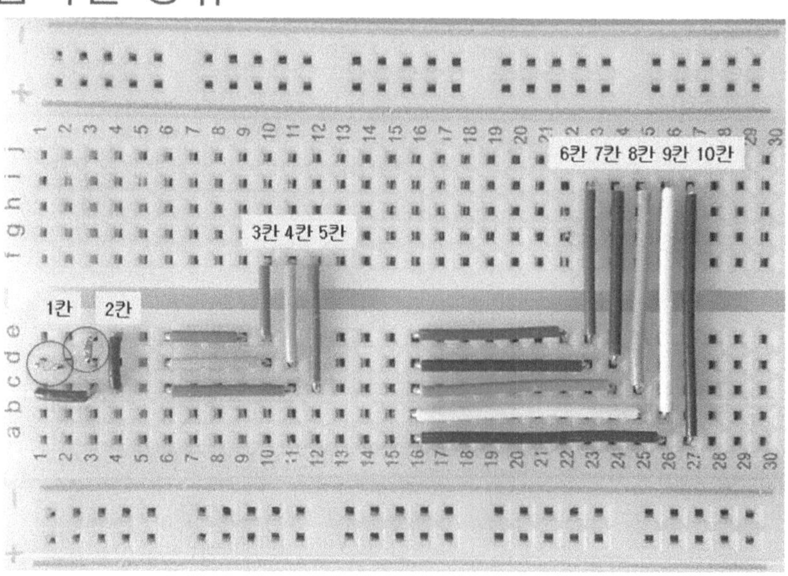


2칸~9칸 순서대로 빨주노초파보회백. 단, 1칸은 피복 없고, 10칸은 갈색

261

# 회로도

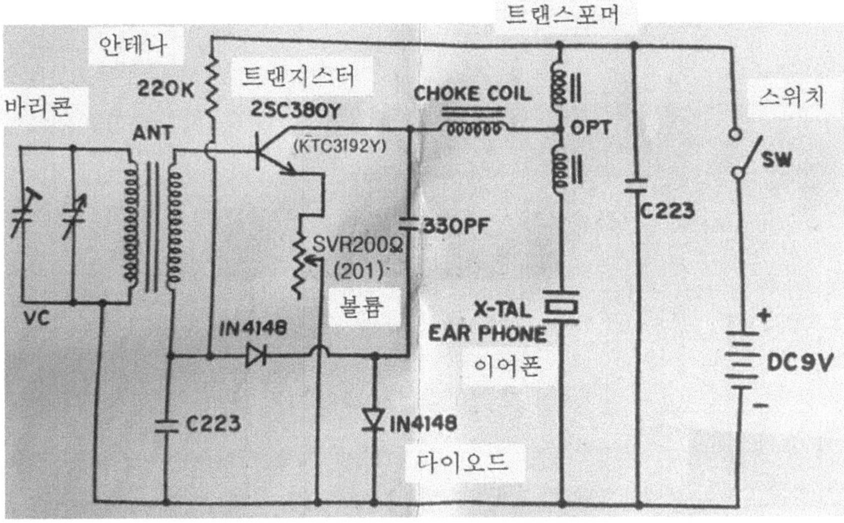


<본 회로도는 홍인전자 새로나 1석 AM라디오 (H-100)의 자료를 일부 수정한 것임>

262

# 부품 종류

바리콘과 다이얼 패드

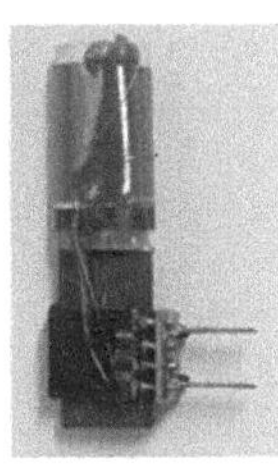

바(bar) 안테나

다이오드
(1N4148)

출력 트랜스포머

이어폰 잭

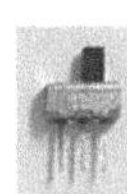

전원스위치

크리스탈 이어폰

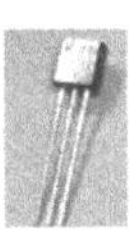

트랜지스터
(2SC380Y)

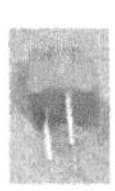

반고정 볼륨
(200Ω)

331 콘덴서
(330pF)

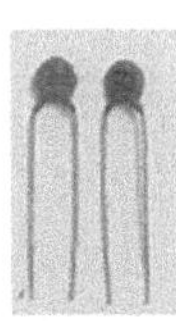

223 콘덴서
(0.022μF)

초크코일

저항
(220kΩ)

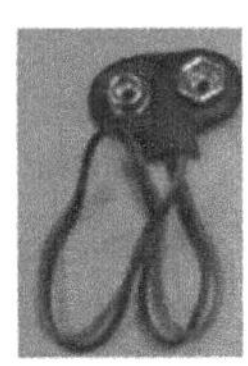

건전지 스냅

9V 건전지

# 점퍼선 배치, 부품 배치

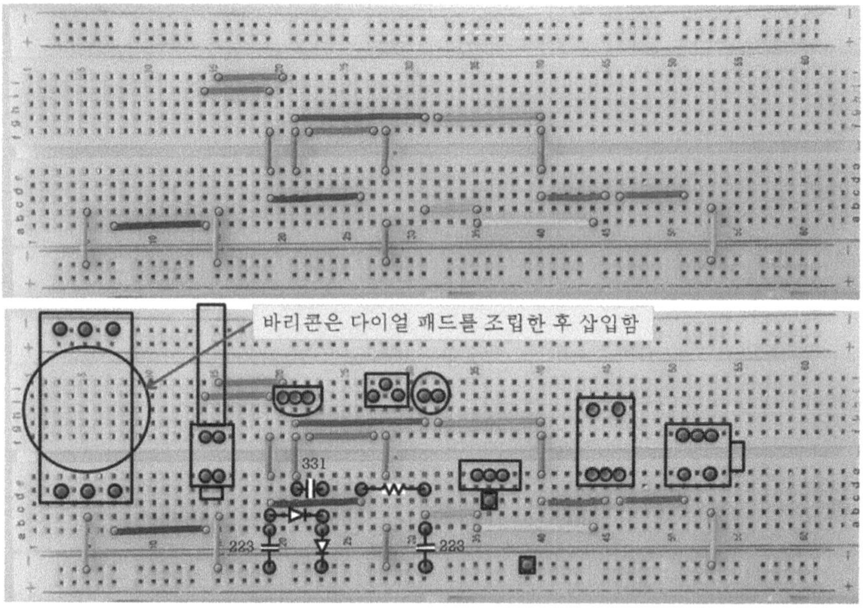




# 라디오 키트 조립 후의 모습

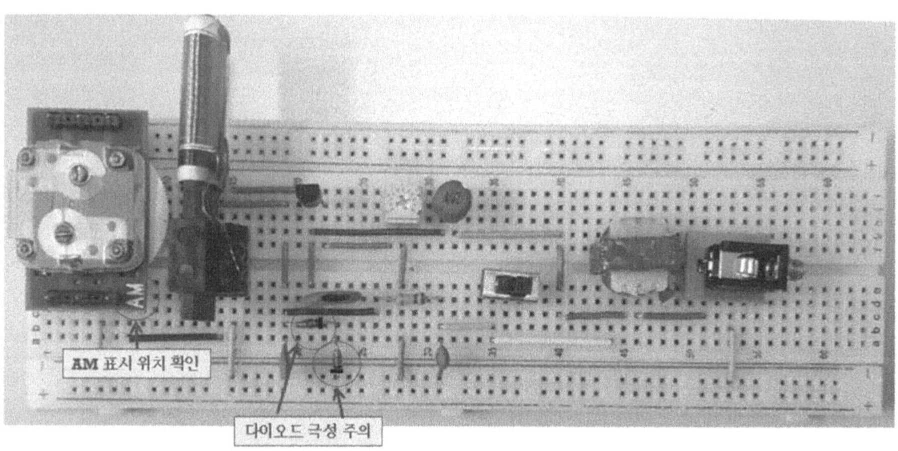

265

# 저항값 측정으로 조립 결과 1차 점검

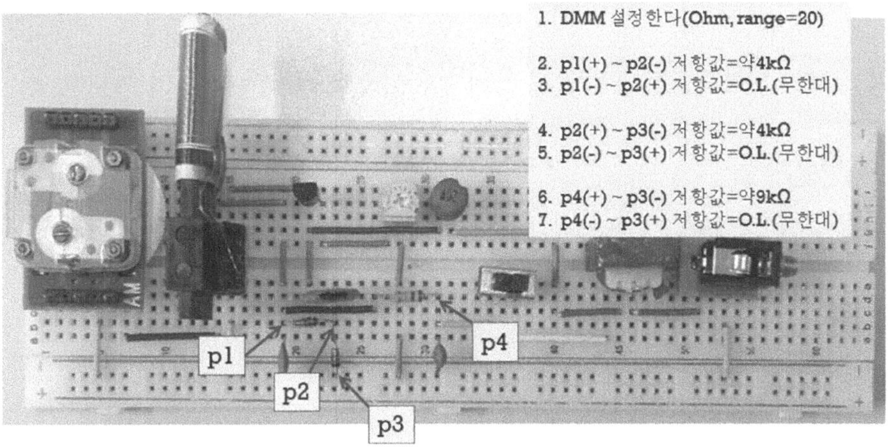


266

# 전원 연결

스냅에 9V 건전지 삽입

건전지 대신에 파워서플라이로 직류전압 공급 가능함

파워서플라이를 9V 설정한 후, 출력 단자 클립을 건전지 스냅에 연결함 (극성 주의할 것)

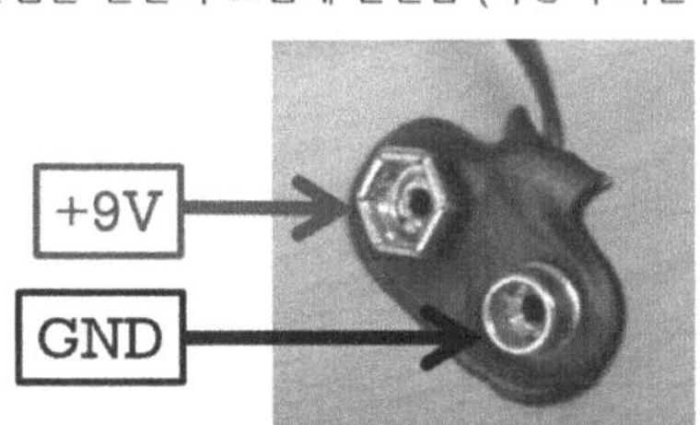

# 라디오 작동 확인

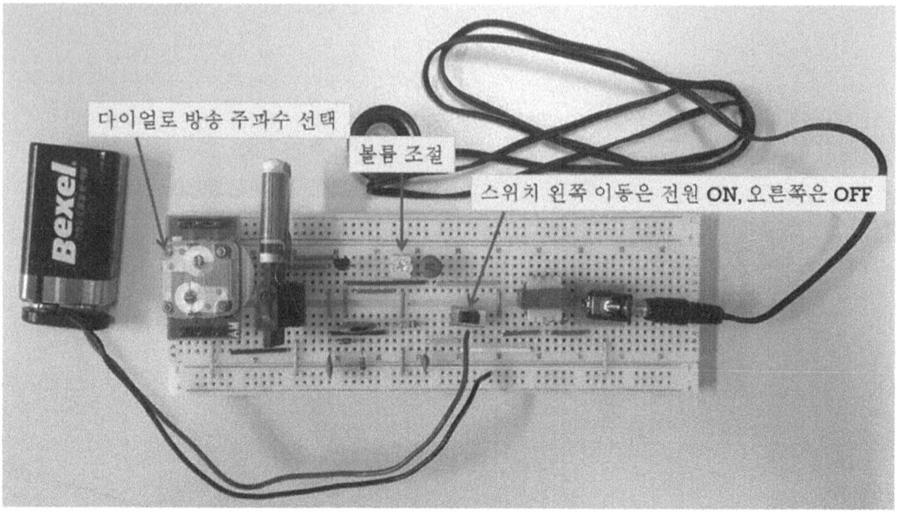




# 대표적 실수들

- 극성 유의 : 다이오드, 트랜지스터, 바리콘, 안테나, 배터리 또는 파워서플라이 9[V]
- 부품 및 점퍼선 삽입 누락, 삽입 위치 오류(제일 많음)
- 점퍼선 휘지 않도록 깔끔하게 삽입. 길이를 맞추려고 억지로 구부리지 말 것
- 안테나 선이 풀리지 않도록
- 부품을 만져보고 뜨거워지는 것이 있으면 즉시 전원을 OFF할 것. 합선되었음

# 전파 수신이 되지 않는 경우 점검 사항

부품 하나만 잘못되어도 전파를 수신하지 못한다

1. 점퍼선 빠뜨린 것은 없는지, 부품 삽입 위치가 정확한지 다시 확인
2. 전원이 들어오는지 확인. '지직'거리는 소리가 들린다면 일단 전원은 들어오는 것임
3. 부품 위치 확인. 특히 콘덴서 용량이 올바른지 확인할 것
4. 부품 방향 확인. 다이오드, 트랜지스터, 건전지 스냅
5. 실험 장소에 따라 방송 전파의 세기가 약할 수도 있음

269

# 동작 검사 후 보드 분해 및 최종 정리

실험 테이블 위에 단정히 정렬해서 회수가 용이하게 할 것

- 부품 박스, 바리콘, 드라이버, 핀셋, 건전지 스냅, 건전지, 이어폰 ➔ 교수 테이블로 반납
- 브레드보드, 결과보고서 ➔ 실험 테이블 위에 정렬

패널티 부과 대상

- 브레드보드에 점퍼선 남아 있음
- 테이블 위, 바닥 정돈 불량

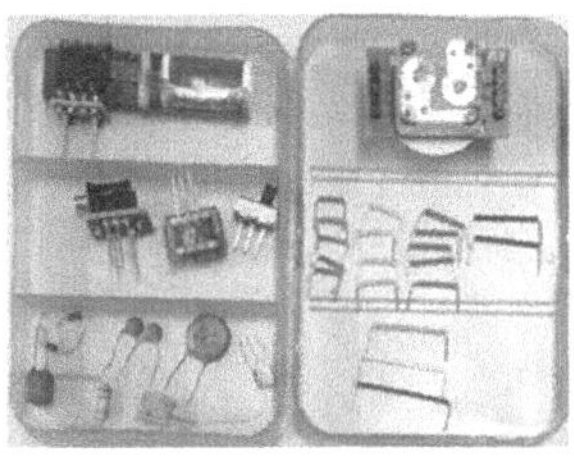
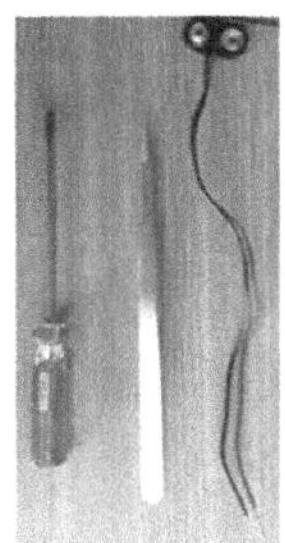

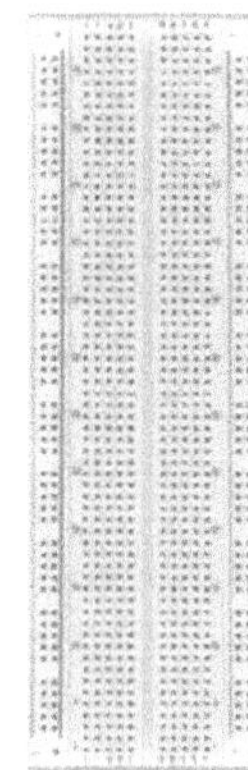

270

**Lab. 6 라디오 조립** 학번 ________ 성명 ________

[방송수신기 원리, 1석 라디오 조립]

## 결과보고서

1. 라디오 조립 실험에 대한 소감을 적으시오.
2. 라디오 수신을 성공한 경우
   (1) 함수발생기의 전파를 수신할 때 라디오 이어폰에서 어떤 소리가 들리는지 설명하시오.

   (2) 실제의 라디오 방송국 소리는 몇 개까지 잡히는지 측정하고 어느 방송국인지 조사하시오.

   (3) 제작한 라디오의 성능이 상용 라디오 만큼 좋지 못한 이유는 무엇일지 설명하시오.

3. 라디오의 위치와 방향에 따라 수신 신호의 세기가 차이가 나는지 조사하시오.
   (1) 실내와 실외의 차이는?
   (2) 안테나가 수직일 때와 수평일 때의 차이는?
   (3) 수신 신호의 세기가 최대가 되는 조건과 방향은?
   (4) 차이가 나는 이유는?

4. [도전] TP(test point) p1, p2, p3, p4에 대응하는 위치를 회로도에서 찾아보고, 각 TP에 연결된 부품은 몇 개인지 세어보시오.

271

+

# Chapter 7

1011(11)
+ 0111 (7)
10010(18)

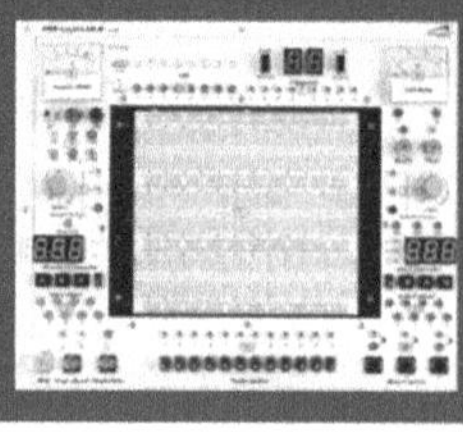

Digital-1

진법

2진법, 10진법
16진법, 덧셈, 뺄셈

정보통신 기초 및 실험

272

## 강의 계획

| 장 | 강의주제 | 내용 | 단위 | 부품, 도구, 장비 |
|---|---|---|---|---|
| 1 | 직류전기 | 기술동향, 직류전기, 전기 기차 | [V], [A] | DMM, Power Supply, LED, buzzer |
| 2 | 직류회로 | 직렬, 병렬, 저항, 임피던스(resistance), 전력/에너지 | [Ohm], [Watt], [Joule] | 저항, 가변저항 |
| 3 | 교류전기 | 교류전압(정현파, 삼각파, 구형파), 주파수, 진폭 | [Hz], [sec] | OSC, FuncGen, FreqCounter, piezo, speaker |
| 4 | 교류회로 | 주기, 위상, 인덕터, 커패시터 | [radian], [degree], [H], [F] | OSC, FuncGen |
| 5 | 납땜 연습 | 납땜 원리, 납땜 연습 | | 인두, 납, 공기정화기, 전선, 니퍼, 드라이버, 납흡입기, 만능기판, 전자부품 |
| 6 | 라디오 조립 | 방송수신기 원리, 1석 라디오 조립 | | 다이오드, 트랜지스터, 코일, 바리콘, 안테나 |
| | 중간고사 | | | |
| **7** | **진법** | **이진법, 십진법, 16진법, 덧셈, 뺄셈** | **1, 0, 0~9, 0~F, +, -** | **LED, 7-segment display, 점퍼선, 스위치** |
| 8 | 디지털게이트 | and, or, not, nand, nor, exor, 부울대수, 진리표 | Hi/Lo, True/False | 슬라이드 스위치, 게이트, 로직 IC |
| 9 | 플립플롭 | SR ff, JK ff, D ff, 카운터, 레지스터 | clock, enable, reset, Q | 플립플롭, 카운터, 시프트 레지스터 |
| 10 | 아두이노 | 기초 예제 | | 아두이노 우노 Kit, 스케치 IDE |
| 11 | 아두이노 | 교통신호 제어 | | 아두이노 우노 Kit |
| 12 | 아두이노 | 4x4 키패드를 이용한 잠금 장치 | | 아두이노 우노 Kit, 키패드, 서보모터 |
| 13 | 아두이노 | 원격 서보모터 제어 안드로이드 앱 개발 | | 아두이노 우노 Kit, 블루투스, 안드로이드 앱, MIT App Inventor 2 |
| | 기말고사 | | | |

# 아날로그(Analog)와 디지털(Digital)

| 아날로그 | 디지털 |
|---|---|
| 값이 연속적이다 (continuous)<br>(즉, 모든 값이 가능) | 값이 이산적이다 (discrete)<br>(즉, 지정된 값만 가능) |

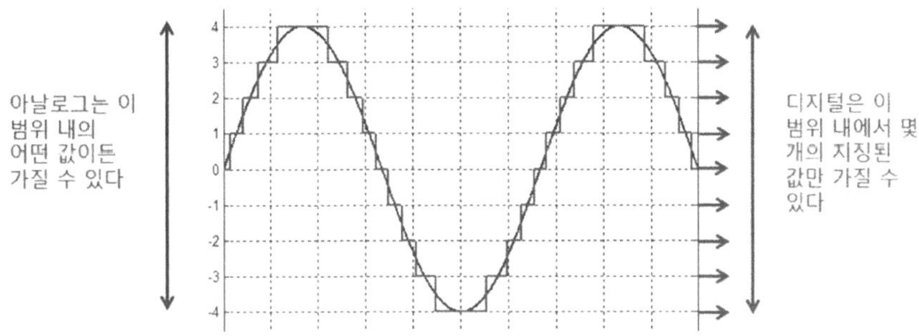


- 연속 : 이어져 지속함 (예 : 연속극)
- 이산 : 떨어져 흩어짐 (예 : 이산 가족)



# 디지털 신호(Digital Signal)

- 디지털 신호
  - (이산적 값을 갖는) 디지털 부호로 표현된 신호
  - 원래의 정의 : 시간적 불연속이며, 이산적 값의 디지털 부호로 표현된 신호
- 아날로그-디지털 변환기 (ADC : analog-to-digital converter)
  - 아날로그 신호를 디지털 신호로 변환하는 장치

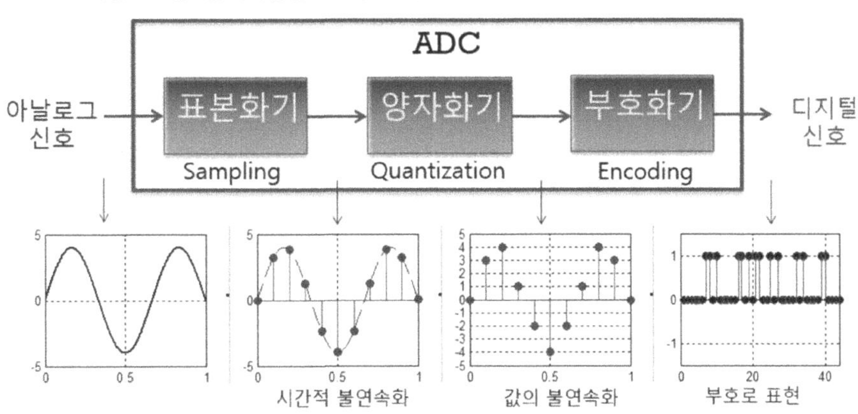

# 디지털 신호의 장점

- 컴퓨터로 처리가 가능하다
  - 가격 저렴
  - 대용량 저장 용이
  - 고성능 신호 처리 가능
- 잡음이 섞이더라도 복원이 쉽다
  - 장거리 통신 가능
  - 고속 통신 가능
  - 고품질 유지 가능

- 무슨 잡음 신호가 섞였는지 알지 못하면 아날로그 원 신호는 복원할 수 없다
- 하지만 잡음이 일정 범위 이하라면 디지털 원 신호는 복원할 수 있다

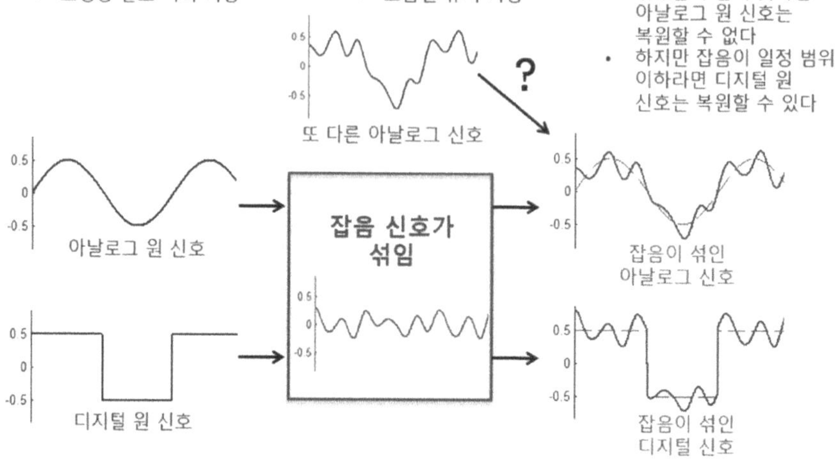




# 2진수(Binary Number)

- n개의 2진 숫자 기호로 표현한 수
  - 형식 : $(d_{n-1}d_{n-2}\ldots d_1d_0)_B$ 혹은 $(d_{n-1}d_{n-2}\ldots d_1d_0)_2$ 혹은 $d_{n-1}d_{n-2}\ldots d_1d_0$
  - '0'과 '1'의 2 가지 숫자 기호를 사용하여 표현한 수, 즉 $d_i$='0' 혹은 '1'
  - 숫자 기호의 가짓수를 기수(base 혹은 radix)라고 부름. 따라서 2진수의 기수는 2.
  - 각 자리수의 숫자 기호를 디지트(digit)라고 부름
  - 2진수의 디지트는 비트(bit)라고도 부름 (binary digit의 약어)
  - 제일 좌측 비트는 최상위 비트(MSB : most significant bit), 제일 우측 비트는 최하위 비트(LSB : least significant bit)로 부름

**010011** 6비트 2진수

↑ MSB ↑ LSB

277

# 부호 없는 2진수(Unsigned Binary Number)

- 0 및 양수만 표현함
- n비트 $(d_{n-1}d_{n-2}\dots d_1d_0)_B$의 값 = $d_{n-1}2^{n-1}+d_{n-2}2^{n-2}+\dots+d_12^1+d_02^0$
  - n비트 2진수 값의 범위 : $0 \sim (2^n-1)$
  - 예 : $1001 = 1\cdot2^3+0\cdot2^2+0\cdot2^1+1\cdot2^0=9$
  - 예 : 3비트의 2진수 값
- 소수점이 있는 경우의 값

| n | $2^n$ | $0 \sim (2^n-1)$ |
|---|---|---|
| 1 | 2 | 0 ~ 1 |
| 2 | 4 | 0 ~ 3 |
| 3 | 8 | 0 ~ 7 |
| 4 | 16 | 0 ~ 15 |
| 5 | 32 | 0 ~ 31 |
| 6 | 64 | 0 ~ 63 |
| 7 | 128 | 0 ~ 127 |
| 8 | 256 | 0 ~ 255 |
| 9 | 512 | 0 ~ 511 |
| 10 | 1024 | 0 ~ 1023 |

정수부 소수부

1001.101

$= 1\cdot2^3+0\cdot2^2+0\cdot2^1+1\cdot2^0 + 1\cdot2^{-1}+0\cdot2^{-2}+1\cdot2^{-3}$

$= 9.625$

278

# 부호 없는 2진수(Unsigned Binary Number)

**2비트 2진수 값**

| 2진수 | 값 |
|---|---|
| 00 | 0 |
| 01 | 1 |
| 10 | 2 |
| 11 | 3 |

**3비트 2진수 값**

| 2진수 | 값 |
|---|---|
| 000 | 0 |
| 001 | 1 |
| 010 | 2 |
| 011 | 3 |
| 100 | 4 |
| 101 | 5 |
| 110 | 6 |
| 111 | 7 |

**4비트 2진수 값**

| 2진수 | 값 |
|---|---|
| 0000 | 0 |
| 0001 | 1 |
| 0010 | 2 |
| 0011 | 3 |
| 0100 | 4 |
| 0101 | 5 |
| 0110 | 6 |
| 0111 | 7 |
| 1000 | 8 |
| 1001 | 9 |
| 1010 | 10 |
| 1011 | 11 |
| 1100 | 12 |
| 1101 | 13 |
| 1110 | 14 |
| 1111 | 15 |

279

# 2진수와 10진수 사이의 변환

- 2진수를 10진수로 변환
  - 2진수 $d_{n-1}d_{n-2}\ldots d_1d_0$ 의 값 = $d_{n-1}2^{n-1}+d_{n-2}2^{n-2}+\ldots+d_12^1+d_02^0$
  - 예 : $1001_2$ = $1\cdot2^3+0\cdot2^2+0\cdot2^1+1\cdot2^0=9_{10}$

- 10진수를 2진수로 변환
  - 10진수를 2로 나누어 몫과 나머지를 기록한다
  - 이 몫을 2로 나누어 새로운 몫과 새로운 나머지를 기록한다
  - 최종 몫이 '1'이 될 때까지 반복한다
  - 나머지와 최종 몫을 역순서로 나열한 수열이 2진수이다
  - 예 : $23_{10}$ = $10111_2$

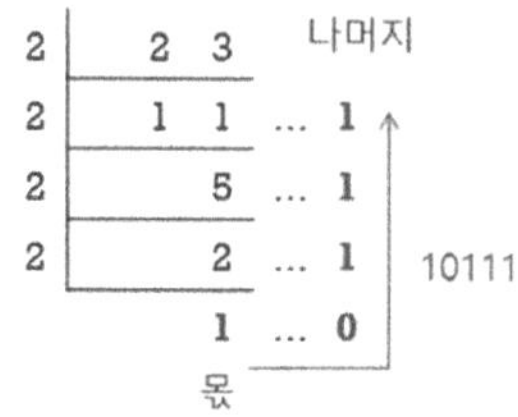


280

# 음수에 대한 2진수 표현법 3가지

(1) 부호와 절대치에 의한 표현법(Sign-magnitude)
- MSB 디지트는 부호를 나타내며(0은 양수, 1은 음수), 나머지 디지트는 절대치를 나타냄
- 예 : 0110 = 6, 1110 = -6
- n비트 2진수 값의 범위 : $-(2^{n-1}-1)$ ~ $(2^{n-1}-1)$

(2) 1의 보수법(1's complement)
- n 비트 2진수의 값이 N일 때, N'= $2^n$-N-1의 값에 해당하는 2진수를 '1의 보수'라 부름
- 1의 보수를 구하는 법 : '0'은 '1'로, '1'은 '0'으로 바꾸면 됨
- 예 : 0110의 값은 6인데, 이것의 1의 보수는 1001이고 이 값은 -6임

(3) 2의 보수법(2's complement)
- n 비트 2진수의 값이 N일 때, N'= $2^n$-N의 값에 해당하는 2진수를 '2의 보수'라 부름
- 2의 보수를 구하는 2가지 방법
  ① 1의 보수를 구한 후 1을 더한다
  ② 제일 우측 '1' 디지트의 좌측 디지트들만 '0'은 '1'로, '1'은 '0'으로 바꾸고, 나머지는 그대로 둔다
- 예 : 0110의 값은 6인데, 이것의 2의 보수는 1010이고 이 값은 -6임

281

# 4비트 2진수의 값

어느 경우든 양수는 MSB가 '0'이고
음수는 MSB가 '1' 이다

| 4비트 2진수 | 부호 없는 경우의 값 | 부호와 절대치 경우의 값 | 1의 보수 경우의 값 | 2의 보수 경우의 값 |
|---|---|---|---|---|
| 0000 | 0 | +0 | +0 | +0 |
| 0001 | 1 | +1 | +1 | +1 |
| 0010 | 2 | +2 | +2 | +2 |
| 0011 | 3 | +3 | +3 | +3 |
| 0100 | 4 | +4 | +4 | +4 |
| 0101 | 5 | +5 | +5 | +5 |
| 0110 | 6 | +6 | +6 | +6 |
| 0111 | 7 | +7 | +7 | +7 |
| 1000 | 8 | -0 | -7 | -8 |
| 1001 | 9 | -1 | -6 | -7 |
| 1010 | 10 | -2 | -5 | -6 |
| 1011 | 11 | -3 | -4 | -5 |
| 1100 | 12 | -4 | -3 | -4 |
| 1101 | 13 | -5 | -2 | -3 |
| 1110 | 14 | -6 | -1 | -2 |
| 1111 | 15 | -7 | -0 | -1 |

**4비트에서 5비트로 비트 확장 방법**

1. 부호 없는 경우 : 모두 양수이므로 0의 비트를 좌측에 추가함

예) 0001 → 00001, 1001 → 01001

2. 음수 표현법의 경우 : MSB의 값과 동일한 비트를 좌측에 추가함

예) 0001 → 00001, 1001 → 11001

282

# 부호 없는 2진수의 연산

- 양수 + 양수
  - 0 + 0 = 0,  0 + 1 = 1,  1 + 0 = 1
  - 1 + 1 = **10** (자리 올림 : carry)
  - n비트 양수 + n비트 양수 = (n+1)비트 양수

```
   1011 (11)
+  0111  (7)
-----------
  10010 (18)
```

- 양수 x 양수
  - 0 x 0 = 0,  0 x 1 = 0,  1 x 0 = 0,  1 x 1 = 1
  - n비트 양수 x n비트 양수 = 2n비트 양수

```
         1011 (11)
×        0111  (7)
------------------
         1011
        1011
       1011
      0000
------------------
      1001101 (77)
```

(4비트 x 4비트)의 답이 이 경우는 7비트이지만 최대 8비트가 될 수가 있다

- 양수 ÷ 양수
  - 0 ÷ 0 = 부정,  0 ÷ 1 = 0
  - 1 ÷ 0 = 불능,  1 ÷ 1 = 1

```
         몫 110   (6)
  110 ) 100101 (37)
  (6)   110
        -----
         110
         110
         -----
          001
          000
         -----
  나머지    1   (1)
```

283

# 1의 보수 2진수의 덧셈, 뺄셈

- 양수 + 양수
  - 계산 결과 1비트가 증가됨. 따라서 MSB가 '0'인 1비트를 추가한 후 두 수를 더함

```
  00011  ( 3)
+ 00111  ( 7)
-------------
  01010  (10)
```

- 양수 – 양수 = 양수 + (1의 보수)
  - (1) 덧셈 결과, 자리 올림이 없으면 최종 답임
  - (2) 덧셈 결과, 자리 올림이 있으면 덧셈 결과에다 '1'을 더한 것이 최종 답임

```
  0011 ( 3)        0111 ( 7)
+ 1000 (-7)      + 1010 (-5)
-----------      -----------
  1011 (-4)       10001
                  더함 →  1
                 -----------
                   0010 ( 2)
```

- 음수 + 음수 = (1의 보수) + (1의 보수)
  - 계산 결과 1비트가 증가됨. 따라서 MSB가 '1'인 1비트를 추가한 후 두 수를 더함
  - 덧셈 결과, 자리 올림이 있으므로 덧셈 결과에다 '1'을 더한 것이 최종 답임

```
  11100  (- 3)
+ 11000  (- 7)
--------------
 110100
 더함 →  1
--------------
  10101  (-10)
```

284

# 2의 보수 2진수의 덧셈, 뺄셈

- 양수 + 양수
  - 계산 결과 1비트가 증가됨. 따라서 MSB가 '0'인 1비트를 추가한 후 두 수를 더함

```
  00011  ( 3)
+ 00111  ( 7)
-------------
  01010  (10)
```

- 양수 – 양수 = 양수 + (2의 보수)
  - 자리 올림이 있든 없든 자리 올림을 무시한 나머지가 최종 답임

```
  0011 ( 3)        0111 ( 7)
+ 1001 (-7)      + 1011 (-5)
-----------      -----------
  1100 (-4)       10010
                 ↙ 0010 ( 2)
               무시함
```

- 음수 + 음수 = (2의 보수) + (2의 보수)
  - 계산 결과 1비트가 증가됨. 따라서 MSB가 '1'인 1비트를 추가한 후 두 수를 더함
  - 덧셈 결과, 자리 올림을 무시한 나머지가 최종 답임

```
  11101  (- 3)
+ 11001  (- 7)
--------------
 110110
↙ 10110  (-10)
무시함
```

2의 보수법이 1의 보수법보다 보수를 구하는 것은 불편하지만, 뺄셈 계산은 편리하다

# 16진수(Hexadecimal Number)

- 16진수
  - 형식 : $(d_{n-1}d_{n-2}\dots d_1d_0)_B$ 혹은 $(d_{n-1}d_{n-2}\dots d_1d_0)_2$ 혹은 $d_{n-1}d_{n-2}\dots d_1d_0$
  - 숫자 기호 종류 : '0', '1', '2', ..., '9', 'A', 'B', 'C', 'D', 'E', 'F' (총 16가지)
  - 기수=16이므로 숫자의 우측에 'H' 혹은 '16'의 첨자를 붙인다
- 2진수와 16진수 사이의 변환
  - 2진수를 4비트 단위로 묶어서 16진수의 디지트로 변환하면 된다
  - 예 : 1001 1100 = $9C_H$ 혹은 $9C_{16}$

| 2진수 | 16진수 | 10진수 |
|---|---|---|
| 0000 | 0 | 0 |
| 0001 | 1 | 1 |
| 0010 | 2 | 2 |
| 0011 | 3 | 3 |
| 0100 | 4 | 4 |
| 0101 | 5 | 5 |
| 0110 | 6 | 6 |
| 0111 | 7 | 7 |
| 1000 | 8 | 8 |
| 1001 | 9 | 9 |
| 1010 | A | 10 |
| 1011 | B | 11 |
| 1100 | C | 12 |
| 1101 | D | 13 |
| 1110 | E | 14 |
| 1111 | F | 15 |



+

# Lab. 7

```
  1011(11)
+ 0111 (7)
---------
 10010(18)
```

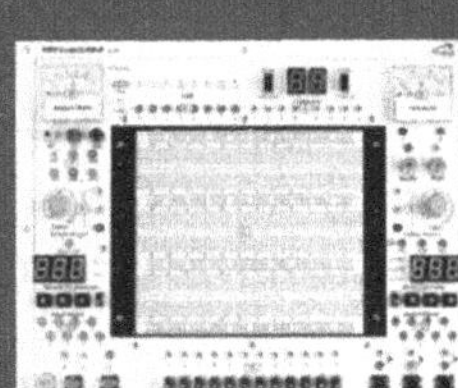

Digital-1

## 진법

2진법, 10진법
16진법, 덧셈, 뺄셈

정보통신 기초 및 실험

287

**Lab. 7 진법** 학번 ________ 성명 ________

[2진법, 10진법, 16진법, 덧셈, 뺄셈]

## 예비보고서

1. 아날로그와 디지털의 차이점을 쓰시오.

    아날로그 :

    디지털 :

2. 10진수는 2진수로, 2진수는 10진수로 고치시오.

    (1) $13_{10}$

    (2) $21_{10}$

    (3) $1001_2$

    (4) $10110_2$

3. 10진수 19에 대한 1의 보수와 2의 보수를 구하시오(힌트: 음수 표현을 하려면 비트 확장이 필요함).

    (1) 1의 보수

    (2) 2의 보수

288

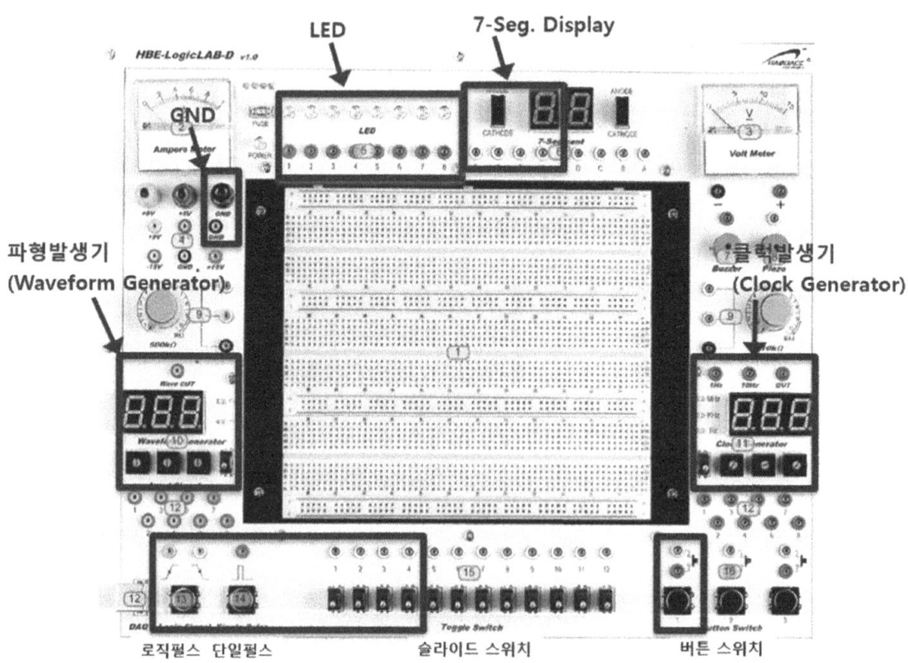

# 점퍼선 사용 요령

**점퍼선 양 단자의 굵기가 다르다. 따라서**

- 점퍼선 빨간 단자는 브레드보드 바깥 부분에서의 연결
- 점퍼선 wire 쪽 단자는 브레드보드 부분에서의 연결

**점퍼선 연결할 때**

- 점퍼선 끝이 구부러지지 않도록 똑바로 직각으로 세워서 삽입할 것

**점퍼선 제거할 때**

- 점퍼선 빨간 단자만 먼저 수직 방향으로 하나씩 뽑는다
- 브레드보드에만 연결된 점퍼선은 한꺼번에 쥐어 수직으로 뽑으면 시간 절약되고 보관도 깔끔하다

**점퍼선 보관**

- 키트 뚜껑의 포킷 안에다 보관한다

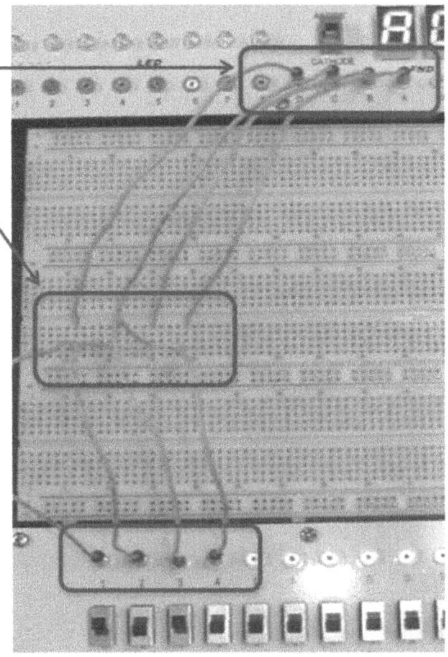



# 실험 1) 정현파 파형과 클럭 파형 차이점

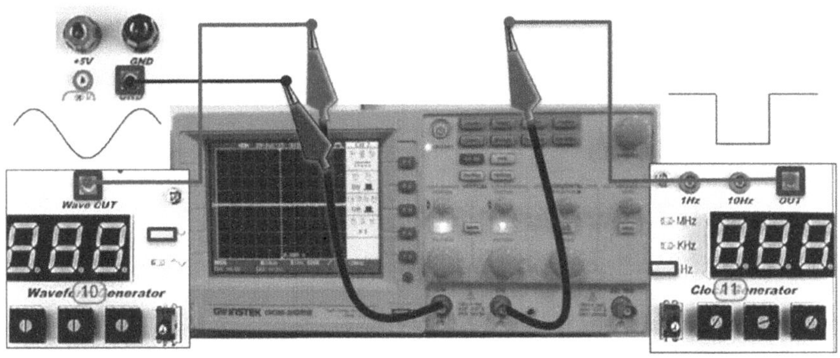


측정 준비

- 스코프 CH-1(red)은 파형발생기 출력에 연결
- 스코프 CH-2(red)은 클럭발생기 출력에 연결
- 스코프 CH-1(black)은 GND로 연결
- 파형발생기와 클럭발생기 주파수를 모두 901 Hz로 놓는다
- 스코프 AUTO 버튼 누른다(DC 커플링, 트리거소스는 CH1). 이 상태에서 스코프는 더 이상 조작하지 않고 파형만 비교 관찰한다

**아날로그 파형과 디지털 파형의 차이점 관찰**

1. 901 Hz에서 CH-1과 CH-2 파형의 차이점을 관찰하라
2. 이제 파형발생기와 클럭발생기의 주파수를 둘 다 1 Hz로 변경하라. 파형은 모두 직선으로 변경되는가? 두 직선 움직임의 차이점을 관찰하라
3. 위 두 가지의 관측으로부터, 아날로그 파형과 디지털 파형 사이의 차이점의 핵심은 무엇인가?

291

# 실험 2) 1비트 디지털 신호 관찰

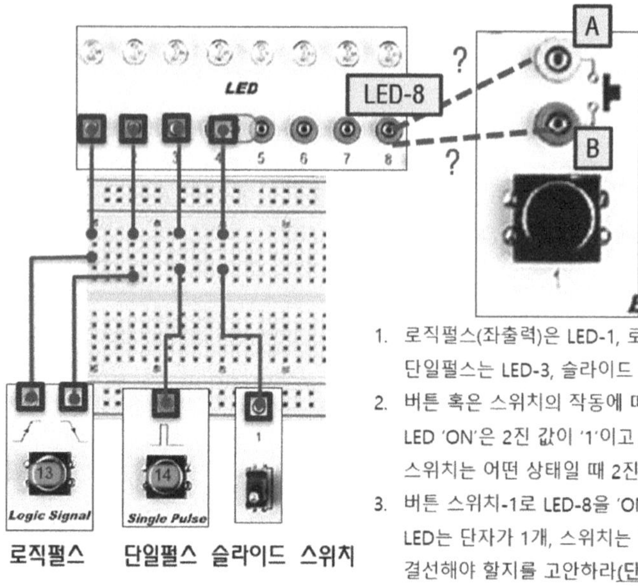


1. 로직펄스(좌출력)은 LED-1, 로직펄스(우출력)은 LED-2, 단일펄스는 LED-3, 슬라이드 스위치-1은 LED-4에 연결한다
2. 버튼 혹은 스위치의 작동에 따라 LED 출력을 관찰한다. LED 'ON'은 2진 값이 '1'이고 'OFF'는 2진 값이 '0'이다. 각 스위치는 어떤 상태일 때 2진 값 '1'을 출력하는가?
3. 버튼 스위치-1로 LED-8을 'ON', 'OFF' 제어하고자 한다. LED는 단자가 1개, 스위치는 단자가 2개 있다. 어떻게 결선해야 할지를 고안하라<u>(단, 장비 고장 우려되므로 실제 결선은 하지 말 것)</u>.

292

# 실험 3) 4비트 2진수의 7-segment display 관찰

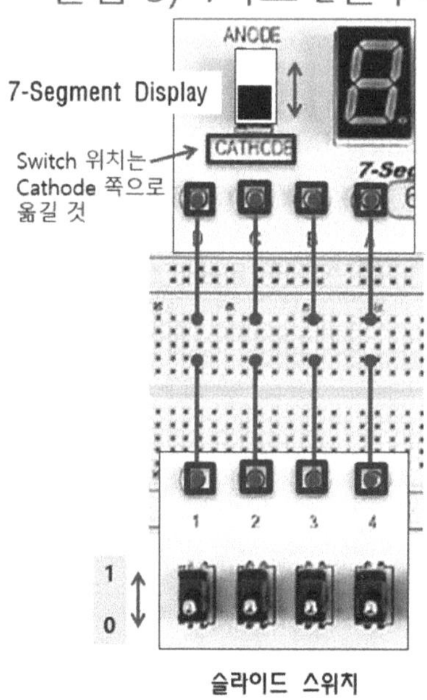


1. 점퍼 라인으로 슬라이드 스위치와 7-Segment Display를 연결한다 (D와 1, C와 2, B와 3, A와 4를 서로 연결함)
2. 슬라이드 스위치 1,2,3,4의 값을 0000부터 1111까지 16가지 변경하면서 7-Segment Display 출력의 값을 보고 16진수 값과 10진수 값을 구하여 기록한다 (스위치가 '위' 방향일 때 '1'이다)

| 2진수 값 | 16진수 값 | 10진수 값 |
|---|---|---|
| 0000 | | |
| 0001 | | |
| 0010 | | |
| 0011 | | |
| 0100 | | |
| 0101 | | |
| 0110 | | |
| 0111 | | |
| 1000 | | |
| 1001 | | |
| 1010 | | |
| 1011 | | |
| 1100 | | |
| 1101 | | |
| 1110 | | |
| 1111 | | |

293

실험 2) 

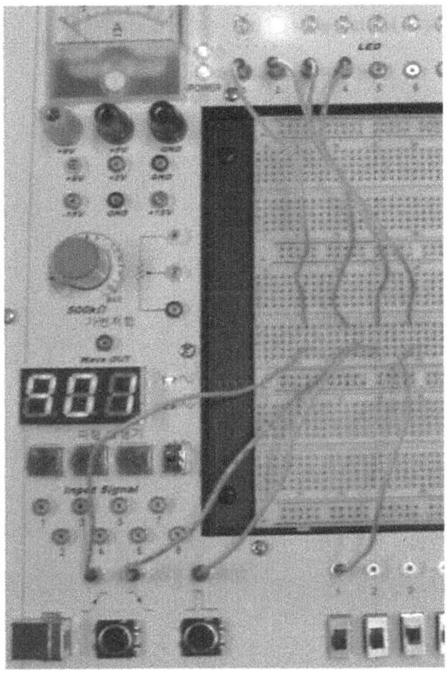

실험 3)

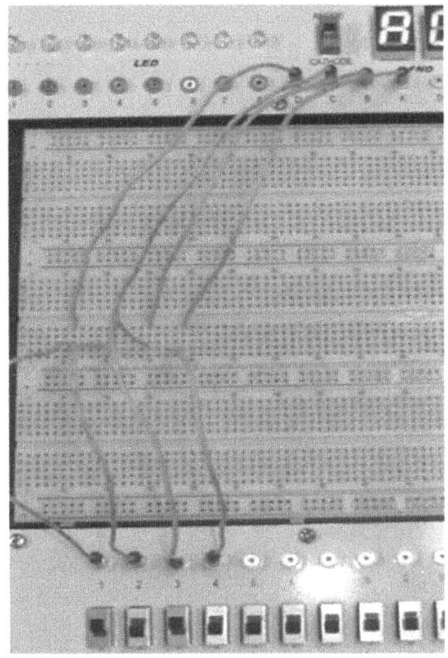

294

## 실험 4) 2진수 연산, 2진수와 16진수의 변환 연습

- A와 B가 부호 없는 2진수일 때, 덧셈, 곱셈 계산 결과를 2진수 및 (10진수)로 기록하라

| A | B | A+B | AxB |
|---|---|---|---|
| 0110 | 1101 | 10011(19) | 1001110(78) |
| 1001 | 0110 | | |
| 0110 | 0101 | | |
| 1001 | 0100 | | |

- A와 B가 부호 없는 2진수일 때, 1의 보수법 뺄셈 계산 결과를 2진수 및 (10진수)로 기록하라

| A | B | A-B | B-A |
|---|---|---|---|
| 0110 | 0010 | 0100(4) | 1011(-4) |
| 0001 | 0100 | | |
| 0110 | 0101 | | |
| 0001 | 0010 | | |

- 2진수는 16진수로, 16진수는 2진수로 변환하라

| 2진수 | 16진수 |
|---|---|
| 01100010 | |
| 00011111 | |
| | E6 |
| | 30 |

- A와 B가 부호 없는 2진수일 때, 2의 보수법 뺄셈 계산 결과를 2진수와 (10진수)로 기록하라

| A | B | A-B | B-A |
|---|---|---|---|
| 0110 | 0010 | 0100(4) | 1100(-4) |
| 0001 | 0100 | | |
| 0110 | 0101 | | |
| 0001 | 0010 | | |

**Lab. 7 진법** **학번 __________ 성명 __________**

[2진법, 10진법, 16진법, 덧셈, 뺄셈]

## 결과보고서

1. 실험 1) 관측한 내용을 근거로 하여, 아날로그와 디지털의 차이점을 설명하시오.
   아날로그 :
   디지털 :

2. 실험 2) LED가 'ON', 'OFF' 되는 조건을 설명하시오.
   (1) 로직펄스(좌출력) :

   (2) 로직펄스(우출력) :

   (3) 단일펄스 :

   (4) 슬라이드 스위치 :

   (5) 버튼 스위치-1로 LED-8를 'ON', 'OFF' 제어하는 회로를 제시하시오.



**Lab. 8 진법** **학번 __________ 성명 __________**

[2진법, 10진법, 16진법, 덧셈]

3. 실험 3)에서 구한 값을 적으시오.

| 2진수 값 | 16진수 값 | 10진수 값 |
|---|---|---|
| 0000 | | |
| 0001 | | |
| 0010 | | |
| 0011 | | |
| 0100 | | |
| 0101 | | |
| 0110 | | |
| 0111 | | |
| 1000 | | |
| 1001 | | |
| 1010 | | |
| 1011 | | |
| 1100 | | |
| 1101 | | |
| 1110 | | |
| 1111 | | |

4. 실험 4)에서 구한 값을 적으시오.

| A | B | A+B | AxB |
|---|---|---|---|
| 0110 | 1101 | 10011(19) | 1001110(78) |
| 1001 | 0110 | | |
| 0110 | 0101 | | |
| 1001 | 0100 | | |

| A | B | A-B | B-A |
|---|---|---|---|
| 0110 | 0010 | 0100(4) | 1011(-4) |
| 0001 | 0100 | | |
| 0110 | 0101 | | |
| 0001 | 0010 | | |

| 2진수 | 16진수 |
|---|---|
| 01100010 | |
| 00011111 | |
| | E6 |
| | 30 |

| A | B | A-B | B-A |
|---|---|---|---|
| 0110 | 0010 | 0100(4) | 1100(-4) |
| 0001 | 0100 | | |
| 0110 | 0101 | | |
| 0001 | 0010 | | |

+

# Chapter 8

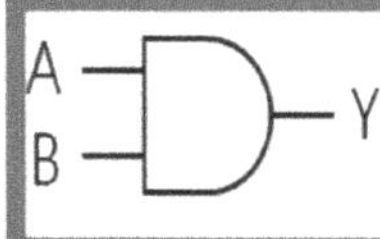


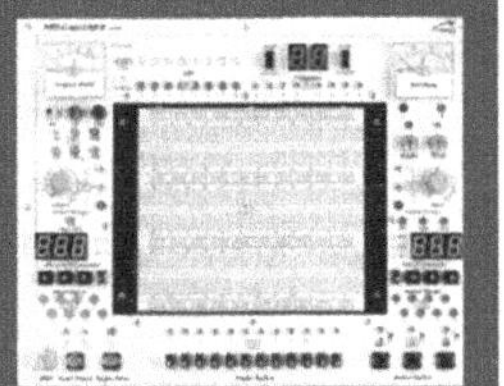

Digital-2

디지털게이트

and, or, not, nand, nor, exor, 부울대수, 진리표

정보통신 기초 및 실험



# 강의 계획

| 장 | 강의주제 | 내용 | 단위 | 부품, 도구, 장비 |
|---|---|---|---|---|
| 1 | 직류전기 | 기술동향, 직류전기, 전기 기차 | [V], [A] | DMM, Power Supply, LED, buzzer |
| 2 | 직류회로 | 직렬, 병렬, 저항, 임피던스(resistance), 전력/에너지 | [Ohm], [Watt], [Joule] | 저항, 가변저항 |
| 3 | 교류전기 | 교류전압(정현파, 삼각파, 구형파), 주파수, 진폭 | [Hz], [sec] | OSC, FuncGen, FreqCounter, piezo, speaker |
| 4 | 교류회로 | 주기, 위상, 인덕터, 커패시터 | [radian], [degree], [H], [F] | OSC, FuncGen |
| 5 | 납땜 연습 | 납땜 원리, 납땜 연습 | | 인두, 납, 공기정화기, 전선, 니퍼, 드라이버, 납흡입기, 만능기판, 전자부품 |
| 6 | 라디오 조립 | 방송수신기 원리, 1석 라디오 조립 | | 다이오드, 트랜지스터, 코일, 바리콘, 안테나 |
| | 중간고사 | | | |
| 7 | 진법 | 이진법, 십진법, 16진법, 덧셈, 뺄셈 | 1, 0, 0~9, 0~F, +, - | LED, 7-segment display, 점퍼선, 스위치 |
| **8** | **디지털게이트** | **and, or, not, nand, nor, exor, 부울대수, 진리표** | **Hi/Lo, True/False** | **슬라이드 스위치, 게이트, 로직 IC** |
| 9 | 플립플롭 | SR ff, JK ff, D ff, 카운터, 레지스터 | clock, enable, reset, Q | 플립플롭, 카운터, 시프트 레지스터 |
| 10 | 아두이노 | 기초 예제 | | 아두이노 우노 Kit, 스케치 IDE |
| 11 | 아두이노 | 교통신호 제어 | | 아두이노 우노 Kit |
| 12 | 아두이노 | 4x4 키패드를 이용한 잠금 장치 | | 아두이노 우노 Kit, 키패드, 서보모터 |
| 13 | 아두이노 | 원격 서보모터 제어 안드로이드 앱 개발 | | 아두이노 우노 Kit, 블루투스, 안드로이드 앱, MIT App Inventor 2 |
| | 기말고사 | | | |

# 참(True)과 거짓(False)

**언제나 둘 중 하나가 정답인 질문들**

# 불 대수 (Boolean Algebra)

- 참(True)와 거짓(False)에 관한 논리적 문제를 수학적으로 표현하고 답을 구하는 이론

**1** **"비가 오고 있거나 비 예보가 있으면 우산을 지참하겠다"**

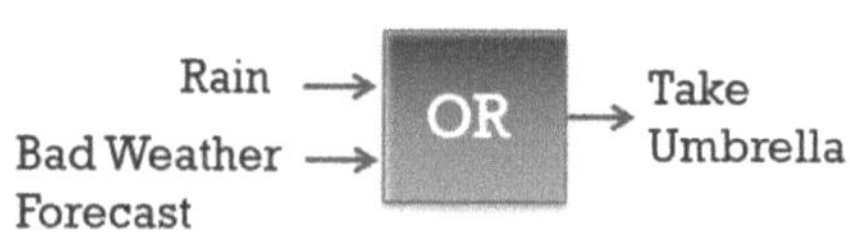


<진리표(Truth table) of the OR function>

| Rain | Bad Forecast | Umbrella |
|---|---|---|
| False | False | False |
| False | True | True |
| True | False | True |
| True | True | True |

**2** **"자동차를 갖고 가지 않을 때, 비가 오고 있거나 비 예보가 있으면 우산을 지참하겠다"**

(Take Umbrella)
= (NOT(Take Car)) AND ((Bad Forecast) OR (Raining))

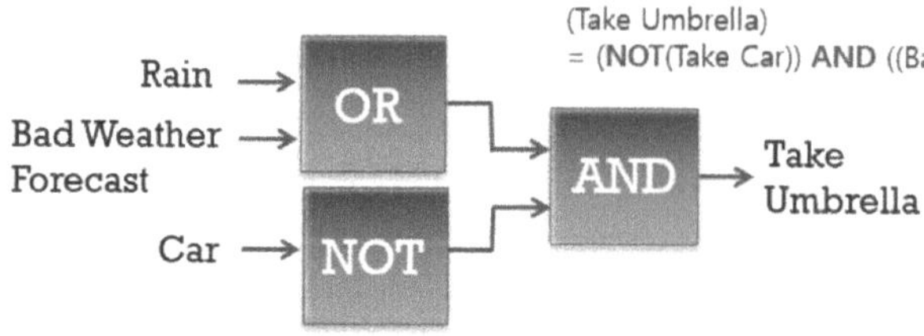

301

# 논리값과 논리 연산의 기호

- 논리값(Logical Value)의 기호
  - '참(TRUE)' → '1'
  - '거짓(FALSE)' → '0'

- 논리 연산 (Logical Operation)의 기호
  - AND → •
  - OR → +
  - NOT → ( )' 또는 $\overline{(\ )}$

의미가 명확할 때는 AND 기호 '·'의 표기 생략 가능함 (예) A·B=AB

(Take Umbrella) = [NOT(Take Car)] **AND** [(Bad Forecast) **OR** (Raining)]

→ U = C'•(W+R) : 불 함수식 (Boolean Equation)

<Truth table for U>

| R | W | C | R+W | C' | U |
|---|---|---|---|---|---|
| 0 | 0 | 0 | 0 | 1 | 0 |
| 0 | 0 | 1 | 0 | 0 | 0 |
| 0 | 1 | 0 | 1 | 1 | 1 |
| 0 | 1 | 1 | 1 | 0 | 0 |
| 1 | 0 | 0 | 1 | 1 | 1 |
| 1 | 0 | 1 | 1 | 0 | 0 |
| 1 | 1 | 0 | 1 | 1 | 1 |
| 1 | 1 | 1 | 1 | 0 | 0 |

302

# 기본적 논리 연산

- 논리 부정(NOT) : 반대의 값이 됨

  Y = X' 혹은 $\overline{X}$

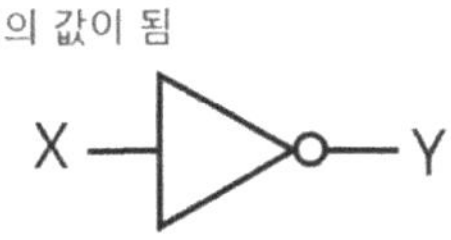


| X | NOT X' |
|---|---|
| 0 | 1 |
| 1 | 0 |

- 논리곱(AND) : 둘 다 1(True)일 때 1(True)이 됨

  Y = A•B 혹은 AB

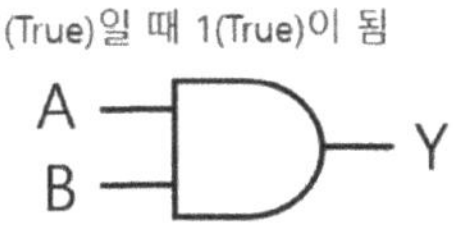


- 논리합(OR) : 둘 중 하나만 1(True)이어도 1(True)이 됨

  Y = A+B

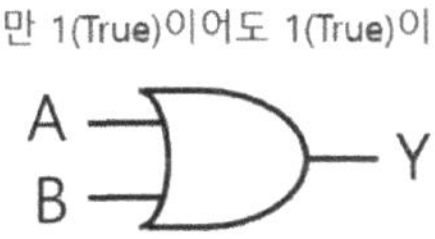


| A | B | AND A•B | OR A+B |
|---|---|---|---|
| 0 | 0 | 0 | 0 |
| 0 | 1 | 0 | 1 |
| 1 | 0 | 0 | 1 |
| 1 | 1 | 1 | 1 |

↑ 불 함수식 (Boolean equation)

↑ 논리 게이트(Logic Gate)

- 간단한 논리 연산을 구현한 디지털 회로를 그래픽 기호로 나타낸 것
- 디지털 게이트(digital gate)라고도 함

↑ 진리표(Truth table)

303

# 기본적 논리 연산

- NAND : AND 수행 후 NOT를 수행함

  Y = (A•B)′ 혹은 $\overline{AB}$

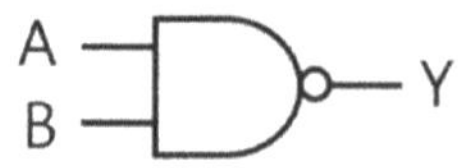


- NOR : OR 수행 후 NOT를 수행함

  Y = (A+B)′ 혹은 $\overline{A+B}$

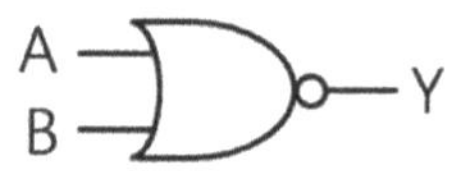


| A | B | NAND (A•B)′ | NOR (A+B)′ | EXOR A⊕B |
|---|---|---|---|---|
| 0 | 0 | 1 | 1 | 0 |
| 0 | 1 | 1 | 0 | 1 |
| 1 | 0 | 1 | 0 | 1 |
| 1 | 1 | 0 | 0 | 0 |

- XOR 혹은 EXOR : 서로 다를 때 1(True)이 됨

  Y = A⊕B

  (배타적(Exclusive) OR)

304

# 불 대수의 기본 정리

- 1개 변수에 대한 정리

  A+0 = A,　A•0 = 0

  A+1 = 1,　A•1 = A

  A+A = A,　A•A = A

  (A′)′ = A

  A+A′ = 1,　A•A′ = 0

**A+A'=1의 증명 예**

| A | A' | A+A' |
|---|---|---|
| 0 | 1 | 1 |
| 1 | 0 | 1 |

- 진리표 상에서 값을 대조함으로써 증명할 수 있다

- 2개 이상의 변수에 대한 정리
  - (교환법칙) : A+B = B+A,　A•B = B•A
  - (결합법칙) : (A+B)+C = A+(B+C) = A+B+C,　(A•B)•C = A•(B•C) = A•B•C
  - (분배법칙) : A•(B+C) = A•B + A•C,　A+B•C = (A+B)•(A+C)
  - (흡수법칙) : A+(A•B) = A,　A•(A+B) = A,　A+(A′•B) = A+B,　A•(A′+B) = A•B
  - (드 모르간(de Morgan) 법칙) : (A+B)′ = A′•B′,　(A•B)′ = A′+B′

# 불 대수와 2진수의 차이점

| '+' 연산 | | | |
|---|---|---|---|
| 불 대수 | 논리합<br>( logical OR) | 0+0 = 0<br>0+1 = 1<br>1+0 = 1<br>**1+1 = 1** | |
| 2진수 | 산술 더하기<br>(Addition) | 0+0 = 0<br>0+1 = 1<br>1+0 = 1<br>**1+1 = 10** | |
| **'•' 연산** | | | |
| 불 대수 | 논리곱<br>(logical AND) | 0•0 = 0<br>0•1 = 0<br>1•0 = 0<br>1•1 = 1 | |
| 2진수 | 산술 곱하기<br>(Multiplication) | 0•0 = 0<br>0•1 = 0<br>1•0 = 0<br>1•1 = 1 | 0×0 = 0<br>0×1 = 0<br>1×0 = 0<br>1×1 = 1 |

- 불 대수에서 0은 거짓(false), 1은 참(true)을 의미함
- 2진수에서 0은 영(zero), 1은 하나(one)를 의미함



# 조합 논리회로의 예

- 조합 논리회로(Combinational Logic Circuit)
  - 회로의 출력이 입력의 조합만으로 결정되는 디지털 회로이다
  - 기억 기능이 없고, 현재의 입력으로 출력이 결정된다
- 짝수 패리티 인코더(Even Parity Encoder)
  - Encoder 출력의 1의 개수가 짝수가 되도록 parity bit P를 발생함
  - P = (A⊕B)⊕C

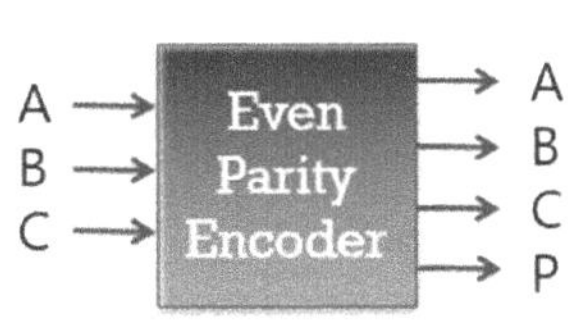


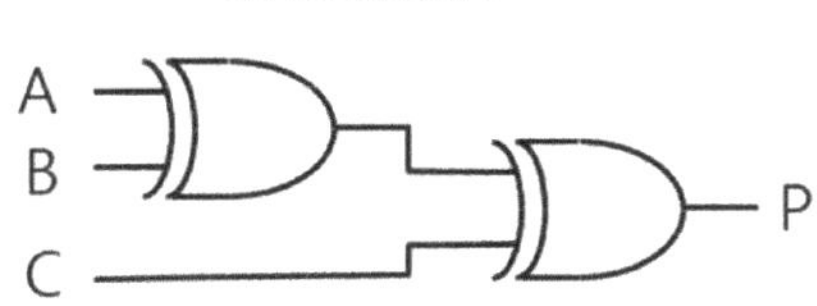


| A | B | C | P |
|---|---|---|---|
| 0 | 0 | 0 | 0 |
| 0 | 0 | 1 | 1 |
| 0 | 1 | 0 | 1 |
| 0 | 1 | 1 | 0 |
| 1 | 0 | 0 | 1 |
| 1 | 0 | 1 | 0 |
| 1 | 1 | 0 | 0 |
| 1 | 1 | 1 | 1 |

# 조합 논리회로의 예

- 반 가산기(Half Adder)
  - 1비트의 2진수 A와 B를 더하여 S와 C를 출력하는 회로이다
  - S는 합(sum), C는 자리올림(carry)를 나타낸다
  - S = A⊕B,  C = A•B

| A | B | C | S |
|---|---|---|---|
| 0 | 0 | 0 | 0 |
| 0 | 1 | 0 | 1 |
| 1 | 0 | 0 | 1 |
| 1 | 1 | 1 | 0 |

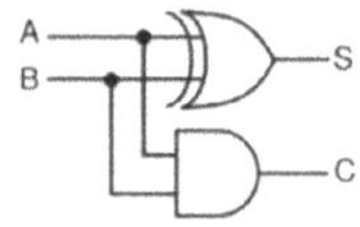


- 전 가산기(Full Adder)
  - 1비트의 2진수 A, B, Cin을 더하여 S와 Cout을 출력하는 회로이다
  - S는 합(sum), Cin은 입력되는 자리올림(carry), Cout은 출력되는 자리올림을 나타낸다
  - S = A⊕B⊕Cin,   Cout = A•B + (A⊕B)•Cin

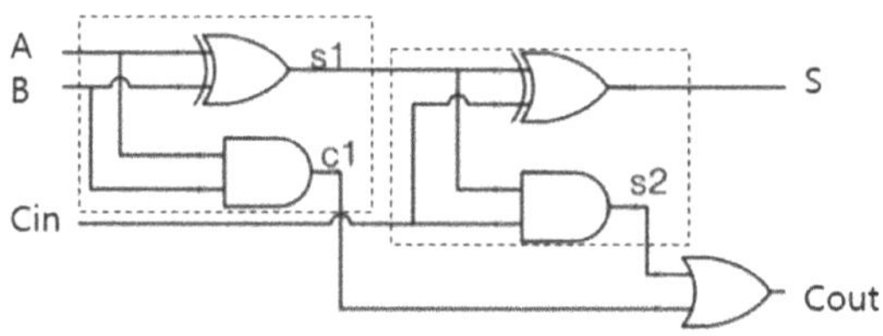


| A | B | Cin | Cout | S |
|---|---|---|---|---|
| 0 | 0 | 0 | 0 | 0 |
| 0 | 0 | 1 | 0 | 1 |
| 0 | 1 | 0 | 0 | 1 |
| 0 | 1 | 1 | 1 | 0 |
| 1 | 0 | 0 | 0 | 1 |
| 1 | 0 | 1 | 1 | 0 |
| 1 | 1 | 0 | 1 | 0 |
| 1 | 1 | 1 | 1 | 1 |



# 조합 논리회로의 예

- 2비트 가산기(2-bit Adder)
  - 2비트의 2진수 A(=A1 A0)와 B(=B1 B0) 및 1비트의 입력 자리올림 Cin을 더하여 2비트의 합(sum) S(=S1 S0)와 1비트의 자리올림 Cout을 출력하는 회로이다
  - 전 가산기(FA) 2개를 이용하여 구성할 수 있다

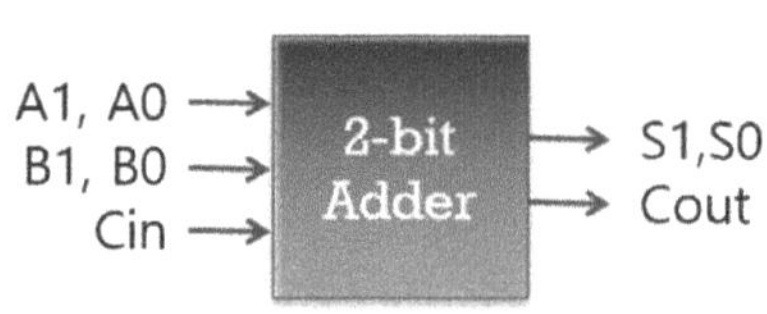


| | | Cin |
|---|---|---|
| | A1 | A0 |
| + | B1 | B0 |
| **Cout** | **S1** | **S0** |

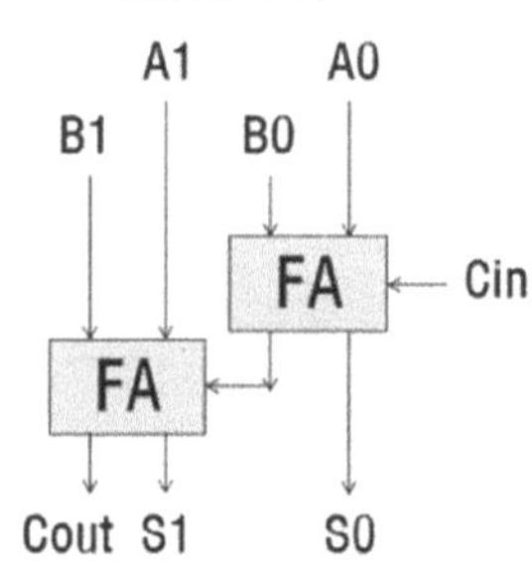


<예>

| | | |
|---|---|---|
| | 1 | ( 1 ) |
| | 1 0 | ( 2 ) |
| + | 0 1 | ( 1 ) |
| | **1 0 0** | **( 4 )** |

# 조합 논리회로 구현 방법

1. 입력과 출력의 관계를 나타내는 진리표를 구한다
2. 출력을 입력의 불 함수식으로 표현한다
3. 불 함수식을 간략화 하여 정리한다. 카르노 맵(Karnaugh's map) 방법이 대표적인 예이다
4. 정리된 불 함수식을 디지털 게이트로 구성한다

Step-1

| A | B | C | Y |
|---|---|---|---|
| 0 | 0 | 0 | 0 |
| 0 | 0 | 1 | 1 |
| 0 | 1 | 0 | 0 |
| 0 | 1 | 1 | 1 |
| 1 | 0 | 0 | 1 |
| 1 | 0 | 1 | 0 |
| 1 | 1 | 0 | 1 |
| 1 | 1 | 1 | 1 |

Step-2

Y = A'B'C + A'BC + AB'C' + ABC' + ABC

Step-3

Y = A'C + BC + AC'
= BC + (A⊕C)

Step-4

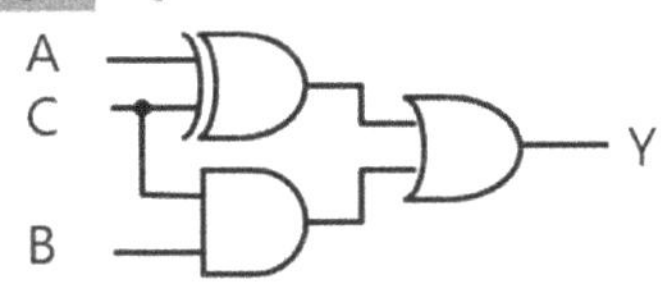




# 논리 게이트 IC들

- 집적회로(IC : integrated circuit) (철자 주의 : '직접회로'가 아님)
  - 내부에 전자회로를 가진 반도체 소자
  - 실리콘 같은 반도체로 만든 작은 판 위에 있는 전자회로의 집합 (위키백과)
  - 전자장치의 고성능화, 저가격화를 가능케 하여 전자공학, 컴퓨터공학 혁명을 일으킨 부품 소자
  - 집적도에 따라 SSI, MSI, LSI, VLSI, ULSI 등의 클래스로 분류됨

- 대표적인 논리 게이트 IC들
  - 7400 (Quad 2-input NAND) ➔
  - 7402 (Quad 2-input NOR)
  - 7404 (Hex Inverters)
  - 7408 (Quad 2-input AND)
  - 7432 (Quad 2-input OR)
  - 7486 (Quad 2-input Exclusive-OR)

- 14 pin DIP(dual-in-line package)
- TTL(transistor-transistor logic)
- Vcc = 5 Volt
- GND = 0 Volt

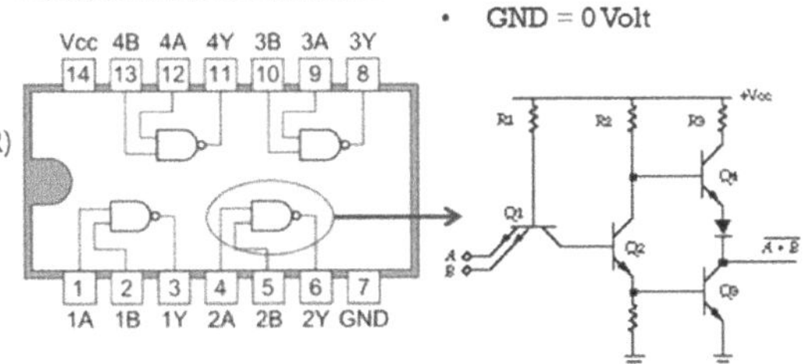

+ Lab.

# 8

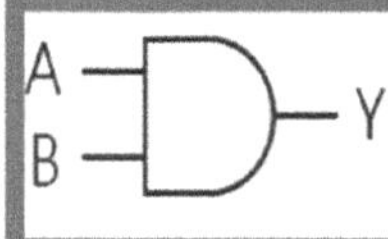


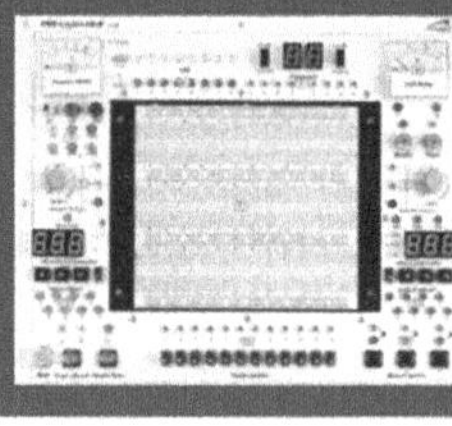

Digital-2

디지털게이트

and, or, not, nand, nor, exor, 부울대수, 진리표

정보통신 기초 및 실험



**Lab. 8 디지털 게이트** 학번 ________ 성명 ________

[and, or, not, nand, nor, exor, 부울대수, 진리표]

## 예비보고서

1. 대표적인 디지털 게이트 6가지에 대하여 명칭, 그래픽 기호, TTL-IC 번호를 각각 제시하시오.

   (1)

   (2)

   (3)

   (4)

   (5)

   (6)

2. 디지털 회로에 대하여 진리표를 완성하시오.

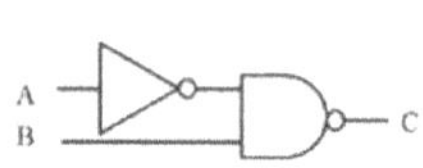


| A | B | C |
|---|---|---|
| 0 | 0 | |
| 0 | 1 | |
| 1 | 0 | |
| 1 | 1 | |

313

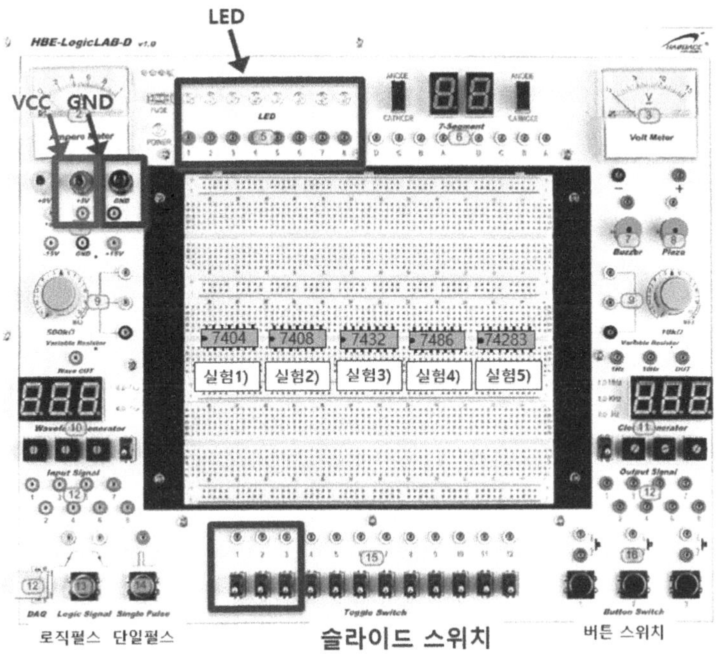


314

## IC에 전력 공급 : VCC, GND를 연결하는 법

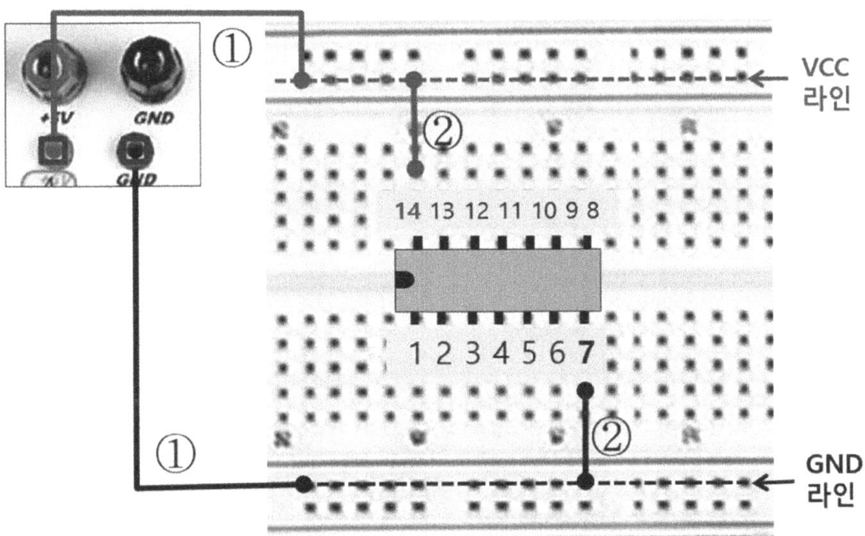


① : +5 V 전압 단자와 연결하여 VCC 라인을 만든다. GND 전압 단자와 연결하여 GND 라인을 만든다.
② : VCC 라인과 연결한 핀은 +5 V가 공급되며, GND 라인과 연결한 핀은 0 V가 공급된다.

315

## 실험 1) 7404 Inverter(NOT) 게이트

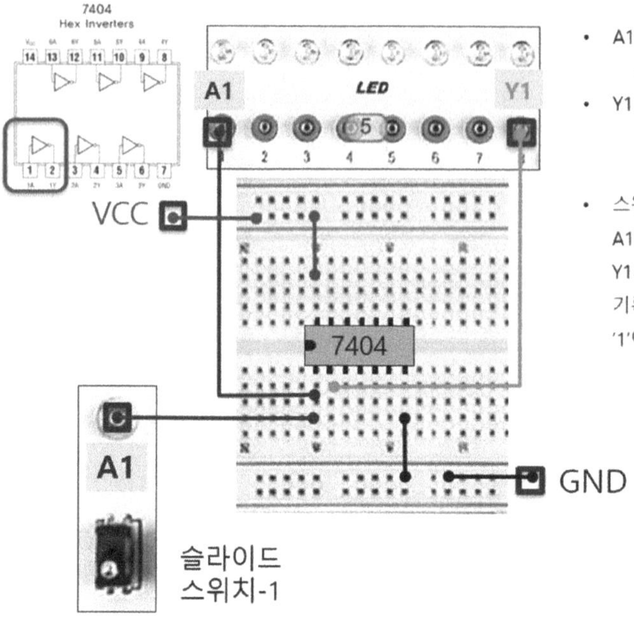


- A1 연결 :
  스위치-1, 1번 pin, LED-1
- Y1 연결 :
  2번 pin, LED-8

- 스위치-1의 위치에 따라 신호 A1값을 0과 1로 변경하면서 Y1=A1'의 값이 맞는지 관측하여 기록하라. LED가 'ON'은 논리값 '1'이고 'OFF'는 '0'이다

| A1 | Y1 |
|---|---|
| 0 | |
| 1 | |

316

## 실험 2) 7408 AND 게이트

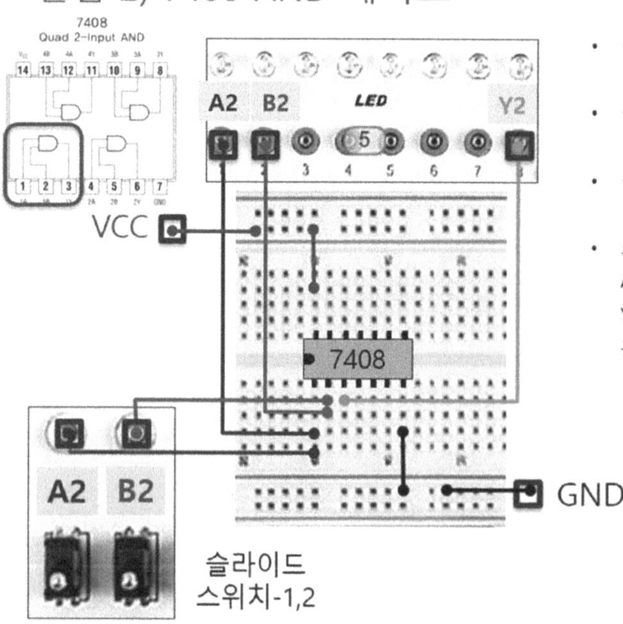


- 신호 A2 연결 :
  스위치-1, 1번 pin, LED-1
- 신호 B2 연결 :
  스위치-2, 2번 pin, LED-2
- 신호 Y2 연결 : 3번 pin, LED-8

- 스위치-1,2의 위치에 따라 신호 A2,B2 값을 0과 1로 변경하면서 Y2=A2•B2의 값이 맞는지 관측하여 기록하라.

| A2 | B2 | Y2 |
|---|---|---|
| 0 | 0 | |
| 0 | 1 | |
| 1 | 0 | |
| 1 | 1 | |

317

# 실험 3) 7432 OR 게이트

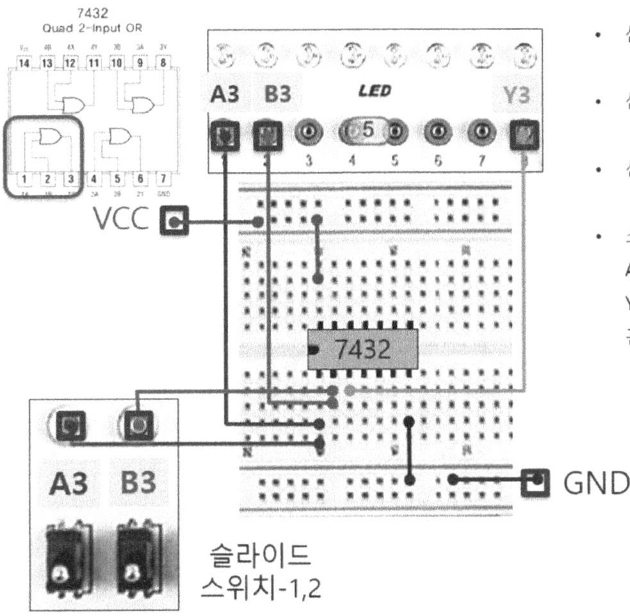


- 신호 A3 연결 :
  스위치-1, 1번 pin, LED-1
- 신호 B3 연결 :
  스위치-2, 2번 pin, LED-2
- 신호 Y3 연결 : 3번 pin, LED-8

- 스위치-1,2의 위치에 따라 신호 A3,B3 값을 0과 1로 변경하면서 Y3=A3+B3의 값이 맞는지 관측하여 기록하라.

| A3 | B3 | Y3 |
|---|---|---|
| 0 | 0 | |
| 0 | 1 | |
| 1 | 0 | |
| 1 | 1 | |

318

# 실험 4) Parity Encoder

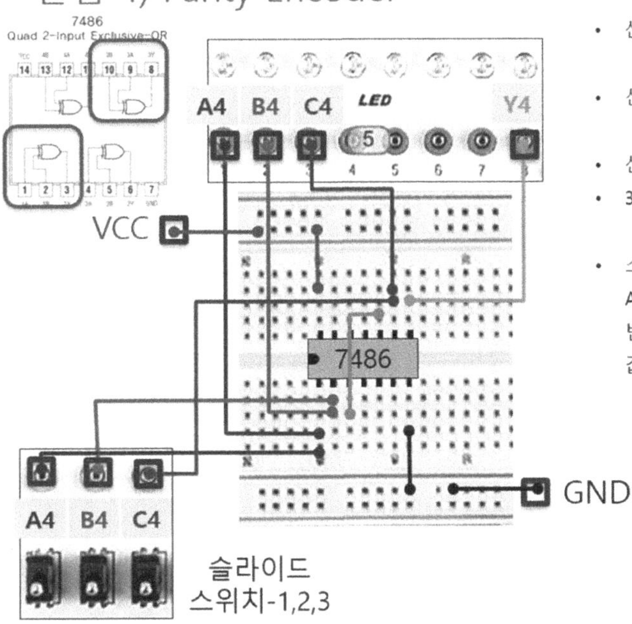


- 신호 A4 연결 :
  스위치-1, 1번 pin, LED-1
- 신호 B4 연결 :
  스위치-2, 2번 pin, LED-2
- 신호 C4 연결 :
  스위치-3, 9번 pin, LED-3
- 신호 Y4 연결 : 8번 pin, LED-8
- 3번 pin, 10번 pin 연결

- 스위치-1,2,3의 위치에 따라 신호 A4,B4,C4 값을 0과 1로 변경하면서 Y4=A4⊕B4⊕C4의 값이 맞는지 관측하여 기록하라.

| A4 | B4 | C4 | Y4 |
|---|---|---|---|
| 0 | 0 | 0 | |
| 0 | 0 | 1 | |
| 0 | 1 | 0 | |
| 0 | 1 | 1 | |
| 1 | 0 | 0 | |
| 1 | 0 | 1 | |
| 1 | 1 | 0 | |
| 1 | 1 | 1 | |

319

# 실험 5) 4-bit Binary Full Adder

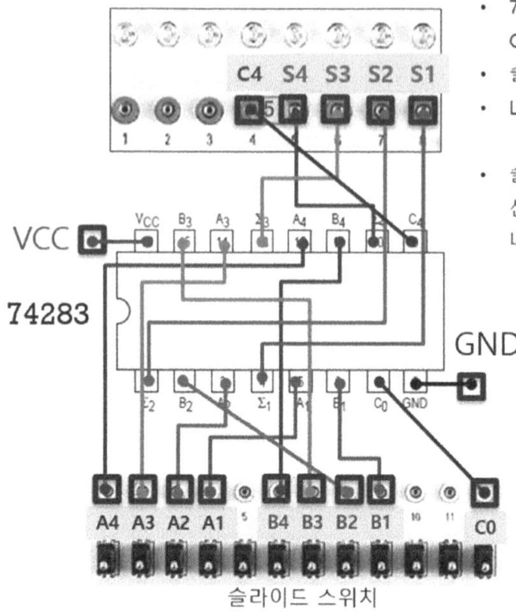


- 74283 IC는 [A4 A3 A2 A1] + [B4 B3 B2 B1] + C0를 더하여 [C4 S4 S3 S2 S1]을 출력한다
- 슬라이드 스위치 신호 A4~A1, B4~B1, C0 연결
- LED 신호 C4, S4~S1 연결

- 슬라이드 스위치의 위치에 따라 5-bit의 LED 신호의 값을 관측하여 기록하고, 결과가 맞게 나온 것인지 증명하라.

| A4~A1 | B4~B1 | C0 | C4 S4 S3 S2 S1 |
|---|---|---|---|
| 0000 | 0000 | 0 | |
| 0011 | 0010 | 1 | |
| 0101 | 0011 | 0 | |
| 0111 | 0110 | 0 | |
| 1001 | 1001 | 1 | |
| 1011 | 1100 | 1 | |
| 1101 | 1101 | 0 | |
| 1110 | 1101 | 0 | |
| 1111 | 1111 | 0 | |
| 1111 | 1111 | 1 | |

320

**Lab. 8 디지털 게이트** 학번 ________ 성명 ________

[and, or, not, nand, nor, exor, 부울대수, 진리표]

## 결과보고서

1. 실험 1) ~ 4)의 Y 값을 적고, 각각에 대해서 Y의 출력이 왜 그렇게 나오는지 이유를 설명하시오.

| A1 | Y1 | 이유 |
|---|---|---|
| 0 | | |
| 1 | | |

| A2 | B2 | Y2 | 이유 |
|---|---|---|---|
| 0 | 0 | | |
| 0 | 1 | | |
| 1 | 0 | | |
| 1 | 1 | | |

| A3 | B3 | Y3 | 이유 |
|---|---|---|---|
| 0 | 0 | | |
| 0 | 1 | | |
| 1 | 0 | | |
| 1 | 1 | | |

| A4 | B4 | C4 | Y4 | 이유 |
|---|---|---|---|---|
| 0 | 0 | 0 | | |
| 0 | 0 | 1 | | |
| 0 | 1 | 0 | | |
| 0 | 1 | 1 | | |
| 1 | 0 | 0 | | |
| 1 | 0 | 1 | | |
| 1 | 1 | 0 | | |
| 1 | 1 | 1 | | |

**Lab. 8 디지털 게이트** 학번 ________ 성명 ________

[and, or, not, nand, nor, exor, 부울대수, 진리표]

2. 실험 5)에서 구한 값을 적고, 결과가 맞게 나온 것이라는 것을 증명하시오.

| A4~A1 | B4~B1 | C0 | C4 S4 S3 S2 S1 | 증명 |
|---|---|---|---|---|
| 0000 | 0000 | 0 | | |
| 0011 | 0010 | 1 | | |
| 0101 | 0011 | 0 | | |
| 0111 | 0110 | 0 | | |
| 1001 | 1001 | 1 | | |
| 1011 | 1100 | 1 | | |
| 1101 | 1101 | 0 | | |
| 1110 | 1101 | 0 | | |
| 1111 | 1111 | 0 | | |
| 1111 | 1111 | 1 | | |

3. [도전] 3 비트 데이터에 대한 홀수 패리티 인코더를 설계하시오.

4. [도전] 3 비트 데이터에서 3의 배수를 검출하는 회로를 설계하시오.



+

# Chapter 9

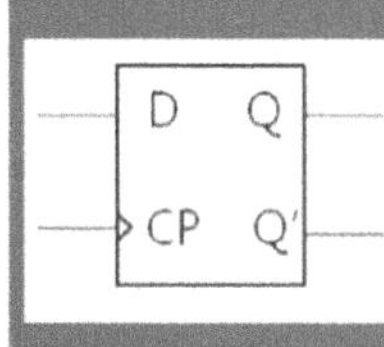


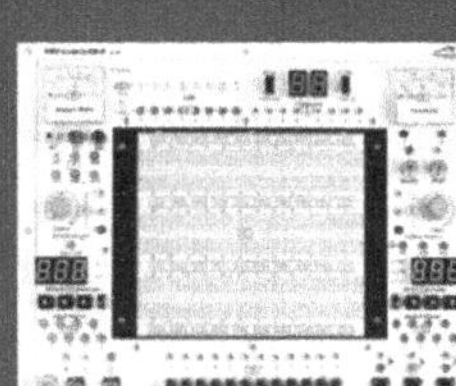

Digital-3

플립플롭

SR ff, JK ff, D ff

카운터

레지스터

정보통신 기초 및 실험

# 강의 계획

| 장 | 강의주제 | 내용 | 단위 | 부품, 도구, 장비 |
|---|---|---|---|---|
| 1 | 직류전기 | 기술동향, 직류전기, 전기 기차 | [V], [A] | DMM, Power Supply, LED, buzzer |
| 2 | 직류회로 | 직렬, 병렬, 저항, 임피던스(resistance), 전력/에너지 | [Ohm], [Watt], [Joule] | 저항, 가변저항 |
| 3 | 교류전기 | 교류전압(정현파, 삼각파, 구형파), 주파수, 진폭 | [Hz], [sec] | OSC, FuncGen, FreqCounter, piezo, speaker |
| 4 | 교류회로 | 주기, 위상, 인덕터, 커패시터 | [radian], [degree], [H], [F] | OSC, FuncGen |
| 5 | 납땜 연습 | 납땜 원리, 납땜 연습 | | 인두, 납, 공기정화기, 전선, 니퍼, 드라이버, 납흡입기, 만능기판, 전자부품 |
| 6 | 라디오 조립 | 방송수신기 원리, 1석 라디오 조립 | | 다이오드, 트랜지스터, 코일, 바리콘, 안테나 |
| | 중간고사 | | | |
| 7 | 진법 | 이진법, 십진법, 16진법, 덧셈, 뺄셈 | 1, 0, 0~9, 0~F, +, - | LED, 7-segment display, 점퍼선, 스위치 |
| 8 | 디지털게이트 | and, or, not, nand, nor, exor, 부울대수, 진리표 | Hi/Lo, True/False | 슬라이드 스위치, 게이트, 로직 IC |
| **9** | **플립플롭** | **SR ff, JK ff, D ff, 카운터, 레지스터** | **clock, enable, reset, Q** | **플립플롭, 카운터, 시프트 레지스터** |
| 10 | 아두이노 | 기초 예제 | | 아두이노 우노 Kit, 스케치 IDE |
| 11 | 아두이노 | 교통신호 제어 | | 아두이노 우노 Kit |
| 12 | 아두이노 | 4x4 키패드를 이용한 잠금 장치 | | 아두이노 우노 Kit, 키패드, 서보모터 |
| 13 | 아두이노 | 원격 서보모터 제어 안드로이드 앱 개발 | | 아두이노 우노 Kit, 블루투스, 안드로이드 앱, MIT App Inventor 2 |
| | 기말고사 | | | |



# 조합 논리회로와 순서 논리회로

- 조합 논리회로(Combinational Logic Circuit)
  - 출력이 입력의 조합으로 결정되는 디지털 회로이다
  - 기억 기능이 없으며, 현재의 입력만으로 출력이 결정된다
  - 예) digital gate, encoder/decoder, multiplexer/demultiplexer, adder

- 순서 논리회로(Sequential Logic Circuit)
  - 출력이 현재의 입력과 회로에 현재 저장되어 있는 내용으로 결정되는 디지털 회로이다
  - 기억 기능이 있기 때문에, 과거에 입력된 내용도 출력에 영향을 미친다
  - 예) latch, flip-flop, register, counter, RAM, finite-state machine

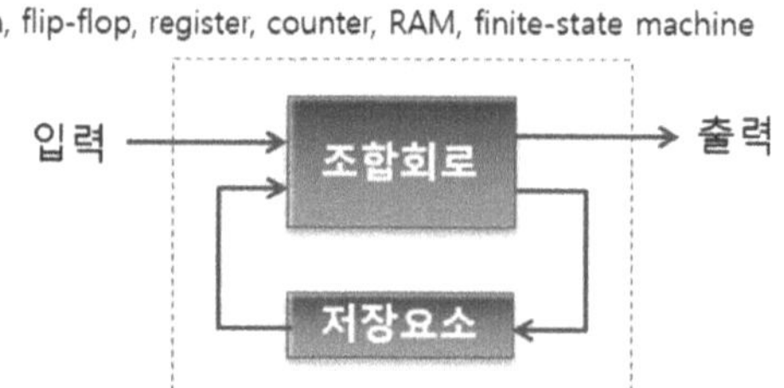

# RS 래치(Latch) 
latch : 걸쇠, 빗장

- 입력 신호
  - S(set) : S=1이면 Q=1, Q′=0이 되도록 함
  - R(reset) : R=1이면 Q=0, Q′=1이 되도록 함
  - S와 R이 모두 0이면 Q, Q′값은 현재의 Q, Q′값을 유지함
  - 단, S와 R이 모두 1이면 Q=Q′의 모순이 발생되므로, 금지해야 함
- 출력 신호
  - Q : 출력
  - Q′ : Q의 보수

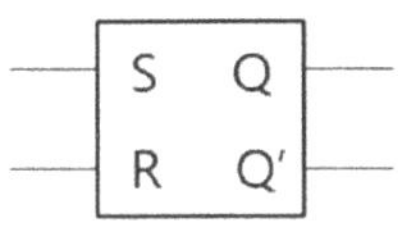

RS latch symbol

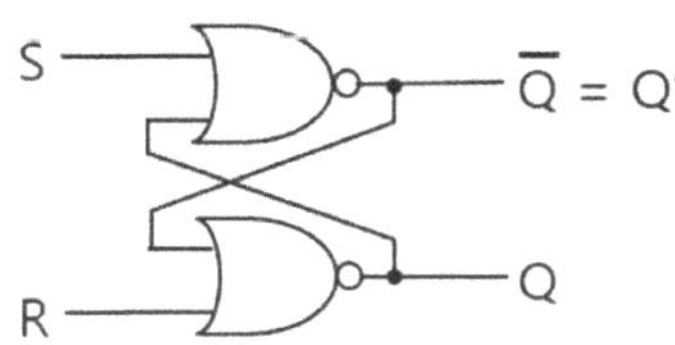

회로도

진리표

| R | S | Q |
|---|---|---|
| 0 | 0 | 불변 |
| 0 | 1 | 1 |
| 1 | 0 | 0 |
| 1 | 1 | X |



# RS 래치(Latch)

- 동작 원리
  - 출력이 궤환(feedback) 경로를 통하여 다시 입력됨으로써, 입력=0이 되어도 출력값이 유지됨

- S=1, R=0인 경우(Set)
  - NOR-①의 출력=0이 궤환됨
  - NOR-②의 출력=1이 됨

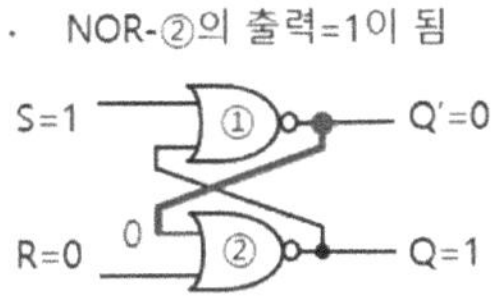


- S=0, R=1인 경우(Reset)
  - NOR-②의 출력=0이 궤환됨
  - NOR-①의 출력=1이 됨

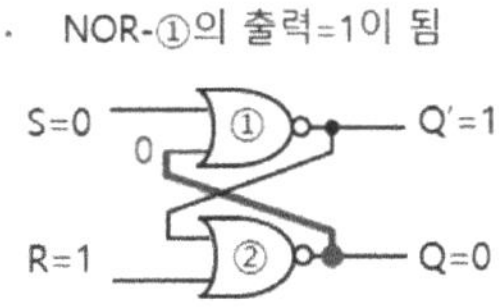


- **S=0, R=0인 경우(출력 불변)**
  - NOR-①의 출력=Q′가 궤환됨
  - NOR-②의 출력=(Q′)′=Q가 궤환됨
  - 따라서 현재의 값을 유지함

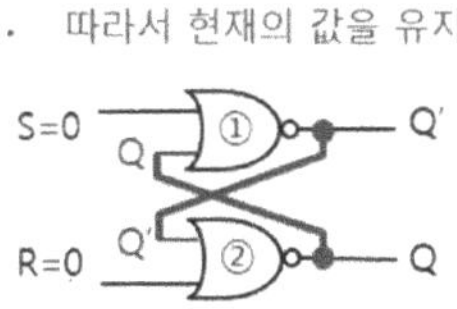


- S=1, R=1인 경우(금지 입력)
  - NOR-①과 NOR-②의 출력이 모두 0이됨
  - Q′=Q의 모순 발생하여 비정상적 상태임
  - 따라서 S=1, R=1은 입력하면 안됨

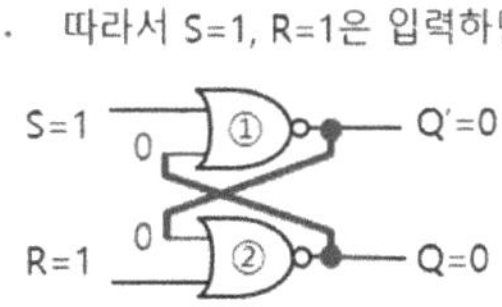

# RS 래치(Latch)

- 타이밍도(Timing Diagram)
  - 입력이 시간적으로 변화할 때 여기에 대한 출력의 변화를 함께 나타낸 그림

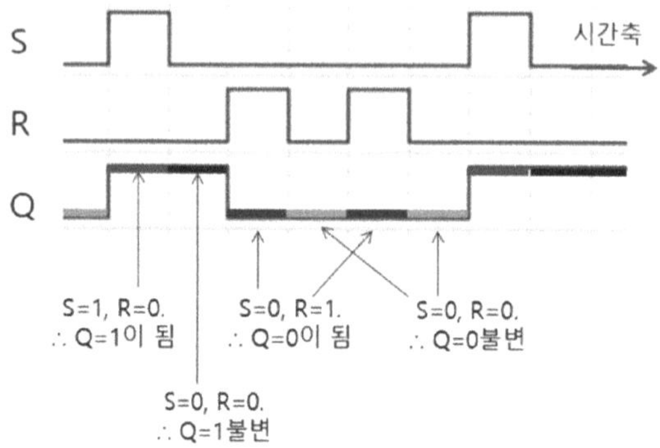


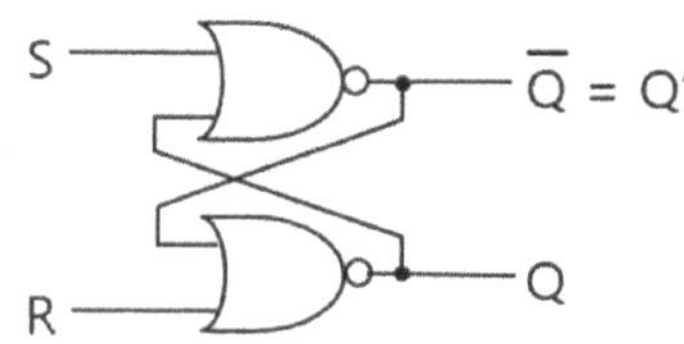


회로도

진리표

| R | S | Q |
|---|---|---|
| 0 | 0 | 불변 |
| 0 | 1 | 1 |
| 1 | 0 | 0 |
| 1 | 1 | X |



# D 플립플롭(Flip-Flop)

- flip-flop : 공중제비, 퍼득퍼득
- trigger : 방아쇠

- 기능
  - Rising-edge triggered D flip-flop : CP(clock pulse)가 상승하는 시점에 D의 값이 Q로 기억됨
  - CP를 CK 혹은 CLK로 표기하기도 함

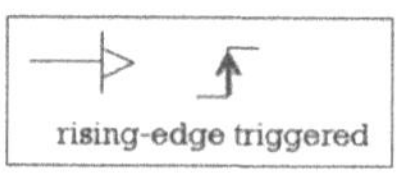


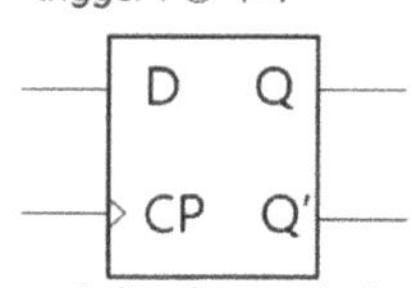


D flip-flop symbol

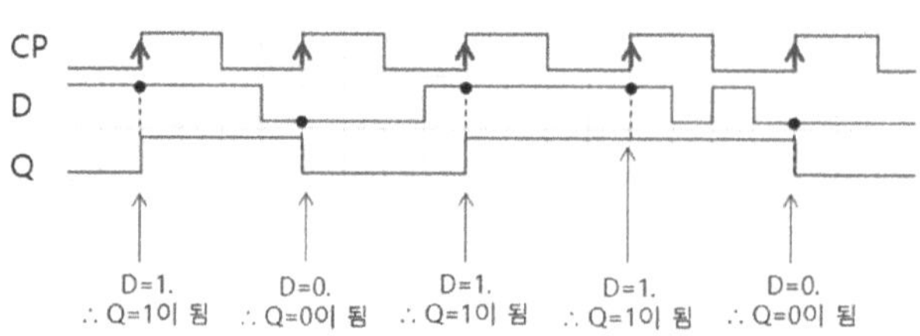


진리표

| D | CP | $Q_{n+1}$ |
|---|---|---|
| 0 | 상승에지 | 0 |
| 1 | 상승에지 | 1 |
| X | 상승에지 아님 | $Q_n$ |

- Latch, flip-flop은 1비트의 데이터 기억장치이다
- Latch는 클럭이 1이 유지되는 동안 입력 값이 출력에 반영되는 level-trigger로 동작한다
- Flip-flop은 클럭이 상승(혹은 하강)하는 시점에만 입력 값이 출력에 반영되는 edge-trigger로 동작한다

# T 플립플롭(Toggling Flip-Flop)

toggle : 똑딱

- 기능
  - T=1인 경우 CP(clock pulse)가 상승하는 시점에 Q의 값이 반전되어 기억됨

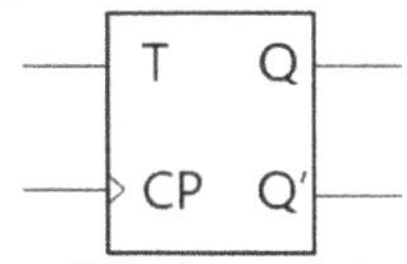


T flip-flop symbol

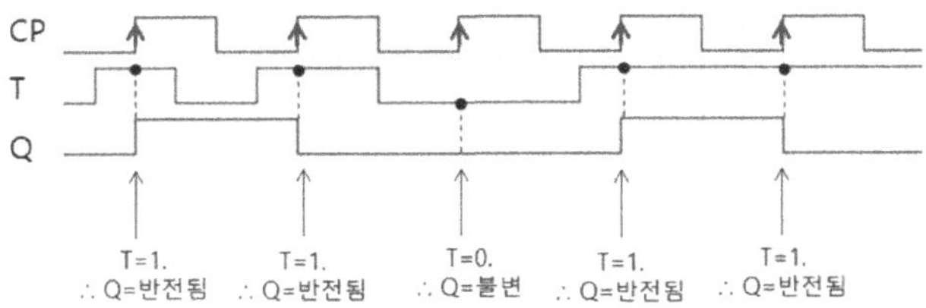


진리표

| T | CP | $Q_{n+1}$ |
|---|---|---|
| 0 | 상승에지 | $Q_n$ |
| 1 | 상승에지 | $Q_n'$ |
| X | 상승에지 아님 | $Q_n$ |



# JK 플립플롭(Flip-Flop)

- 기능
  - Rising-edge triggered flip-flop
  - J=set, K=reset의 SR flip-flop과 동일하게 작용. 단, J=1, K=1일 때는 Q의 값이 반전되어 기억됨

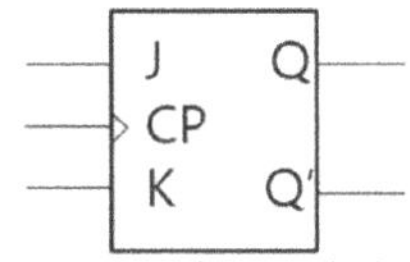


JK flip-flop symbol

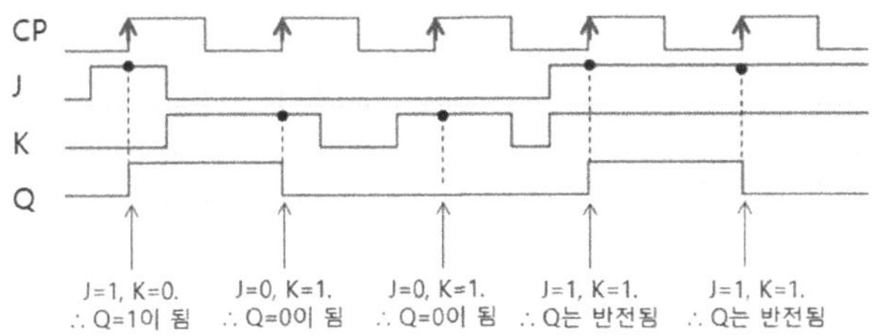


진리표

| J | K | CP | $Q_{n+1}$ |
|---|---|---|---|
| 0 | 0 | 상승에지 | $Q_n$ |
| 0 | 1 | 상승에지 | 0 |
| 1 | 0 | 상승에지 | 1 |
| 1 | 1 | 상승에지 | $Q_n'$ |
| X | X | 상승에지 아님 | $Q_n$ |

# Master-slave JK Flip-Flop with preset and clear

- 7476 기능
  - CLK 상승에지 때 J, K를 입력하여 다음의 Q 출력 값 결정함 (CLK=1 유지하는 동안에는 J, K 값 변하지 않아야 함)
  - CLK 하강에지 때 Q를 출력함
  - Preset=0이면 강제로 Q=1, clear=0이면 강제로 Q=0이 됨

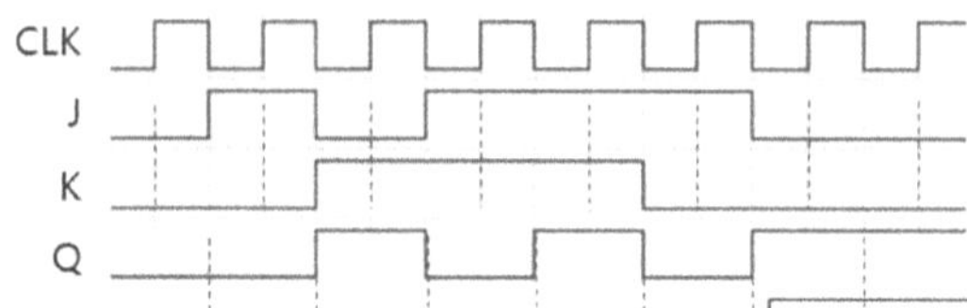


**Example: 7476**

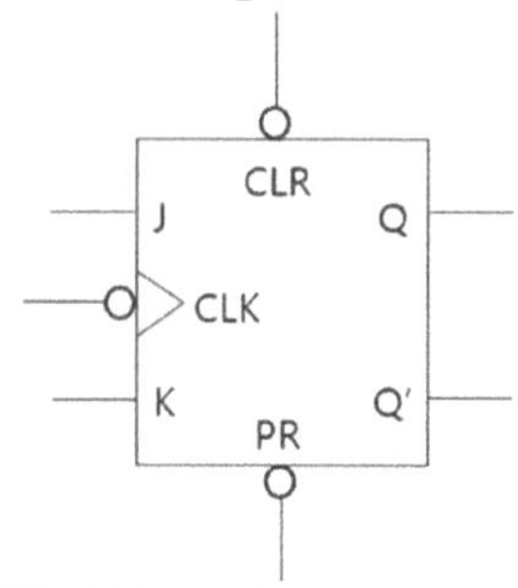


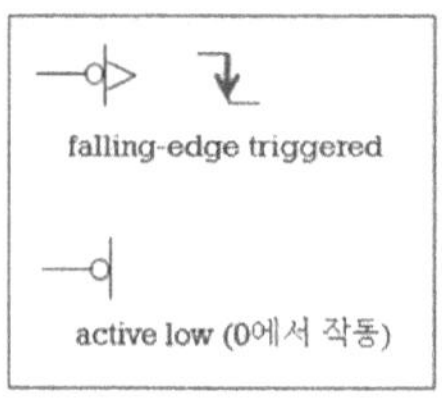


| Inputs | | | | | Outputs | |
|---|---|---|---|---|---|---|
| PR | CLR | CLK | J | K | Q | $\overline{Q}$ |
| L | H | X | X | X | H | L |
| H | L | X | X | X | L | H |
| L | L | X | X | X | H (Note 1) | H (Note 1) |
| H | H | ⎍ | L | L | $Q_0$ | $\overline{Q}_0$ |
| H | H | ⎍ | H | L | H | L |
| H | H | ⎍ | L | H | L | H |
| H | H | ⎍ | H | H | Toggle | |



# 레지스터(Register)

- 기능
  - 여러 개의 플립플롭을 일렬로 구성하여 비트 어레이의 정보를 기억함
  - Shift register : 저장된 데이터를 한 비트씩 이동 가능
  - Serial-to-parallel 변환기, parallel-to-serial 변환기에 이용됨

- 4-bit right shift register의 예

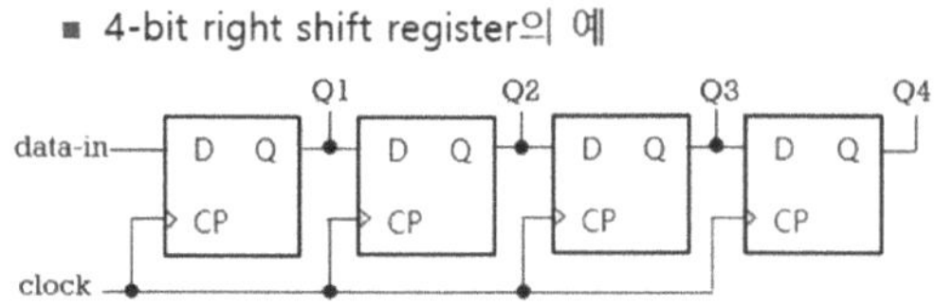


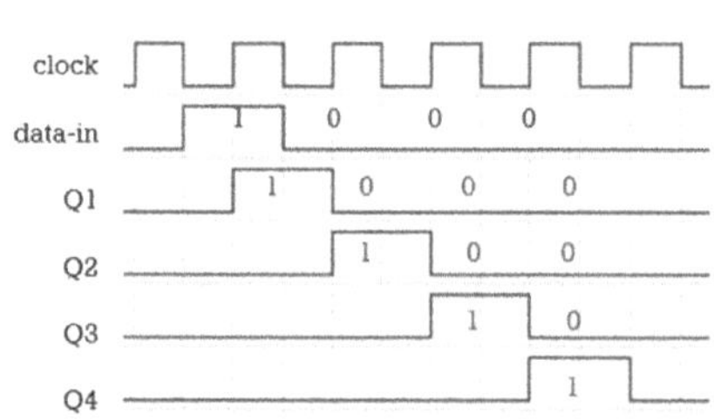


- 4개의 D flip-flop이 직렬로 연결되어 있다
- 왼쪽 flip-flop의 Q가 오른쪽 flip-flop의 D로 연결되어 있다
- Clock의 상승에지 때마다 맨왼쪽 flip-flop은 직렬입력의 data-in 값을 저장한다
- Clock의 상승에지 때마다 왼쪽 flip-flop의 Q 값이 오른쪽 flip-flop으로 이동되어 저장된다
- 따라서 이 회로는 4-bit right shift register라고 부른다

data-in에 "1000"이 1비트씩 직렬로 모두 입력되면 $Q_4Q_3Q_2Q_1$는 병렬로 "1000"이 된다.

# 카운터(Counter)

- 기능
  - 여러 개의 플립플롭을 일렬로 구성하여 비트 어레이의 정보를 기억하며, 사건 발생 때마다 클럭에 맞추어 저장된 값이 1씩 증가 혹은 감소됨

- 4-bit asynchronous up-counter의 예

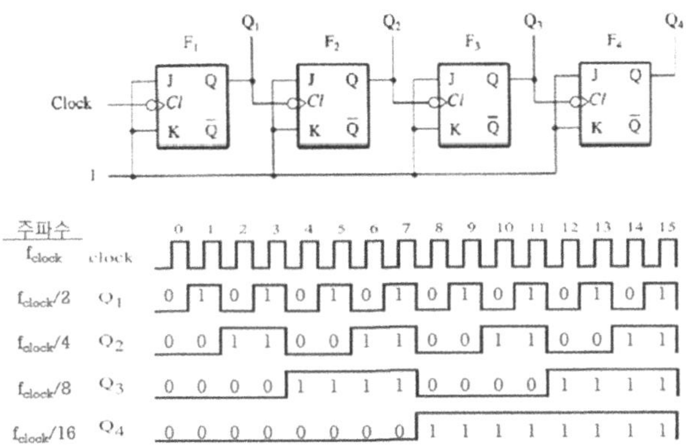


- 모든 flip-flop은 J=K=1이므로 Cl 하강에지 때마다 Q 값을 반전한다
- 맨왼쪽 flip-flop은 clock의 하강에지에 반전하고, 나머지 flip-flop은 왼쪽 flip-flop의 Q가 1에서 0으로 하강할 때마다 반전한다
- $Q_4Q_3Q_2Q_1$는 그동안에 입력된 Clock의 횟수를 2진수로 표시하고 있다. 0000부터 1111까지 셀 수 있으므로 16진 업카운터가 된다
- $Q_n$은 clock보다 주기가 $2^n$ 배 길므로 주파수 분주기(frequency divider)로 사용될 수도 있다

**http://fourier.eng.hmc.edu/e85_old/lectures/digital_logic/node19.html**



# 자주 사용되는 74LS Series IC들

- LS : Low Power Schottky
- PDIP : plastic dual-in-line package

- D flip-flop
  - 74LS74A : Dual D-type pos.-edged-triggered flip-flops with preset and clear, 14PDIP
  - 74LS175 : Quadruple D-type flip-flops with clear, 16PDIP
  - 74LS174 : Hex D-type flip-flops with clear, 16PDIP
- JK flip-flop
  - 74LS73A : Dual JK flip-flops with clear, 14PDIP
  - 74LS76 : Dual JK flip-flops with preset and clear, 16PDIP
  - 74LS109A : Dual J-K pos. edge triggered flip-flops with clear and preset, 16PDIP
- Shift register
  - 74LS164 : 8-bit serial-in parallel-out shift registers, 14PDIP
  - 74LS165A : parallel load 8-bit serial-out shift registers, 16PDIP
- Counter
  - 74LS90 : BCD decade counter
  - 74LS161 : presettable binary counter
  - 74LS162 : presettable decade counter with clear
  - 74LS169 : synch binary up/down counter
  - 74LS393 : Dual 4-bit binary counters

# 자주 사용되는 74LS Series IC들

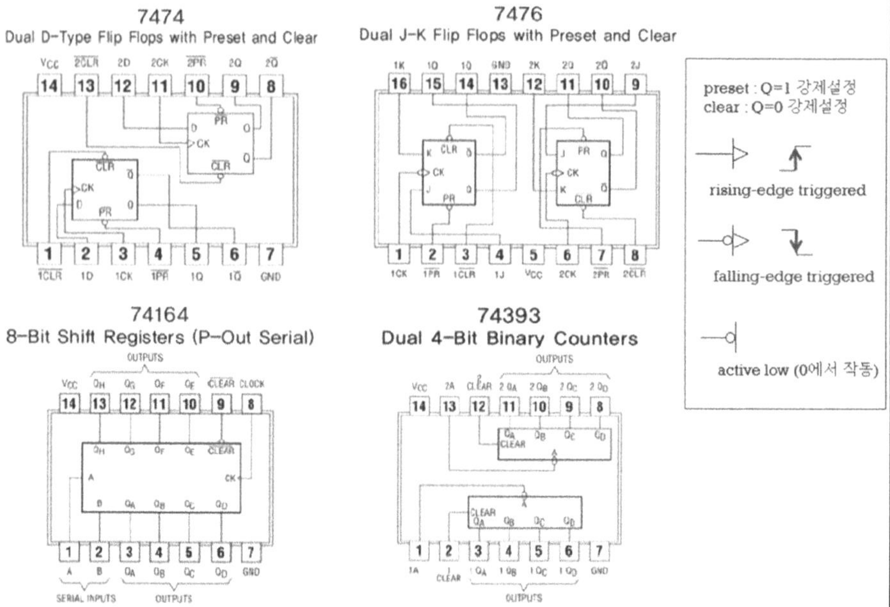




# 코멘트(Comments)

- 순서 논리회로(Sequential Logic Circuit)
  - 출력이 현재의 입력과 회로에 현재 저장되어 있는 내용으로 결정되는 디지털 회로이다
  - 기억 기능이 있기 때문에, 과거에 입력된 내용도 출력에 영향을 미친다

- Latch와 Flip-flop
  - Latch, flip-flop은 1비트의 데이터 기억장치이다
  - Latch는 클럭이 1이 유지되는 동안 입력 값이 출력에 반영되는 level-trigger로 동작한다
  - Flip-flop은 클럭이 상승(혹은 하강)하는 시점에만 입력 값이 출력에 반영되는 edge-trigger로 동작한다

- Register와 Counter
  - Register와 counter는 1열의 비트 어레이 데이터 기억장치이다
  - Shift register는 클럭에 따라 비트 어레이를 좌(혹은 우)로 1칸씩 이동 가능하다
  - Counter는 클럭에 따라 비트 어레이 값이 1씩 증가(혹은 감소) 가능하다

337

+

# Lab.

Digital-3

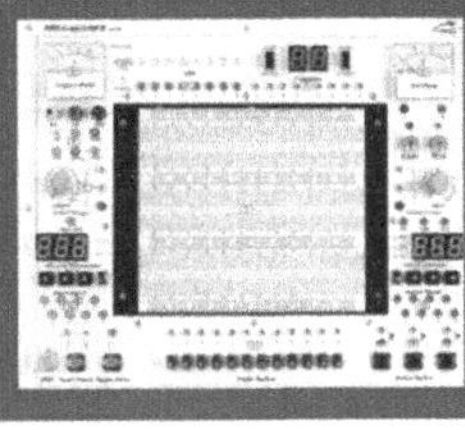

9

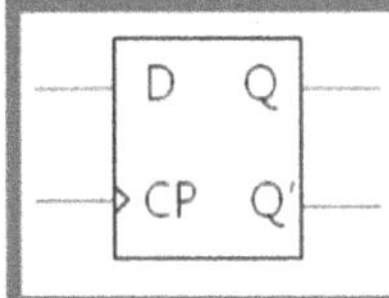


플립플롭

SR ff, JK ff, D ff
카운터
레지스터

## 정보통신 기초 및 실험

338

**Lab. 9 플립플롭** 학번 ________ 성명 ________

[SR flip-flop, JK flip-flop, D flip-flop]

### 예비보고서

1. RS latch에서 Q의 파형을 그리시오. 시작점의 Q 값은 0으로 가정함.

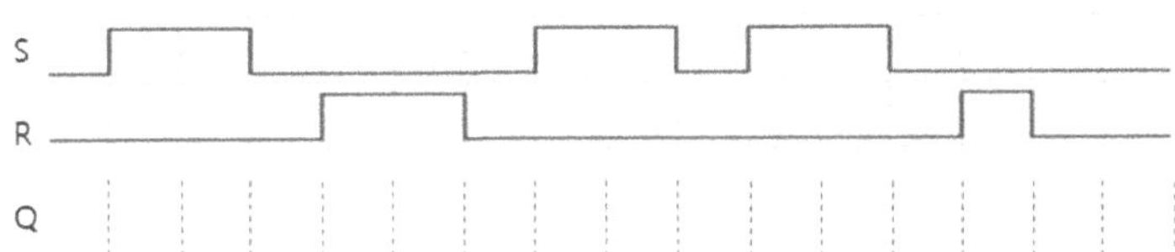


2. Master-slave JK flip-flop에서 Q의 파형을 그리시오. 시작점의 Q 값은 0으로 가정함.

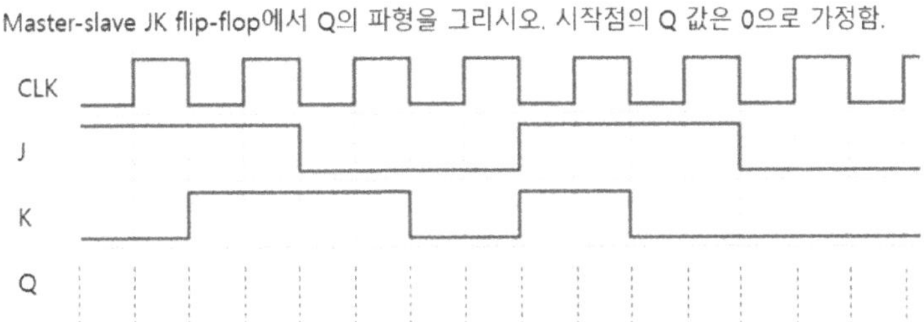

339

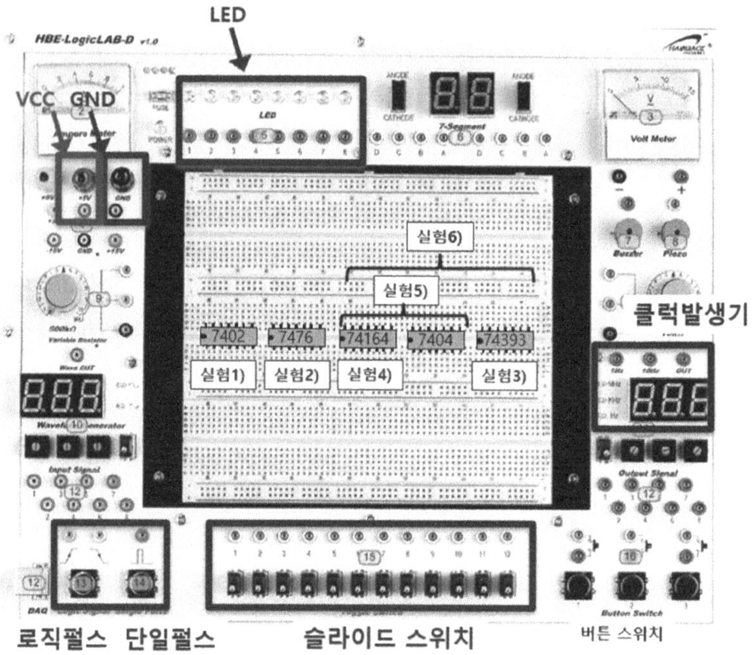


340

# IC에 전력 공급 : VCC, GND를 연결하는 법

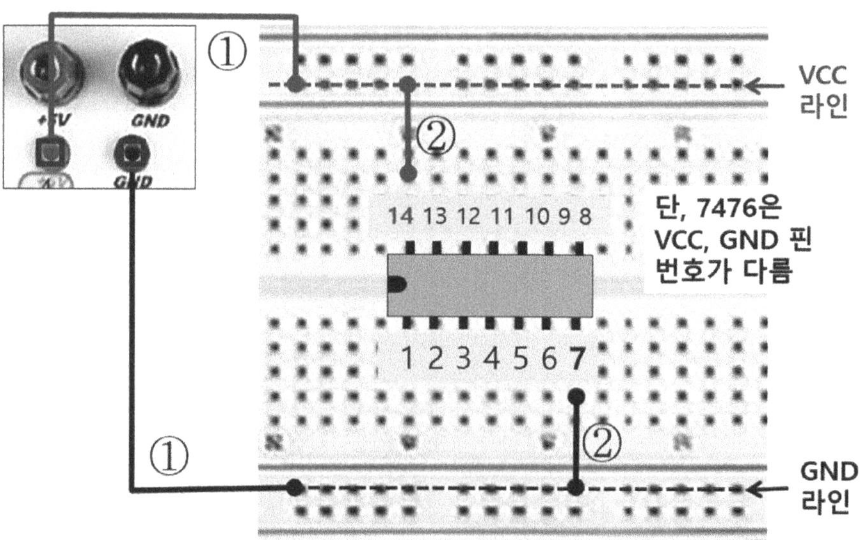


① : +5 V 전압 단자와 연결하여 VCC 라인을 만든다. GND 전압 단자와 연결하여 GND 라인을 만든다.
② : VCC 라인과 연결한 핀은 +5 V가 공급되며, GND 라인과 연결한 핀은 0 V가 공급된다.

341

# 실험 1) RS latch

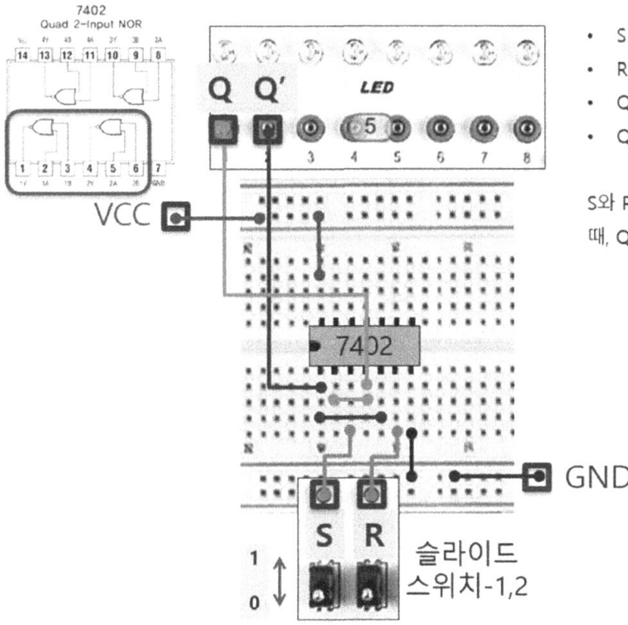


- S 연결 : 스위치-1, 3번 pin
- R 연결 : 스위치-2, 6번 pin
- Q 연결 : LED-1, 4번 pin
- Q' 연결 : LED-2, 1번 pin

S와 R의 값이 다음 순서대로 진행될 때, Q와 Q'을 관찰하여 기록하라.

| S | R | Q | Q' |
|---|---|---|---|
| 0 | 0 | | |
| 1 | 0 | | |
| 0 | 0 | | |
| 0 | 1 | | |
| 0 | 0 | | |
| 0 | 1 | | |
| 0 | 0 | | |
| 1 | 0 | | |
| 0 | 0 | | |
| 1 | 0 | | |
| 0 | 0 | | |

342

# 실험 2) Master-slave JK flip-flop

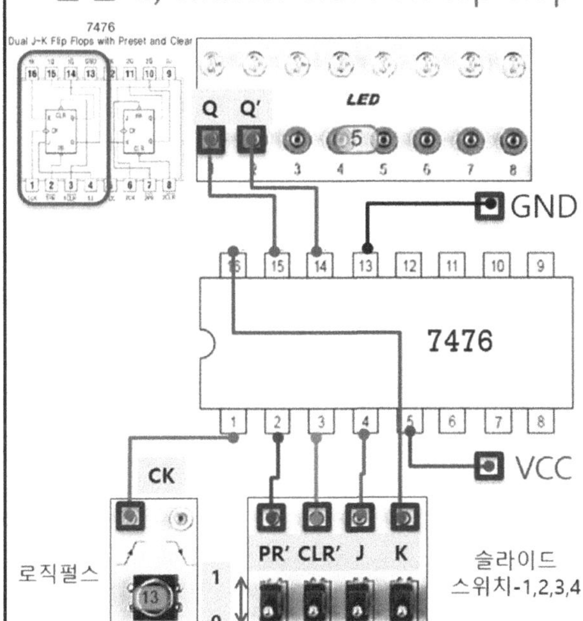


- **VCC와 GND pin 번호가 달라진 점을 주의할 것**

1. 아래의 조건에서 CK 버튼을 한 번 누른 후 떼면 CK='0' → '1' → '0'으로 변한다. 누를 때와 뗄 때 Q와 Q'을 관찰하여 기록하라.
   - PR'='1', CLR'='1', J='1', K='0'
   - PR'='1', CLR'='1', J='0', K='1'
   - PR'='1', CLR'='1', J='1', K='1'
   - PR'='1', CLR'='1', J='0', K='0'

2. Q가 어떠한 값에 있든지 아래의 각 조건에서 Q 와 Q'의 변화를 관찰하여 기록하라 (CK와 무관함)
   - PR'='0'
   - CLR'='0'

343

# 실험 3) 4-bit binary counter

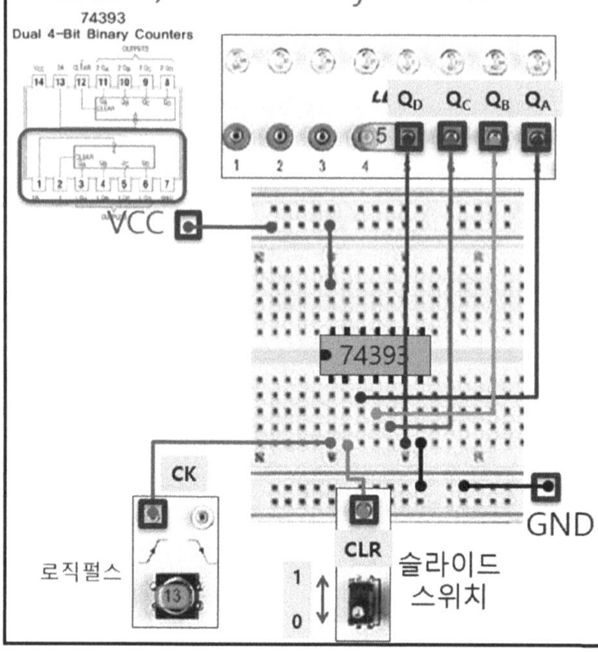


- CK 연결 : 로직펄스(좌), 1번 pin
- CLR 연결 : 스위치, 2번 pin
- $Q_D$ 연결 : LED-5, 6번 pin
- $Q_C$ 연결 : LED-6, 5번 pin
- $Q_B$ 연결 : LED-7, 4번 pin
- $Q_A$ 연결 : LED-8, 3번 pin

1. CLR='0'에서 CK를 반복적으로 누를 때와 뗄 때 $Q_D$ $Q_C$ $Q_B$ $Q_A$의 변화를 관측하여 기록하라
2. Q가 어떠한 값에 있든지 아래의 조건에서 Q 와 Q'의 변화를 관찰하여 기록하라 (CK와 무관함)
   - CLR='1'

344

# 실험 4) 8-bit shift register

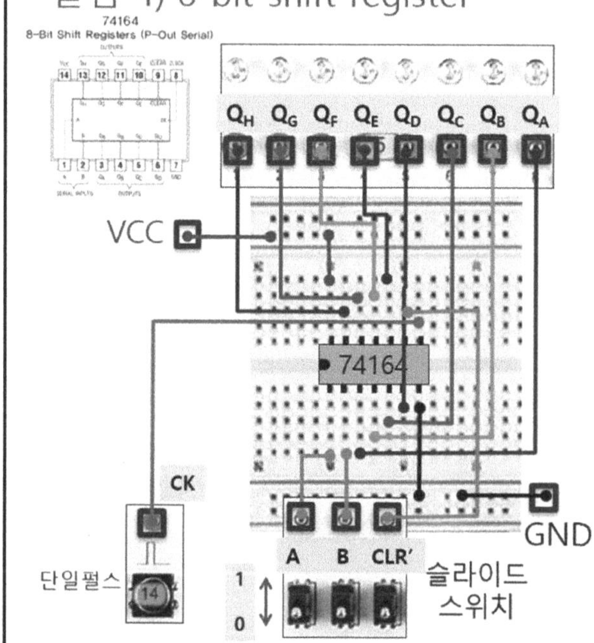


- CK 연결 : 단일펄스, 8번 pin
- CLR' 연결 : 스위치-3, 9번 pin
- A 연결 : 스위치-1, 1번 pin
- B 연결 : 스위치-2, 2번 pin
- $Q_H$ 연결 : LED-1, 13번 pin
- $Q_G$ 연결 : LED-2, 12번 pin
- $Q_F$ 연결 : LED-3, 11번 pin
- $Q_E$ 연결 : LED-4, 10번 pin
- $Q_D$ 연결 : LED-5, 6번 pin
- $Q_C$ 연결 : LED-6, 5번 pin
- $Q_B$ 연결 : LED-7, 4번 pin
- $Q_A$ 연결 : LED-8, 3번 pin

345

# 실험 4) 8-bit shift register

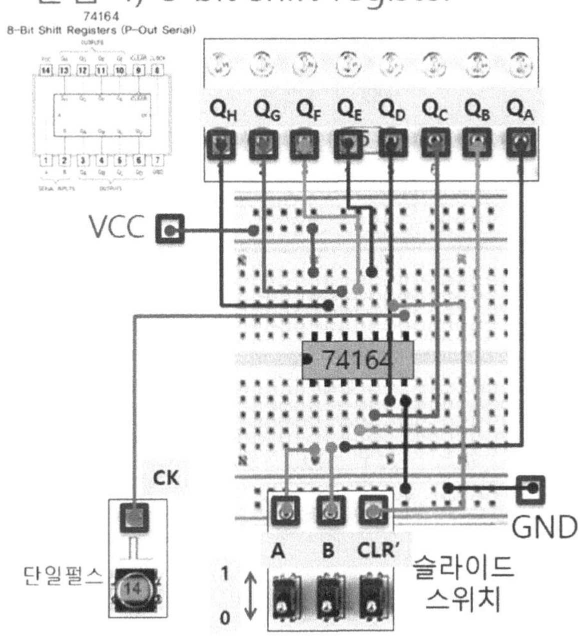


1. CLR'='1', A='1', B='1'에서 CK를 반복적으로 누를 때 $Q_H$ ~ $Q_A$의 변화를 관측하여 기록하라
2. CLR'='1', A='0', B='1'에서 CK를 반복적으로 누를 때 $Q_H$ ~ $Q_A$의 변화를 관측하여 기록하라
3. Q가 어떠한 값에 있든지 아래의 조건에서 Q 와 Q'의 변화를 관찰하여 기록하라 (CK와 무관함)
   - CLR'='0'

346

# 실험 5) Johnson's counter

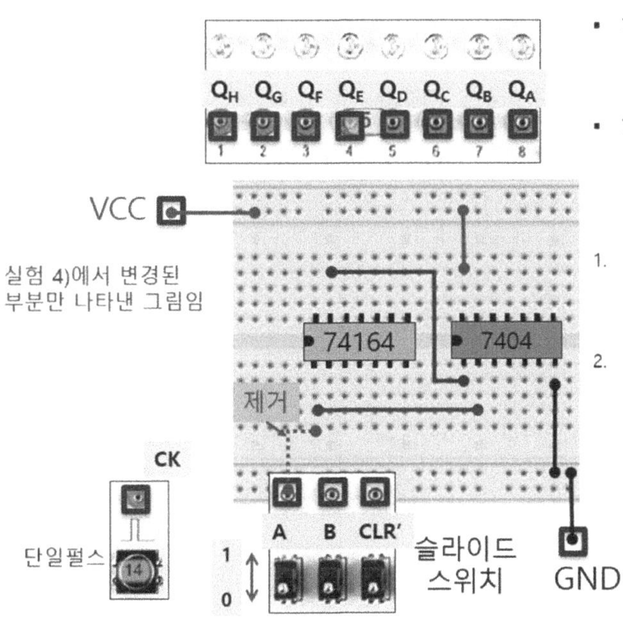


- 74164
  - A 신호선 제거
  - 나머지는 그대로 둠
- 7404 연결 추가
  - 1번 pin : 74164 13번 pin
  - 2번 pin : 74164 1번 pin

1. CLR'='1', B='1'에서 CK를 반복적으로 누를 때 $Q_H$ ~ $Q_A$의 변화를 관측하여 기록하라
2. Q가 어떠한 값에 있든지 아래의 조건에서 Q 와 Q'의 변화를 관찰하여 기록하라 (CK와 무관함)
   - CLR'='0'

# 실험 6) Johnson's counter + binary counter

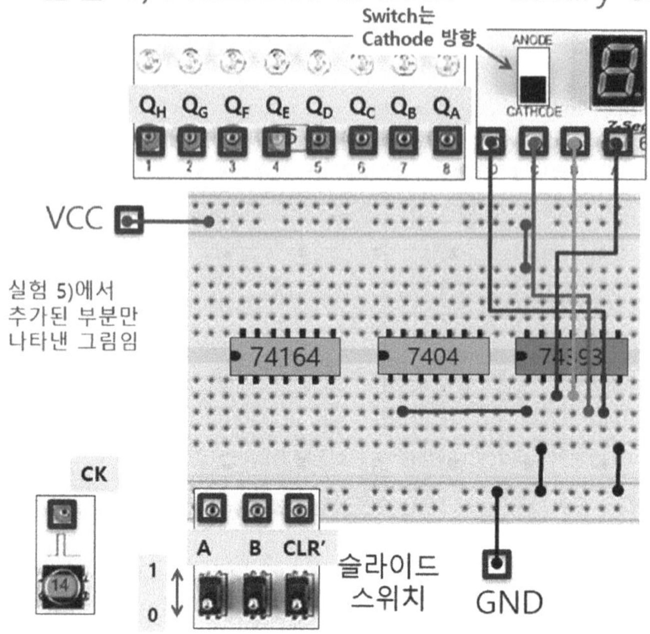


**74164, 7404 연결은 그대로 둠**

74393 연결 추가

- 1번 pin : 7404 2번 pin
- 2번 pin : GND
- 3번 pin : 7-segment A
- 4번 pin : 7-segment B
- 5번 pin : 7-segment C
- 6번 pin : 7-segment D

1. CLR'='1', B='1'에서 CK를 반복적으로 누를 때 7-segment display의 변화를 관측하여 기록하라
2. CK를 클럭발생기 OUT으로 옮긴 다음 100 Hz로 놓고 변화를 관측하라



**Lab. 9 플립플롭** 학번 ________ 성명 ________

[SR flip-flop, JK flip-flop, D flip-flop]

## 결과보고서

1. 실험 1)의 실험 값을 적고, 결과가 맞게 나온 것이라는 것을 증명하시오.

| S | R | Q | Q' | 증명 |
|---|---|---|---|---|
| 0 | 0 | | | |
| 1 | 0 | | | |
| 0 | 0 | | | |
| 0 | 1 | | | |
| 0 | 0 | | | |
| 0 | 1 | | | |
| 0 | 0 | | | |
| 1 | 0 | | | |
| 0 | 0 | | | |
| 1 | 0 | | | |
| 0 | 0 | | | |

**Lab. 9 플립플롭** 학번 ________ 성명 ________

[SR flip-flop, JK flip-flop, D flip-flop]

2. 실험 2)에서

CK의 어느 시점에 Q와 Q′가 변하는가?

J=1, K=0일 때 CK 펄스 후의 Q의 값은?

J=0, K=1일 때 CK 펄스 후의 Q의 값은?

J=1, K=1일 때 CK 펄스 후의 Q의 값은?

J=0, K=0일 때 CK 펄스 후의 Q의 값은?

PR′=0, CLR′=1일 때 Q의 값은?

PR′=1, CLR′=0일 때 Q의 값은?

PR′=0, CLR′=0일 때 Q의 값은?

PR′=1, CLR′=1일 때 Q의 값은?

3. 실험 3)에서

CK의 어느 시점에 Q 값이 변하는가?

CLR=1이 되면 $Q_D$ $Q_C$ $Q_B$ $Q_A$의 값은 어떻게 되는가?

CLR=0에서 CK 펄스가 입력되면 $Q_D$ $Q_C$ $Q_B$ $Q_A$의 값은 어떻게 변화하는가?



**Lab. 9 플립플롭** 학번 ________ 성명 ________

[SR flip-flop, JK flip-flop, D flip-flop]

4. 실험 4)에서

CLR′=1, A=1, B=1일 때, CK 펄스가 입력되면 $Q_H$ ~ $Q_A$는 어떻게 변화하는가?

CLR′=1, A=0, B=1일 때, CK 펄스가 입력되면 $Q_H$ ~ $Q_A$는 어떻게 변화하는가?

CLR′=0이 되면 $Q_H$ ~ $Q_A$는 어떻게 되는가?

5. 실험 5)에서

CLR′=1, B=1일 때, CK 펄스가 입력되면 $Q_H$ ~ $Q_A$는 어떻게 변화하는가?

$Q_H$ ~ $Q_A$ 값이 다시 제자리로 오려면 CK 펄스가 몇 번 입력되어야 하는가?

CLR′=0이 되면 $Q_H$ ~ $Q_A$는 어떻게 되는가?

351

**Lab. 9 플립플롭** 학번 __________ 성명 __________

[SR flip-flop, JK flip-flop, D flip-flop]

6. 실험 6)에서

   CLR'=1, B=1일 때, 7-segment display는 언제 1씩 증가하는가?

   7-segment display 값이 다시 제자리로 오려면 CK 펄스가 총 몇 번 입력되어야 하는지 계산하시오.

   7-segment display 값이 디지털 시계처럼 1초에 1씩 증가하려면 클럭발생기 주파수를 얼마로 놓아야 하는가?

7. [도전] D flip-flop 주위에 회로를 덧붙여서 T flip-flop과 JK flip-flop이 되게 설계해 보라.

8. [도전] JK flip-flop 주위에 회로를 덧붙여서 D flip-flop이 되게 설계해 보라.

9. [도전] 본문에 제시된 4-bit asynchronous up-counter 회로를 down-counter로 동작하게 하려면?

352

# Chapter 10

Arduino-1

아두이노 기초 예제, 프로그램 개발 환경

스케치 프로그래밍

아두이노 IDE

LED 제어

정보통신 기초 및 실험

# 강의 계획

353

| 장 | 강의주제 | 내용 | 단위 | 부품, 도구, 장비 |
|---|---|---|---|---|
| 1 | 직류전기 | 기술동향, 직류전기, 전기 기차 | [V], [A] | DMM, Power Supply, LED, buzzer |
| 2 | 직류회로 | 직렬, 병렬, 저항, 임피던스(resistance), 전력/에너지 | [Ohm], [Watt], [Joule] | 저항, 가변저항 |
| 3 | 교류전기 | 교류전압(정현파, 삼각파, 구형파), 주파수, 진폭 | [Hz], [sec] | OSC, FuncGen, FreqCounter, piezo, speaker |
| 4 | 교류회로 | 주기, 위상, 인덕터, 커패시터 | [radian], [degree], [H], [F] | OSC, FuncGen |
| 5 | 납땜 연습 | 납땜 원리, 납땜 연습 | | 인두, 납, 공기정화기, 전선, 니퍼, 드라이버, 납흡입기, 만능기판, 전자부품 |
| 6 | 라디오 조립 | 방송수신기 원리, 1석 라디오 조립 | | 다이오드, 트랜지스터, 코일, 바리콘, 안테나 |
| | 중간고사 | | | |
| 7 | 진법 | 이진법, 십진법, 16진법, 덧셈, 뺄셈 | 1, 0, 0~9, 0~F, +, - | LED, 7-segment display, 점퍼선, 스위치 |
| 8 | 디지털게이트 | and, or, not, nand, nor, exor, 부울대수, 진리표 | Hi/Lo, True/False | 슬라이드 스위치, 게이트, 로직 IC |
| 9 | 플립플롭 | SR ff, JK ff, D ff, 카운터, 레지스터 | clock, enable, reset, Q | 플립플롭, 카운터, 시프트 레지스터 |
| **10** | **아두이노** | **기초 예제** | | **아두이노 우노 Kit, 스케치 IDE** |
| 11 | 아두이노 | 교통신호 제어 | | 아두이노 우노 Kit |
| 12 | 아두이노 | 4x4 키패드를 이용한 잠금 장치 | | 아두이노 우노 Kit, 키패드, 서보모터 |
| 13 | 아두이노 | 원격 서보모터 제어 안드로이드 앱 개발 | | 아두이노 우노 Kit, 블루투스, 안드로이드 앱, MIT App Inventor 2 |
| | 기말고사 | | | |

354

# 아두이노 스케치 프로그래밍 기초

| 학습내용 요약 | 강의 목표 |
|---|---|
| • 아두이노 마이크로컨트롤러 구조 이해<br>• C/C++ 스케치 프로그래밍 이해<br>• 아두이노 프로그래밍 로직 이해 | • 아두이노 우노 보드의 규격을 설명할 수 있다<br>• 스케치 프로그래밍 IDE을 사용하여 예제 프로그램을 실행 할 수 있다<br>• C/C++ 프로그래밍 언어를 사용할 수 있다<br>• 아두이노 보드, 포트, 시리얼 모니터를 설정할 수 있다<br><br>**Key word**<br>아두이노 마이크로컨트롤러<br>스케치 프로그래밍 |

# 아두이노(Arduino)

- 2005 년 이탈리아 Ivea의 미디어아트 학교(IDII)에서 교육용으로 개발되었으나, 현재 전 세계적으로 가장 인지도가 높은 오픈소스를 기반으로 한 마이크로컨트롤러 하드웨어 플랫폼이다.
- 아두이노 보드의 회로도가 CCL(Creative Common License)에 따라 공개되어 있으므로, 누구나 직접 보드를 만들고 수정할 수 있다.
- 소프트웨어 개발을 위한 통합 환경(IDE)인 스케치(Sketch)가 무료로 제공되며, 수많은 사용자 커뮤니티와 메이커존 같은 판매회사들이 제공하는 실제 활용 예제들을 많이 제공하고 있다.
- 아두이노 보드는 마이크로컨트롤러 임베디드 보드이다. 입력 센서들로부터(조도 센서, 버튼, 온도, 근거리 감지, 기울기, 가속도 감지, 구부림 센서, 자기장 센서, 적외선 거리 센서, RGB 칼라 센서 등) 데이터를 입력 받아 스케치 프로그램 로직 처리 과정을 거쳐 출력 장치를(DC 모터, 서보모터, LED, 시리얼 모니터, 블루투스 등) 동작시킨다. 센서와 액츄에이터를 제어하는 프로그램은 스케치(Sketch) 개발 도구에서 C/C++ 언어를 사용하여 작성된다.
- 최초의 아두이노는 예술 분야의 학생들이 전자공학과/컴퓨터공학 프로그래밍 지식 없이 쉽게 조작할 수 있는 툴을 제공하기 위해 이탈리아 Ivrea Interaction Design Institute에서 탄생된 것이다.



# 아두이노 우노 보드

아두이노 우노는 마이크로컨트롤러인 Atmega 328을 중심으로 전원부분, 아날로그 입출력 부분, 디지털 입출력 부분, USB 연결부분, 기타 인터페이스에 필요한 다양한 연결 아날로그 및 디지털 핀을 제공한다.

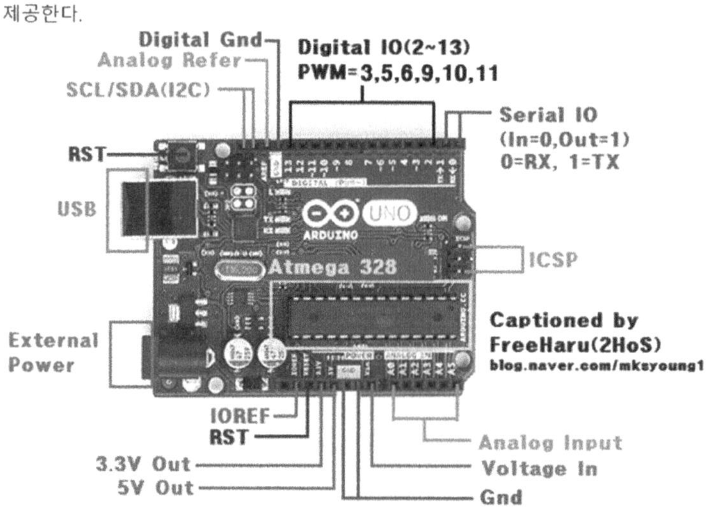

357

# 아두이노 우노 보드 기술 스펙

| Microcontroller | ATmega328P |
|---|---|
| Operating Voltage | 5 V |
| Input Voltage (recommended) | 7-12 V |
| Input Voltage (limit) | 6-20 V |
| Digital I/O Pins | 14 (of which 6 provide PWM output) |
| PWM Digital I/O Pins | 6 |
| Analog Input Pins | 6 |
| DC Current per I/O Pin | 20 mA |
| DC Current for 3.3 V Pin | 50 mA |
| Flash Memory | 32 kB (ATmega328P)<br>of which 0.5 KB used by bootloader |
| SRAM | 2 kB (ATmega328P)<br>8-bit |
| EEPROM | 1 kB (ATmega328P) |
| Clock Speed | 16 MHz |
| Length | 68.6 mm |
| Width | 53.4 mm |
| Weight | 25 g |

358

# 아두이노 우노 보드 인터페이스

- 디지털 I/O 핀 : D0 ~ D13
  - PWM 핀 : D3, D5, D6, D9, D10, D11
- 아날로그 In 핀 : A0 ~ A5
- A/D 변환기: 6개의 10-bit A/D 변환
- 그라운드(GND)
- DC 전원 : 3V3 → 3.3 V DC
- DC 전원 : 5V → 5.0 V DC
- Flash(프로그램용 메모리): 32 kB
- CPU : 8-bit AVR
- USB 포트 : 표준
- Clock 속도 : 16 MHz

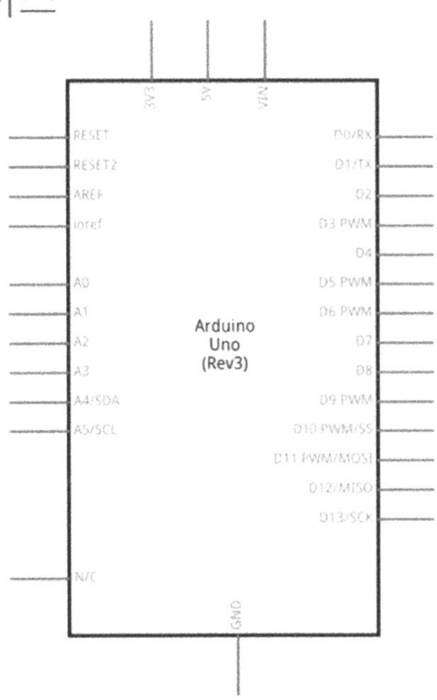

359

# 마이크로컨트롤러(ATmega328P)

아두이노 우노 보드의 핵심 부품인 Atmega 328P는 28핀을 갖는 8-bit AVR 마이크로컨트롤러이다.

- 8-bit AVR(Advanced Virtual RISC) 구조의 마이크로컨트롤러

**piedinatura ATmega328P pinout**

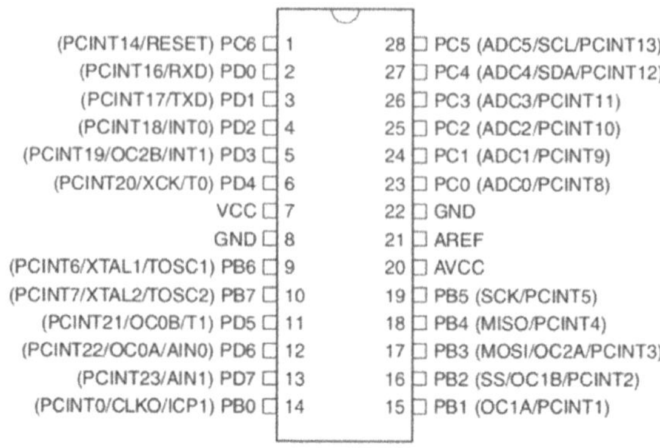


360

# 마이크로컨트롤러(ATmega328P)

아두이노 우노 보드의 핵심 부품인 Atmega 328P는 28핀을 갖는 8-bit AVR 마이크로컨트롤러이다.

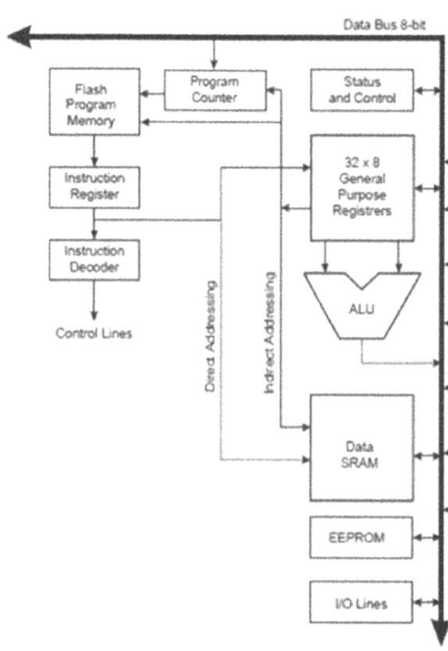


마이크로컨트롤러
- 하나의 IC로 만들어진 작은 컴퓨터
- CPU, 메모리, 입출력 장치를 모두 가지고 있다
- 마이크로프로세서는 CPU로서, 주로 범용 컴퓨터에 사용되지만, 마이크로컨트롤러는 컴퓨터이며, 주로 임베디드 시스템에 사용됨

임베디드 시스템
- 대형 시스템 내부에서 실시간으로 특정한 기능만을 수행하는 목적을 가진 컴퓨터 시스템
- 범용 컴퓨터에 비하여 저전력, 소형, 저가격, 제한된 작동 영역 등이 특징
- 예: 디지털 시계, 카메라, 휴대형 전자장치, 교통신호 제어, 공장 제어, 자동차, MRI 등

361

# 다른 아두이노 보드들

아두이노 보드에는 우노 보드 외에 다양한 크기의 보드가 있다. 개발자용으로 많이 쓰이는 아두이노 메가, BLE를 장착한 극소형 light blue bean, 마이크로소프트 .NET 마이크로프레임을 지원하는 NetDuino Plus 2 (C# 프로그래밍 가능), 아두이노와 호환되는 인텔의 에디슨 보드 등 매우 다양하다.

아두이노 메가

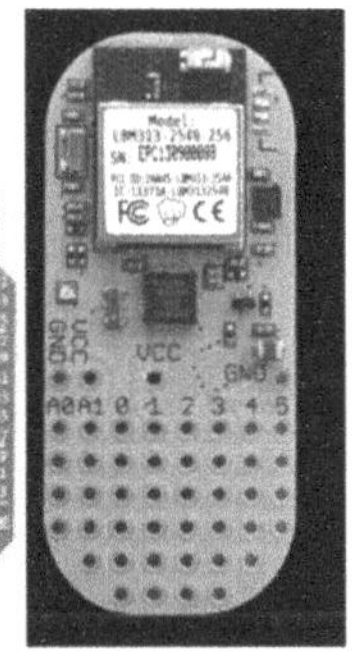

Light Blue Bean

아두이노 Lily Pad

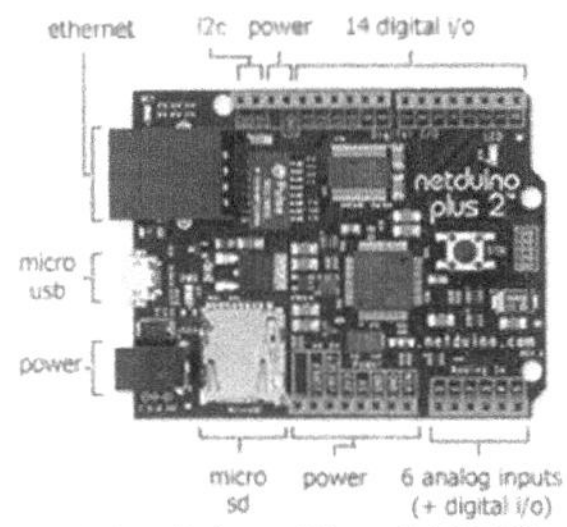


Netduino Plus 2(.NET)

Intel Edison (clone)

362

# 아두이노 쉴드

- 아두이노 우노 혹은 호환 메인 보드 외에 여러 가지 다양한 기능을 확장하기 위해 아두이노는 쉴드란 이름으로 외부 제품을 제공하고 있다. 예를 들면, LCD 쉴드, 와이파이 쉴드, SD 카드 쉴드, 이더넷 쉴드, 모터 드라이버 쉴드 등 다양하다.
- 아두이노 쉴드는 아두이노 보드에 성능을 확장하기 위하여 추가되는 모듈로 현재 300개 이상이 시장에 나와 있다.
- 자주 사용되는 쉴드로는 LCD 버튼 쉴드, 이더넷 쉴드, 와이파이 쉴드, SD카드 쉴드 등이 있다.

LCD 쉴드

이더넷 쉴드

와이파이 쉴드

SD카드 쉴드

363

# 아두이노 스케치 소프트웨어(IDE)

IDE : integrated development environment, 통합개발환경

- 오픈소스 아두이노 소프트웨어(IDE)는 윈도우, 맥, 리눅스 운영체제 하에서 아두이노 보드를 사용하여 하드웨어와 제어 프로그램을 연동시켜 응용 프로그램을 개발하는 개발 환경 도구이다.
- 아두이노 보드를 사용하여 하드웨어 센서 혹은 액츄에이터를 제어하거나 데이터를 읽어 들이기 위해 프로그래밍 과정을 거쳐야 한다
- 파일, 편집, 스케치, 도구, 도움말 메뉴와 확인, 업로드, 새파일, 열기, 저장 툴바와 부가적으로 시리얼 모니터와 탭 에디터 창, 결과(output) 창을 갖고 있다.
- 현재 안정화된 버전은 Arduino 1.6.9 이다(관리사이트: https://www.arduino.cc/ )
- Arduino.exe 파일을 실행시키면 오른쪽과 같은 개발 환경 편집 창이 나타난다.

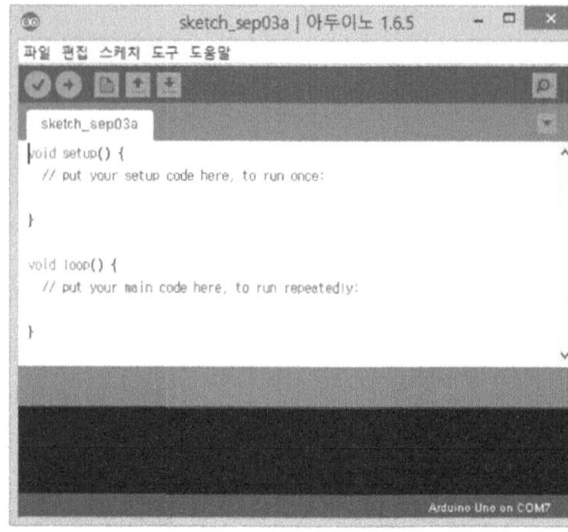

364

# 오픈소스 하드웨어란?

- 오픈소스 H/W란 무엇인가? H/W를 구성하는 회로도, 자재 명세서, 인쇄회로 기판 도면 등 제반 사항을 대중에게 공개한 전자 제품. H/W 제작 관련 특허 라이선스가 없고, 제작에 필요한 모든 리소스가 공개되어 있어, 중소 벤처기업뿐만 아니라 일반인도 자신의 지식과 아이디어를 활용하여 저렴한 비용으로 신규 제품을 제작할 수 있는 환경을 조성해 준다. 대표적인 오픈소스 하드웨어 플랫폼에는 크게 마이크로컨트롤러와 마이크로 컴퓨터 종류가 있다. 아두이노(Arduino), 라즈베리 파이(Raspberry Pi) 등 다양한 오픈소스 H/W가 시판되고 있다.
- 최근에 왜 아두이노, 라즈베리 파이, 비글본 블랙, 에디슨 등과 같은 마이크로컨트롤러, 마이크로 컴퓨터와 하드웨어가 전세계적으로 인기를 끌게 되었는가? 여기에는 오래 전 오픈소스 개발자 환경과 오픈소스 재단의 활동이 크다.
- 오픈소스 소프트웨어에 리눅스가 있다면 오픈소스 하드웨어에는 아두이노가 있다.
- 오픈소스 하드웨어(OSHW)는 누구나 이 디자인이나 이 디자인에 근거한 하드웨어를 배우고, 수정하고, 배포하고, 제조하고, 팔 수 있는, 디자인이 공개된 하드웨어이다.

365

# 아두이노 탄생 스토리

- **이브레아(Italy)의 마시모 반지**
  - 이브레아에는 예술과 IT를 융합해 가르치던 IDII(Interaction Design Institute Ivrea)라는 전문 대학원이 있었다.
  - 2001년 창립한 IDII는 예술가와 엔지니어들이 모여 학문 간의 경계를 뛰어넘는 다양한 프로젝트를 주로 진행했다.
  - 그리고 소프트웨어 아키텍트였던 마시모 반지가 2002년에 IDII의 부교수로 부임하게 된다. 텁수염이 덥수룩해 마치 옆집 아저씨와 같은 인상을 주는 그는 이곳에서 인터랙티브 디자인을 많은 사람들에게 가르치고 알리고자 했다.

마시모 반지(Massimo Banzi)

아두인 왕의 술집(Bar di Re Arduino)

366

# 메이커들의 플랫폼-아두이노

- 메이커 무브먼트, 메이커 페어 (Maker Movement, Maker Faire)

뉴욕에서 열린 글로벌 메이커 페어 2014

뉴욕에서 열린 글로벌 메이커 페어 2015

# 넷두이노?

- .NET 기능을 이용할 수 있는 보드
- 아두이노와는 핀배열은 동일하지만 개발환경이나 실행환경이 완전히 다르다
- 코딩에 아두이노의 IDE를 쓰지 않고 Visual Studio를 개발도구로 사용하며 .Net Micro Framework 환경에서 실행된다.

hardware

| mainboard | netduino 2 | netduino plus 2 | netduino go |
|---|---|---|---|
| | 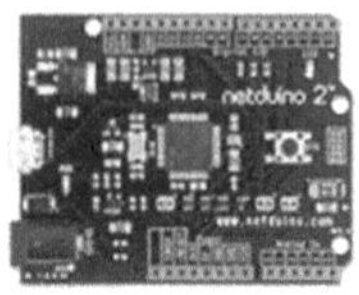 |  | 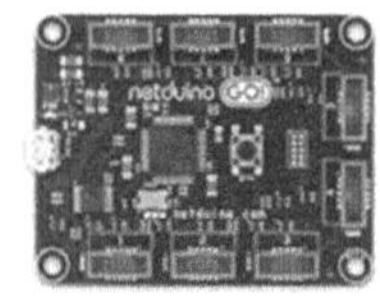 |
| | more information » | more information » | more information » |

processor and memory

| | | | |
|---|---|---|---|
| microcontroller | STMicro STM32F2 | STMicro STM32F4 | STMicro STM32F4 |
| speed | 120 MHz (Cortex-M3) | 168 MHz (Cortex-M4) | 168 MHz (Cortex-M4) |
| code storage | 192 KB | 384 KB | 384 KB |
| ram | 60 KB | 100+ KB | 100+ KB |
| operating system | .NET Micro Framework 4.2 | .NET Micro Framework 4.2 | .NET Micro Framework 4.2 |



+ Lab.

10

Arduino-1

아두이노 기초 예제, 프로그램 개발 환경

스케치 프로그래밍
아두이노 IDE
LED 제어

## 정보통신 기초 및 실험

- 스케치 개발 환경 설치
- 아두이노 우노 핀 매핑
- 스케치 프로그래밍 예제 실습

**Lab. 10 아두이노 기초 예제** 학번 ________ 성명 ________

[LED Blink, LED Flip Flop]

## 예비보고서

1. 아두이노 우노의 마이크로컨트롤러 칩 번호는?

2. 아두이노 우노에서 최대 몇 개의 디지털 신호를 입력 혹은 출력할 수 있는가?

3. 아두이노 우노에서 최대 몇 개의 아날로그 신호를 입력할 수 있는가?

4. 마이크로프로세서와 입출력 모듈 모두가 하나의 반도체 칩으로 구현되어, 컴퓨터의 기능을 수행할 수 있는 부품을 뜻하는 명칭은?

5. 아두이노 보드의 성능을 확장하기 위하여 추가되는 모듈을 뜻하는 명칭은?

6. 아두이노 제어 프로그램 개발 환경 도구를 뜻하는 명칭은?

7. 아두이노 우노 보드의 크기는?

8. 아두이노 우노 보드의 시중 가격은?



# 스케치 개발 환경 설치

1. 아두이노 보드와 USB 케이블을 준비한다.

2. 아두이노 IDE 다운로드

   사이트(https://www.arduino.cc/en/Main/Software)로 가서 윈도우(32-bit 혹은 64-bit 확인)/맥/리눅스 운영체제에 맞는 개발환경 소프트웨어 패키지를 다운로드한 후 설치할 폴더에서 압축을 푼다→ ARDUINO 1.8.15

3. 아두이노 sketch가 설치된 폴더에 가서 arduino.exe를 실행시킨다.

   - 아두이노 보드를 USB케이블로 컴퓨터에 연결한다.
   - 제어판 >>하드웨어 및 소리 >> 장치 및 프린터 >> 장치 관리자를 연다
   - 포트(COM & LPT)를 확장하여 Arduino Uno 포트 번호를 확인한다 (예:COM3 등)

371

# 스케치 개발 환경 설치

- 실험 준비 사항
  - 아두이노 우노 보드 키트
  - 브레드보드
  - USB 케이블, LED(적색, 녹색) 와 점퍼 리드선
  - 220 Ω 탄소피막저항(1/4 W) 2개, 100 kΩ 탄소피막저항(1/4 W) 1개
  - 푸시버튼 스위치 1개
  - 실험에 앞서 우리가 사용할 IDE를 컴퓨터에 설치
  - 다음 아두이노 보드를 컴퓨터 본체와 연결하고 제어판> 하드웨어 및 소리 > 장치 및 프린터 > 장치 관리자를 열어 Com 포트를 확인
  - com (Arduino) 포트를 통해 아두이노 프로그램 컴파일 후 로딩 진행

372

# 스케치 개발 환경 설치

- 아두이노 보드 포트 설정 확인
- 포트 번호를 기억하였다가 Sketch IDE에서 연결된 해당 보드에 맞추어 포트를 선택한다

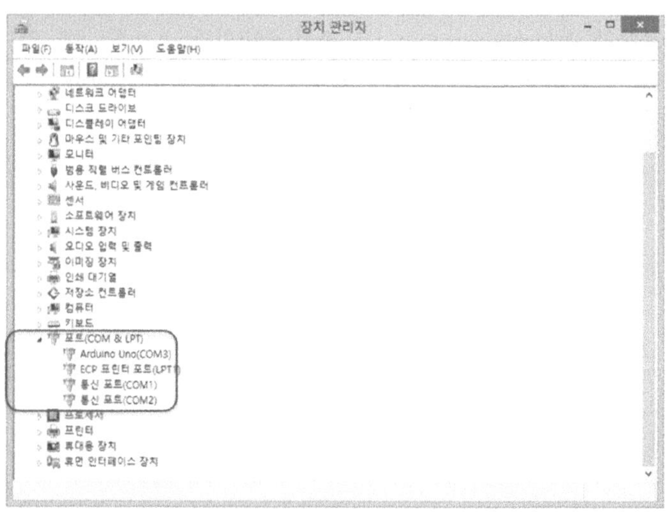

373

# 스케치 개발 환경 설치

- 아두이노 IDE 응용 프로그램을 연다
  - 도구 메뉴 > 포트 > COM3(Arduino Uno) 확인
  - 도구 메뉴 > 보드 > Arduino Uno 선택

374

# 실험 1) LED Blink

스케치 IDE 실행 화면이 나타나면 파일 > 예제 > 01. Basics > Blink 를 선택하여 아두이노 우노 프로그램을 가져온다.

- 파일 메뉴 > 예제 > 01.Basics >Blink 선택
- Blink 예제 설명
  - RED LED를 디지털 pin D13과 GND 사이에 연결한다.

    // initialize digital pin 13 as an output.

    pinMode(13, OUTPUT);

  - 1초마다 LED를 On/OFF시킨다

    digitalWrite(13, HIGH); // turn the LED on (HIGH is the voltage level)

    delay(1000); // wait for a second

    digitalWrite(13, LOW); // turn the LED off by making the voltage LOW

    delay(1000); // wait for a second

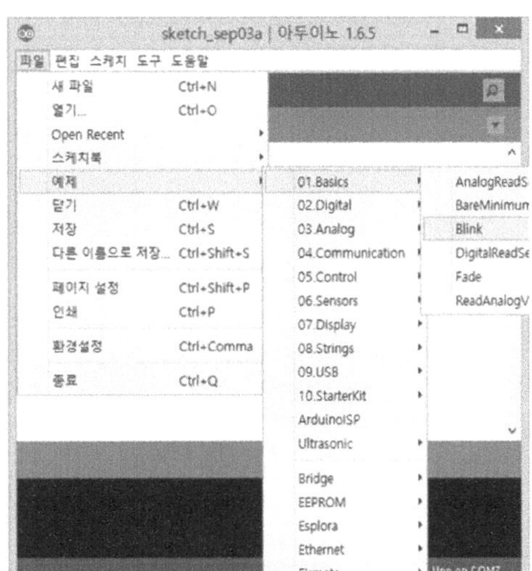

# 실험 1) LED Blink : 회로 연결도

- 아두이노 우노 보드의 디지털 핀 13(D13)은 LED의 애노드에, GND는 220Ω 단자에 연결한다. LED의 캐소드는 브레드보드 뒷면에서 220Ω 나머지 단자와 연결된다. 1초에 한번씩 LED가 깜박거림을 확인하라.

- **필요부품**
  - 적색 LED
  - 저항 220 Ω

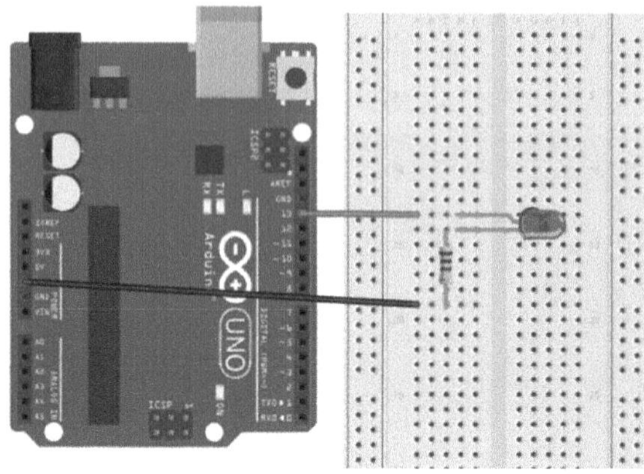



# 실험 1) LED Blink : 스케치 프로그래밍, 회로 연결도

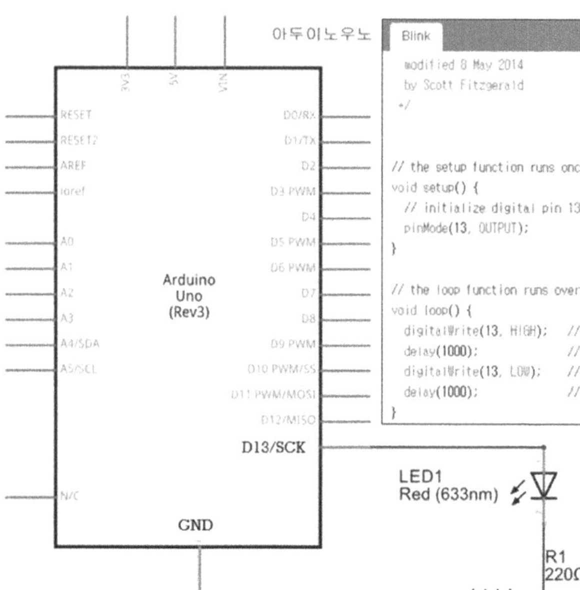


Blink

```
  modified 8 May 2014
  by Scott Fitzgerald
 */


// the setup function runs once when you press reset or power the board
void setup() {
  // initialize digital pin 13 as an output.
  pinMode(13, OUTPUT);
}

// the loop function runs over and over again forever
void loop() {
  digitalWrite(13, HIGH);   // turn the LED on (HIGH is the voltage level)
  delay(1000);              // wait for a second
  digitalWrite(13, LOW);    // turn the LED off by making the voltage LOW
  delay(1000);              // wait for a second
}
```

[도전] 소스를 변경하여 1초를 0.5초로 변경하라

377

# 실험 2) LED Flip Flop : 회로 연결도

- 2개의 LED를 사용하여 LED 깜박거림이 윙크하는 플립플롭 실험을 한다. 9번 핀에 녹색 LED를, 10번 핀에 적색 LED를 연결한다. 버튼을 누르면 녹색 LED는 켜지고(HIGH), 적색 LED는 꺼진다(LOW). 버튼을 떼면 그 반대의 논리 상태가 된다.

- 필요 부품
  - 저항 220 Ω 2개
  - 적색 LED 1개
  - 녹색 LED 1개
  - 버튼 스위치 1개
  - 저항 100 kΩ 1개

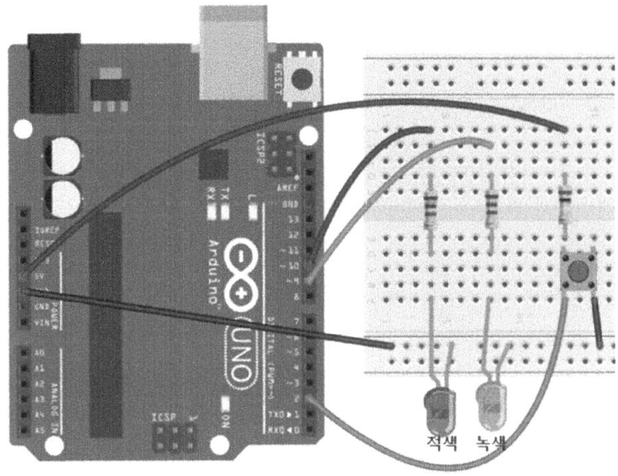


378

# 실험 2) LED Flip Flop : 회로 연결도

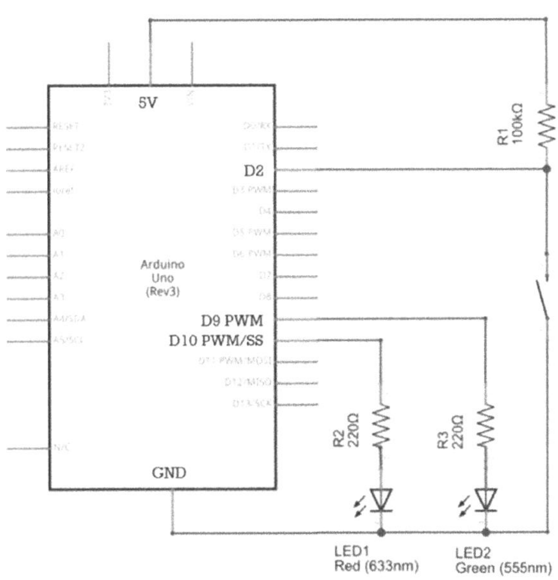


저항과 다이오드는 순서 바꾸어도 된다.
단 다이오드 방향은 일정해야 함

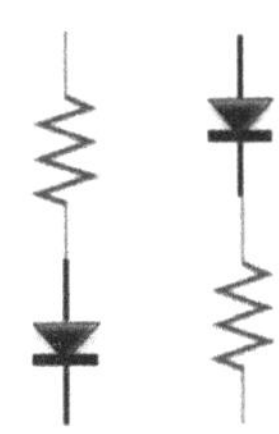

푸시버튼 스위치 단자 방향

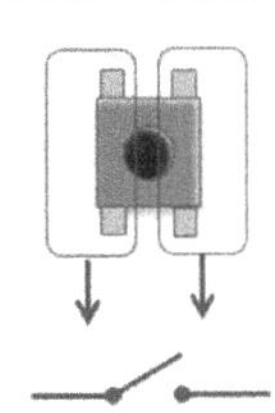

379

# 실험 2) LED Flip Flop : 스케치 프로그래밍

- Flip Flop 스케치 프로그램 코드

```
/*
  Flip Flop
  switching between two LEDs using a button

  This example is part of the Fritzing Creator Kit: www.fritzing.org/creator-kit.
*/

int buttonPin=2;                        // Pin where the button is attached
int greenLED=9;                         // Pin where the green LED is attached
int redLED=10;                          // Pin where the red LED is attached

void setup(){
  pinMode(buttonPin, INPUT);            // button is initialised as INPUT
  pinMode(greenLED, OUTPUT);            // green LED pin is initialised as OUTPUT
  pinMode(redLED, OUTPUT);              // red LED pin is initialised as OUTPUT
}

void loop(){
  if (digitalRead(buttonPin)==LOW){     // if the button is pressed (LOW)
    digitalWrite(greenLED, HIGH);       // switch on green LED
    digitalWrite(redLED, LOW);          // switch off red LED
  } else {                              // else (if button is not pressed)
    digitalWrite(greenLED, LOW);        // switch off green LED
    digitalWrite(redLED, HIGH);         // switch on red LED
  }
}
```

380

# 예제 프로그램 관찰

- 아두이노 개발 환경이 여러 가지 유익한 예제를 제공하고 있다. 파일 > 예제를 클릭하면 종류 별로 많은 예제가 나타난다.
- 먼저 Basics, Digital, Analog 그룹의 예제를 관찰하자.
- 예제 프로그램을 참조하여, 간단한 테스트용 프로그램도 작성해 보자.

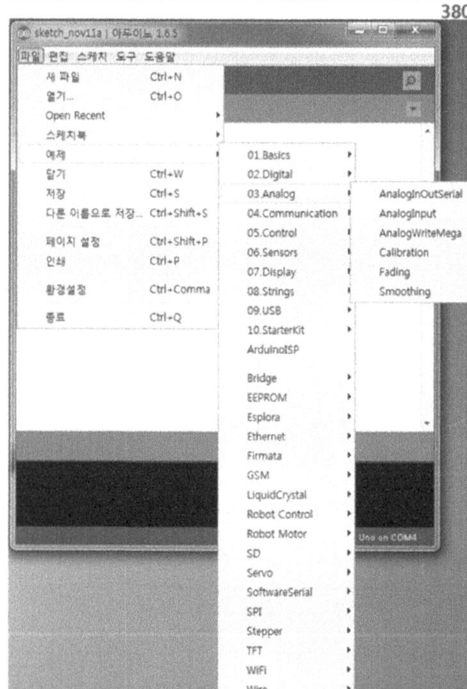

# 예제 프로그램 요약

| 그룹 | 예제 프로그램 | 내용 |
|---|---|---|
| basics | AnalogReadSerial | pin A0의 아날로그 입력 값을 시리얼 모니터에 반복 출력 |
| | DigitalReadSerial | pin 2의 디지털 입력 값을 시리얼 모니터에 반복 출력 |
| | Fade | pin 9의 LED의 밝기를 주기적으로 증가, 감소시킴 |
| | ReadAnalogVoltage | pin A0의 아날로그 입력을 읽어서 전압으로 변경하여 시리얼 모니터에 반복 출력 |
| digital | BlinkWithoutDelay | pin 13의 LED를 interval 주기로 ON/OFF 반복함 |
| | Button | pin 2의 푸시버튼 디지털 입력에 따라 pin 13의 LED를 ON/OFF |
| | Debounce | Digital/Button과 동일하지만, 입력을 debounce 처리함 |
| | DigitalInputPullup | DigitalRealSerial과 비슷하나, 내부 pullup 저항, LED 출력이 있음 |
| | StateChangeDetection | edge detection, 버튼 푸시 횟수 출력, 4번째마다 LED 출력 |
| | toneKeyboard | pitch.h 사용, 3개의 압력감지 저항의 analog input에 따라 다른 소리 스피커로 플레이 |
| | toneMelody | 간단한 멜로디를 스피커로 플레이 |
| | toneMultiple | 3개의 스피커로 3가지 음을 동시 플레이 |
| | tonePitchFollower | 포토 저항 아날로그 입력에 따라 음의 pitch(주파수)가 달라짐 |



# 예제 프로그램 요약

| 그룹 | 예제 프로그램 | 내용 |
|---|---|---|
| analog | AnalogInOutSerial | 아날로그 A0 입력 전압에 따라 LED 밝기 달라짐. 시리얼 모니터에 0~255의 값을 출력함 |
| | AnalogInput | 아날로그 A0 입력 전압에 따라 LED 깜박임 주파수 달라짐 |
| | Calibration | 센서 입력 범위 설정(5초간). LED 밝기로 표현 |
| | Fading | 9번 디지털 핀의 LED 밝기가 서서히 바뀜. Fade와 동일한 결과 |
| | Smoothing | A0로 입력된 10개 표본의 평균값을 시리얼 모니터에 출력함 |
| 테스트용 프로그램을 작성해 보자 | Button2monitor | 3번 핀 디지털 입력 값을 시리얼 모니터에 H 또는 L로 출력함(1초마다) |
| | ADCratecheck | A0 아날로그 입력을 10,000 번 수행한 시간을 시간을 시리얼 모니터에 출력함 |
| | digitalratecheck | 2번 핀 디지털 입력을 100,000 번 수행한 시간을 시리얼 모니터에 출력함 |

# 실험 3) AnalogReadSerial

- 아두이노의 아날로그 입력 핀(A0)의 입력값을 읽어서 시리얼 모니터에 출력하도록 함
- 10 kΩ Potentiometer(분배기) 가변저항기로 A0 핀에 0~5 V의 가변 전압을 공급하라.
- 출력되는 값의 최솟값, 최댓값을 확인하라. ADC는 몇 비트인가?

```
void setup() {
  // initialize serial communication at 9600 bits per second:
  Serial.begin(9600);
}

// the loop routine runs over and over again forever:
void loop() {
  // read the input on analog pin 0:
  int sensorValue = analogRead(A0);
  // print out the value you read:
  Serial.println(sensorValue);
  delay(1);       // delay in between reads for stability
}
```

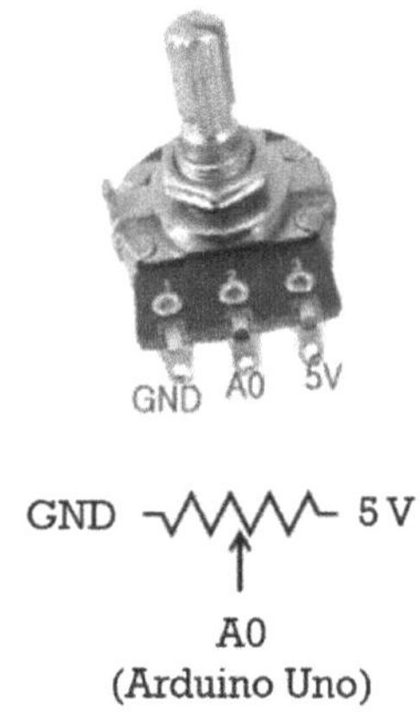




# 실험 4) ADCratecheck

- 아두이노의 아날로그 입력 핀(A0)에서 신호 표본값을 연속적으로 10,000 번을 읽는데 걸리는 시간을 측정하는 프로그램임. 아날로그 입력을 10,000 번씩 수행할 때마다 현재 시간 값을 시리얼 모니터에 출력하도록 함
- 이를 실행하여 소요 시간을 측정하라. 이 값을 이용하여, 표본화 최소 소요 시간을 구하라. 이 값으로 ADC 최고 주파수를 구하라.

```
unsigned long Time;
void setup() {
  Serial.begin(9600);
}

void loop() {
  for (int cnt=0; cnt<10000; cnt++)
  {
    int sensorValue = analogRead(A0);
  }
  Time=millis();
  Serial.println(Time);
}
```

**Lab. 10 아두이노 기초 예제** 학번 ________ 성명 ________

[LED Blink, LED Flip Flop]

## 결과보고서

1. 버튼 스위치를 누르면 스위치 양단의 저항은 (단락, 개방)이다.

2. 아두이노 디지털 핀의 출력 전류는 (      )mA 정도이다

3. 다이오드 연결 시 아두이노 디지털 핀과 다이오드 사이에 저항 220 Ω을 두는 이유는 무엇인가?

4. LED 단자 중에서 애노드와 캐소드를 구분하는 방법 3가지는?

5. 저항과 다이오드 순서를 바꾸어도 되는 이유는?

6. ADC는 (     ) 비트이고, 최고 주파수는 대략 (           ) Hz이다.

7. [도전] LED Flip Flop에서 스위치를 누르면 적색만 켜지고 스위치를 떼면 녹색만 켜지도록 하라.
(1) 프로그램만 수정하여 해결해 보라.

(2) 회로만 수정하여 해결해 보라(힌트: 누르면 D2에 5 V가 나타나고, 떼면 0 V가 나타나도록 함).



# Chapter 11

Arduino-2

아두이노 기반 교통신호 제어

C/C++ 개요
스케치 프로그램
교통신호모델링

정보통신 기초 및 실험

# 강의 계획

387

| 장 | 강의주제 | 내용 | 단위 | 부품, 도구, 장비 |
|---|---|---|---|---|
| 1 | 직류전기 | 기술동향, 직류전기, 전기 기차 | [V], [A] | DMM, Power Supply, LED, buzzer |
| 2 | 직류회로 | 직렬, 병렬, 저항, 임피던스(resistance), 전력/에너지 | [Ohm], [Watt], [Joule] | 저항, 가변저항 |
| 3 | 교류전기 | 교류전압(정현파, 삼각파, 구형파), 주파수, 진폭 | [Hz], [sec] | OSC, FuncGen, FreqCounter, piezo, speaker |
| 4 | 교류회로 | 주기, 위상, 인덕터, 커패시터 | [radian], [degree], [H], [F] | OSC, FuncGen |
| 5 | 납땜 연습 | 납땜 원리, 납땜 연습 | | 인두, 납, 공기정화기, 전선, 니퍼, 드라이버, 납흡입기, 만능기판, 전자부품 |
| 6 | 라디오 조립 | 방송수신기 원리, 1석 라디오 조립 | | 다이오드, 트랜지스터, 코일, 바리콘, 안테나 |
| | 중간고사 | | | |
| 7 | 진법 | 이진법, 십진법, 16진법, 덧셈, 뺄셈 | 1, 0, 0~9, 0~F, +, - | LED, 7-segment display, 점퍼선, 스위치 |
| 8 | 디지털게이트 | and, or, not, nand, nor, exor, 부울대수, 진리표 | Hi/Lo, True/False | 슬라이드 스위치, 게이트, 로직 IC |
| 9 | 플립플롭 | SR ff, JK ff, D ff, 카운터, 레지스터 | clock, enable, reset, Q | 플립플롭, 카운터, 시프트 레지스터 |
| 10 | 아두이노 | 기초 예제 | | 아두이노 우노 Kit, 스케치 IDE |
| **11** | **아두이노** | **교통신호 제어** | | **아두이노 우노 Kit** |
| 12 | 아두이노 | 4x4 키패드를 이용한 잠금 장치 | | 아두이노 우노 Kit, 키패드, 서보모터 |
| 13 | 아두이노 | 원격 서보모터 제어 안드로이드 앱 개발 | | 아두이노 우노 Kit, 블루투스, 안드로이드 앱, MIT App Inventor 2 |
| | 기말고사 | | | |

# 아두이노 기반 교통신호 제어

388

| 학습내용 요약 | 강의 목표 |
|---|---|
| • 2-way 교통신호 흐름에 대한 시퀀스 논리의 이해.<br>• 칼라 LED를 사용한 신호등 표시<br>• 아두이노 우노를 사용한 제어 로직 프로그래밍 이해<br>• 교통신호 체계 시퀀스 타이밍의 이해 | • 2-way 교통신호 흐름의 로직과 아두이노 마이크로컨트롤러와 LED를 사용하여 교통신호의 흐름 체계를 이해한다.<br>• 교통신호 흐름에 대한 비즈니스 로직을 이해하여 스케치 프로그램으로 구현한다.<br>• 아두이노 디지털/아날로그 핀 모드와 LED 다이오드의 역할을 이해한다.<br>**Key word**<br>교통신호 제어<br>시퀀스 제어<br>칼라 LED<br>아두이노 스케치 프로그래밍 |

# 프로그래밍 문법

- 기초 준비
  - 스케치(sketch) : 아두이노가 프로그램을 위해 사용하는 이름
  - 아두이노 프로그램은 3개의 주요 파트로 구성되어 있다: (1) 구조 (2) 변수 (3) 함수
- 프로그램 기초(https://www.arduino.cc/en/Reference/HomePage)
  - 주석처리 : /*  ---여러 줄 주석---  */ 혹은 // ---단일 줄 주석 ---
  - ; 세미콜론은 한 문장의 끝맺음을 나타내기 위해 사용된다.

  - 변수 : 데이터를 저장하는 공간
  - 데이터 유형

    byte myByte;  부호 없는 8비트 수. 0~255. (예) byte b=B10011; byte b=19; 둘 다 같음
    int myValue;  2의 보수 16비트 수. -32,768~32,767 (예) int ledPin=13;
    char myChar;  1 byte ASCII value (예) char x='A'; char x=65; 둘 다 같음
    double myDouble; 4 byte floating point number
    long myLongValue; 4 byte number. -2,147,483,648~2,147,483,647
  - 배열 : 인덱스 번호로 데이터 블록내의 값을 접근할 수 있다

    int myArray[];  (예) int x[6]; int y[]={1,2,3}; char z[6]="hello";
  - 포인터 /포인터 배열 : 변수 저장 번지를 사용하여 데이터에 접근한다

    char * letters[];



# 프로그래밍 문법

- 구조
  - 아두이노의 기본 프로그래밍 구조는 2개의 필수 함수 부분과 사용자 정의 함수로 구성된다.

| | |
|---|---|
| void setup()<br>{<br>statements;<br>} | setup() 함수는 보드의 초기 준비를 위한 함수 |
| void loop()<br>{<br>statements;<br>} | loop() 함수는 프로그램을 실행시키기 위한 함수 |

- 함수(Functions)
  - {} 괄호 사용
  - 함수에서 코드 블록의 시작과 끝을 묶어주는 코드 블록 단위를 나타낸다.

| | |
|---|---|
| type functionName(parameters)<br>{<br>statements;<br>} | functionName() 함수는 호출 시 프로그램을 실행시키는 함수 |

# 프로그래밍 문법

- 연산자 :산술연산자, 비교연산자, 불 연산자, 복합연산자

<table>
<tr><th>산술연산자</th><th>비교연산자</th><th>불 연산자</th><th>복합연산자</th></tr>
<tr><td>= (assignment operator)<br>+ (addition)<br>- (subtraction)<br>* (multiplication)<br>/ (division)<br>% (modulo)</td><td>== (equal to)<br>!= (not equal to)<br>< (less than)<br>> (greater than)<br><= (less than or equal to)<br>>= (greater than or equal to)</td><td>&& (and)<br>|| (or)<br>! (not)</td><td>++ (increment)<br>-- (decrement)<br>+= (compound addition)<br>-= (compound subtraction)<br>*= (compound multiplication)<br>/= (compound division)<br>%= (compound modulo)<br>&= (compound bitwise and)<br>|= (compound bitwise or)</td></tr>
</table>



# 프로그래밍 문법

- 비트연산자, 제어 구문 , 변환, 수학

<table>
<tr><th>비트연산자</th><th>제어 구문</th><th>변환</th><th>수학</th></tr>
<tr><td>& (bitwise and)<br>| (bitwise or)<br>^ (bitwise xor)<br>~ (bitwise not)<br><< (bitshift left)<br>>> (bitshift right)</td><td>if<br>if...else<br>for<br>switch case<br>while<br>do... while<br>break<br>continue<br>return<br>goto</td><td>char()<br>byte()<br>int()<br>word()<br>long()<br>float()</td><td>min()<br>max()<br>abs()<br>constrain()<br>map()<br>pow()<br>sqrt()</td></tr>
</table>

# 프로그래밍 문법

- 상수, 문법구문, 범위지정자, 포인터 액세스 연산자

| 상수 | 문법구문 | 범위지정자 | 포인터 액세스 연산자 |
|---|---|---|---|
| HIGH \| LOW<br>INPUT \| OUTPUT \| INPUT_PULLUP<br>LED_BUILTIN<br>true \| false<br>integer constants<br>floating point constants | ; (semicolon)<br>{} (curly braces)<br>// (single line comment)<br>/* */ (multi-line comment)<br>#define<br>#include | variable scope<br>static<br>volatile<br>const | * dereference operator<br>& reference operator |



# 프로그래밍 문법

- 제공된 내장 함수들: 디지털 I/O, 아날로그 I/O, 고급 I/O, Time

| 디지털 I/O | 아날로그 I/O | 고급 I/O | Time |
|---|---|---|---|
| pinMode()<br>digitalWrite()<br>digitalRead() | analogReference()<br>analogRead()<br>analogWrite() - PWM | tone()<br>noTone()<br>shiftOut()<br>shiftIn()<br>pulseIn() | millis()<br>micros()<br>delay()<br>delayMicroseconds() |

| Due & Zero only | Trigonometry | 난수 | 인터럽트 |
|---|---|---|---|
| analogReadResolution()<br>analogWriteResolution() | sin()<br>cos()<br>tan() | randomSeed()<br>random() | interrupts()<br>noInterrupts() |

# 아두이노 기반 교통신호 제어 : I/O 입출력 함수

- 디지털 I/O 핀 모드 설정 : pinMode(pin, mode)
  - 디지털 입력/출력 데이터(논리 HIGH, LOW) 송수신에 사용되는 핀
  - pin : 디지털 I/O 핀 번호
  - mode=INPUT, OUTPUT, INPUT_PULLUP
  - 리턴값 : 없음
- 디지털 쓰기 함수 : digitalWrite(pin, value)
  - 디지털핀에 논리 HIGH (DC 5 V) 혹은 논리 LOW (DC 0 V)값을 쓴다
  - value=HIGH 혹은 LOW
  - 리턴값: 없음
- 디지털 읽기 함수: digitalRead(pin)
  - 디지털핀에 들어오는 논리 HIGH/LOW 값을 읽어온다
  - 리턴값: HIGH 혹은 LOW



# 초기 설정과 무한 루프 함수

- 초기 설정 함수 : setup()
  - Setup() 함수는 스케치 프로그램이 시작될 때 호출되는 초기화 함수이다

**시리얼 통신속도=9600 보드, 디지털 핀 3은 INPUT 모드로 설정**

```
int buttonPin = 3;

void setup()
{
 Serial.begin(9600);
 pinMode(buttonPin, INPUT);
}
```

- 무한 루프 함수 : loop()
  - loop() 함수는 스케치 프로그램에 대한 메인 함수로서, 주어진 아두이노 보드 제어를 위한 태스크를 무한 루핑으로 실행한다

**디지털 핀 3의 입력을 읽어와 HIGH이면 시리얼 모니터에 H로 출력하고 LOW이면 L로 출력한다. 1초 주기로 무한 반복한다.**

```
// loop checks the button pin each time,
// and will send serial if it is pressed
void loop()
{
 if (digitalRead(buttonPin) == HIGH)
  Serial.write('H');
 else
  Serial.write('L');
 delay(1000);
}
```

397

# 교통신호 제어 알고리즘

- **알고리즘** : 5 초 이상 자동차신호='green'일 때(이때 보행자신호='red'임), 보행자 버튼을 누르면 다음 순서로 신호가 변경된다
  - 자동차신호='yellow', 보행자신호='red', 2 초 지속
  - 자동차신호='**red**', 보행자신호='red', 1 초 지속
  - 자동차신호='red', 보행자신호='**green**', 5 초 지속
  - 자동차신호='red', 보행자신호='**green**' **ON/OFF** 10 번, 5 초 지속
  - 자동차신호='red', 보행자신호='**red**', 0.1 초 지속
  - 자동차신호='**green**', 보행자신호='red', 보행자 버튼 누를 때까지 무한 지속

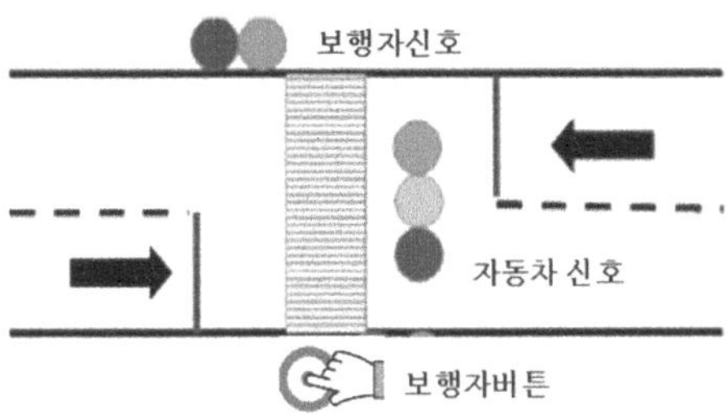


398

# 교통신호 제어 서브 함수 : changeLights()

- 교통신호 제어 서브 함수:
  **void changeLights()** →

GREEN CAR LED=OFF
YELLOW CAR LED=ON
Delay 2 sec

YELLOW CAR LED=OFF
RED CAR LED=ON
Delay 1 sec

RED Ped LED =OFF
GREEN Ped LED=ON
Delay 5 sec

GREEN Ped LED 10번 ON/OFF
(250 msec 간격)

RED Ped LED =ON
Delay 100 msec

GREEN CAR LED=ON
RED CAR LED=OFF
아두이노보드 프로그램 실행시간 측정
(millis())

- **내장 함수 millis():**
  아두이노 보드가 현재 프로그램을 실행시킨 후의 시간 측정값을 밀리초 단위로 리턴한다.

399

# Lab. 11

아두이노 기반 교통신호 제어

스케치 프로그래밍
C/C++ 교통체계 로직
교통신호제어
프로그래밍

Arduino-2

## 정보통신 기초 및 실험

- 스케치 프로그래밍
- 교통체계 로직
- 교통신호제어 C/C++ 스케치 프로그래밍 예제 실습

400

**Lab. 11 아두이노 기반 교통신호 제어** 학번 ________ 성명 ________

[Traffic light control]

## 예비보고서

다음 프로그램 실행문 각각의 의미를 설명하시오.

(예) int x = 9; // 답: 정수형 변수 x에 정수 9를 할당하라

1. pinMode(8, INPUT); // 답:

2. digitialWrite(5, HIGH); // 답:

3. int y = digitalRead(3); // 답:

4. if (y == HIGH) { z = 1234; } // 답:

5. delay(1000); // 답:

6. w = millis(); // 답 :

401

## 교통신호 제어를 위한 횡단보도 모형

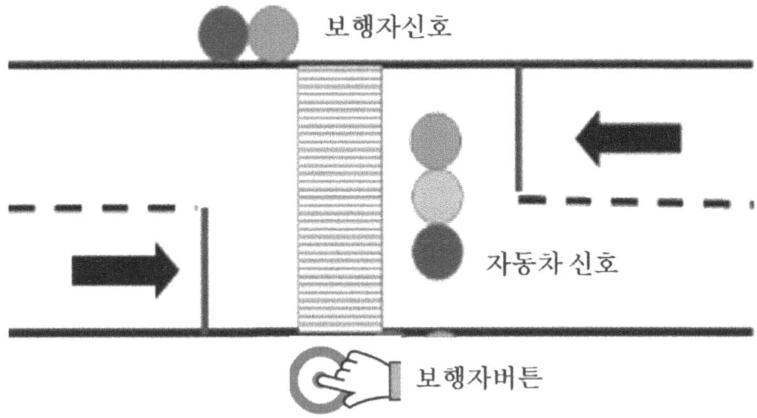


402

## 회로 연결도

- 부품 목록
  - 저항 220 Ω x 5 개, 저항 100 kΩ 1 개, 푸시버튼 스위치 1개
  - LED 적색 2 개, LED 녹색 2 개, LED 황색 다이오드 1 개
  - 연결 와이어류
  - 아두이노 우노 보드/USB케이블, 브레드보드

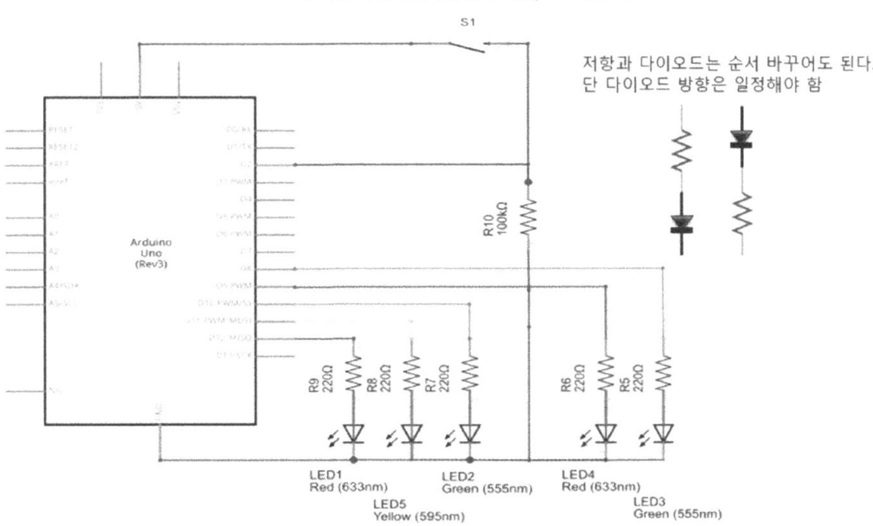

403

# 회로 연결도

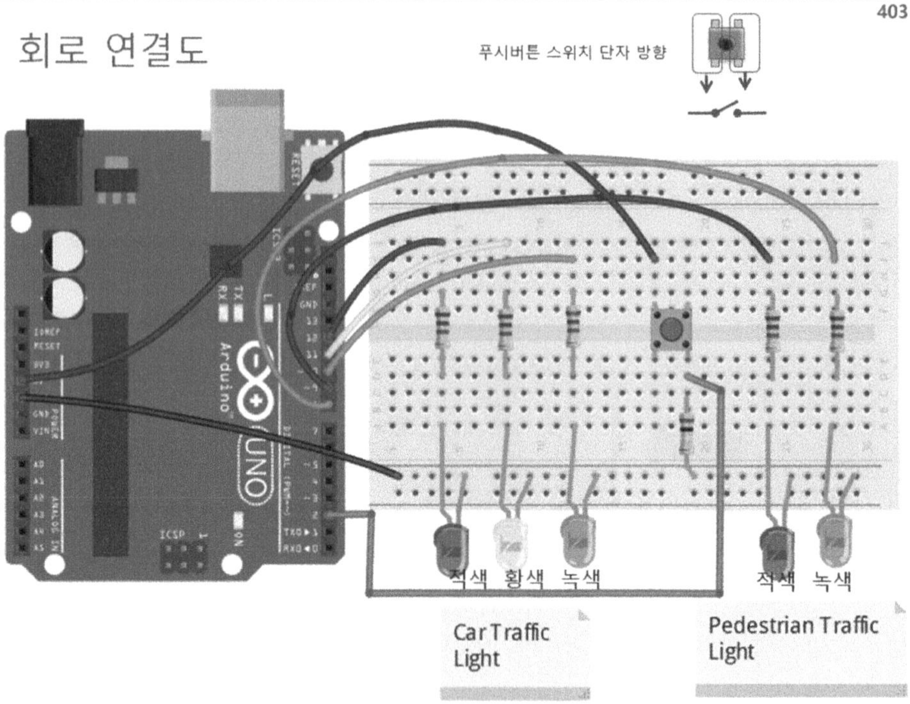


404

# 프로그래밍 : 변수 설정

- 프로그램 로직

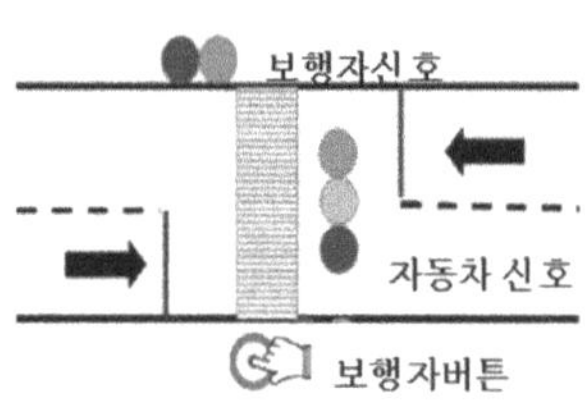


- 초기조건
- 순차조건

```
int carRed = 12; //car lights being assigned
int carYellow = 11;
int carGreen = 10;
int pedRed = 9; //ped lights being assigned
int pedGreen = 8;
int button = 2; // button pin
int crossTime = 5000;
  //crossing time given to pedestrians
unsigned long changeTime ;
  // collects the time since the button was last pressed
```

## 프로그래밍 : 초기 설정 함수

```
void setup() {
// put your setup code here, to run once:
  pinMode(carRed, OUTPUT);
  pinMode(carYellow, OUTPUT);
  pinMode(carGreen, OUTPUT);
  pinMode(pedRed, OUTPUT);
  pinMode(pedGreen, OUTPUT);
  pinMode(button, INPUT);
  digitalWrite(carGreen,HIGH); //start with green car light on
  digitalWrite(pedRed, HIGH); //start with red ped light on
}
```



## 프로그래밍 : 무한 루프 함수

```
void loop() {
// put your main code here, to run repeatedly:
/* check if button is pressed
and it is over 5 sec since last button press*/
  int state = digitalRead(button);
  if(state==HIGH && (millis() - changeTime) > 5000) {
    changeLights(); //function to change lights
  }
}
```

407

# 프로그래밍 : 교통신호 제어 서브 함수

```
void changeLights() {
digitalWrite(carGreen,LOW); //green car light off
digitalWrite(carYellow,HIGH); // yellow car light on
delay(2000); //wait 2 seconds
digitalWrite(carYellow,LOW); // yellow car light off
digitalWrite(carRed,HIGH); //red car light on
delay(1000); //wait 1 second to turn on ped light
digitalWrite(pedRed,LOW); //red ped light off
digitalWrite(pedGreen,HIGH); //green ped light on. allow crossing
delay(crossTime); //delay preset time of 5 seconds
//flashing of ped green light
for (int x=0; x<10; x++) {
  digitalWrite(pedGreen,HIGH);
  delay(250);
  digitalWrite(pedGreen,LOW);
  delay(250);
}
digitalWrite(pedRed, HIGH); //turn red ped light on
delay(100);
digitalWrite(carGreen,HIGH); //car green light on
digitalWrite(carRed,LOW); //car red light off
changeTime = millis(); //record time since last lights change
}
```

GREEN CAR LED=OFF
YELLOW CAR LED=ON
Delay 2 sec

YELLOW CAR LED=OFF
RED CAR LED=ON
Delay 1 sec

RED Ped LED =OFF
GREEN Ped LED=ON
Delay 5 sec

Ped GREEN LED 10 번 On/OFF
(250 msec 간격)

RED Ped LED =ON
Delay 100 msec

GREEN CAR LED=ON
RED CAR LED=OFF
아두이노 보드 프로그램 실행시간 측정
(millis())

408

**Lab. 11 아두이노 기반 교통신호 제어** 학번 __________ 성명 __________

[Traffic light control]

## 결과보고서

1. 자동차 RED 신호 핀 번호 = (        )번

2. 보행자 GREEN 신호 핀 번호 = (        )번

3. 초기 상태에서 자동차 신호등은 [GREEN, YELLOW, RED], 보행자 신호등은 [GREEN, RED]로 설정된다.

4. 정상 순차 시퀀스 상태에서 보행자 버튼을 누르면 보행자 우선 모드로 바뀌어, 보행자 신호등은 [GREEN, RED]로 바뀌고 자동차 신호등은 [GREEN, YELLOW, RED]로 바뀐다.

5. 보행자 버튼을 계속 누르고 있다면, 보행자 GREEN 신호등은 시간 축 상에서 어떤 패턴으로 반복될지를 스케치하라(ON='1', OFF='0').
   - 보행자 GREEN 신호등 ————————————→ 시간 축 [msec]

6. [도전] 5번 문제의 보행자 GREEN 신호등 변화 패턴의 한 주기 값을 구하라.

(1) 이론적으로 계산하라.

(2) 실제 동작에서 시간을 측정하라.

(3) 시간을 측정하도록 소스 프로그램을 수정하여 시리얼 모니터로 출력하라(힌트: millis() 함수를 활용).

# Chapter 12

4x4 키패드를 이용한 잠금 장치 (Keypad Locker)

4x4 키패드 기능
키패드 자물쇠 로직
전자잠금장치
스케치 프로그래밍

Arduino-3

정보통신 기초 및 실험



# 강의 계획

| 장 | 강의주제 | 내용 | 단위 | 부품, 도구, 장비 |
|---|---|---|---|---|
| 1 | 직류전기 | 기술동향, 직류전기, 전기 기차 | [V], [A] | DMM, Power Supply, LED, buzzer |
| 2 | 직류회로 | 직렬, 병렬, 저항, 임피던스(resistance), 전력/에너지 | [Ohm], [Watt], [Joule] | 저항, 가변저항 |
| 3 | 교류전기 | 교류전압(정현파, 삼각파, 구형파), 주파수, 진폭 | [Hz], [sec] | OSC, FuncGen, FreqCounter, piezo, speaker |
| 4 | 교류회로 | 주기, 위상, 인덕터, 커패시터 | [radian], [degree], [H], [F] | OSC, FuncGen |
| 5 | 납땜 연습 | 납땜 원리, 납땜 연습 | | 인두, 납, 공기정화기, 전선, 니퍼, 드라이버, 납흡입기, 만능기판, 전자부품 |
| 6 | 라디오 조립 | 방송수신기 원리, 1석 라디오 조립 | | 다이오드, 트랜지스터, 코일, 바리콘, 안테나 |
| | 중간고사 | | | |
| 7 | 진법 | 이진법, 십진법, 16진법, 덧셈, 뺄셈 | 1, 0, 0~9, 0~F, +, - | LED, 7-segment display, 점퍼선, 스위치 |
| 8 | 디지털게이트 | and, or, not, nand, nor, exor, 부울대수, 진리표 | Hi/Lo, True/False | 슬라이드 스위치, 게이트, 로직 IC |
| 9 | 플립플롭 | SR ff, JK ff, D ff, 카운터, 레지스터 | clock, enable, reset, Q | 플립플롭, 카운터, 시프트 레지스터 |
| 10 | 아두이노 | 기초 예제 | | 아두이노 우노 Kit, 스케치 IDE |
| 11 | 아두이노 | 교통신호 제어 | | 아두이노 우노 Kit |
| **12** | **아두이노** | **4x4 키패드를 이용한 잠금 장치** | | **아두이노 우노 Kit, 키패드, 서보모터** |
| 13 | 아두이노 | 원격 서보모터 제어 안드로이드 앱 개발 | | 아두이노 우노 Kit, 블루투스, 안드로이드 앱, MIT App Inventor 2 |
| | 기말고사 | | | |

# 4x4 키패드를 이용한 잠금 장치

| 학습내용 요약 | 강의 목표 |
|---|---|
| • 전자식 디지털 잠금 장치에 대한 시퀀스 논리의 이해.<br>• 칼라 LED를 사용한 열림, 닫힘 신호 표시<br>• 아두이노 우노를 사용한 제어 로직 프로그래밍 이해<br>• 키패드를 이용한 잠금 신호 체계 이해 | • 4x4 키패드 매트릭스 와이어링 로직과 아두이노 마이크로컨트롤러와 LED를 사용하여 잠금 장치의 열림, 닫힘 신호의 흐름 체계를 이해한다.<br>• 키패드 잠금 장치 신호 흐름에 대한 비즈니스 로직을 이해하여 스케치 프로그램으로 구현한다.<br>• 아두이노 디지털/아날로그 핀 모드와 LED 다이오드의 역할을 이해한다.<br>**Key word**<br>키패드 잠금신호제어<br>비밀번호 제어<br>칼라 LED<br>아두이노 스케치 프로그래밍 |



# 4x4 키패드

- 기본 설계 개념
  - 4x4 (16) 버튼 키패드를 사용하여 어느 버튼 키가 눌렸는지를 읽어온다
  - 입력된 버튼 입력에 가장 보편적으로 사용되는 기법인 "strobe 와 scan" 개념을 적용하여 입력된 키패드 패턴을 이해한다
- 4x4 키패드 와이어링 이해 (4개의 행(Rows)과 4개의 열(Columns)로 구성됨)

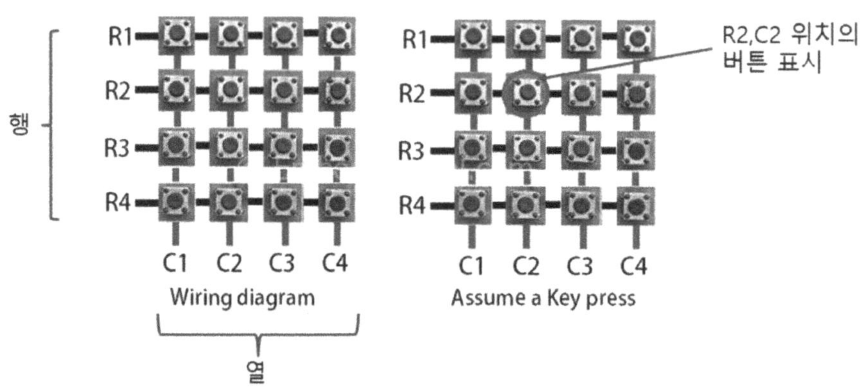

# 4x4 키패드 : Strobe & Scan

- Strobe와 Scan 의 동작 원리
  - 버튼 키가 눌러졌을 때 해당되는 행(row)과 열(column)의 스위치가 닫힌다. 가령 버튼 키 5번(행 2와 열 2이 만나는 버튼)을 눌렀다고 하자. 5번 스위치가 닫히면 행 2에 인가된 전압이 도통이 되어 열 2에 나타난다.
  - 키패드의 눌러진 값을 읽어 오기 위해서는 각 행(row)에 차례로 전압을 인가함으로써 각 행을 "strobe"한다. 행을 스트로빙하는 동안 전압이 인가된 해당 열(column)을 스캔한다.

| | |
|---|---|
| Strobe와 Scan 동작시퀀스 | ① 변수 Y를 0으로 초기화한다<br>② 전압을 행 변수 Y에 인가한다<br>③ 변수 X를 0으로 초기화한다<br>④ 전압 존재 여부를 위해 열 변수 X를 검사한다<br>⑤ 만일 전압이 존재하면, 키패드 위치 (X,Y)에 있는 버튼이 눌려졌다고 판단한다<br>⑥ 만일 X가 1보다 작으면, X를 하나 증가시키고 4번으로 간다<br>⑦ 만일 Y가 1보다 작으면, Y를 하나 증가시키고 2번으로 간다<br>⑧ 1번으로 가서 반복한다 |



# 4x4 키패드 핀 번호

- 키패드 매핑

| 핀 배열 | |
|---|---|
| 키패드 핀 번호 | 심볼(해당 행렬 번호) |
| 8 | 행(row) 1 |
| 7 | 행(row) 2 |
| 6 | 행(row) 3 |
| 5 | 행(row) 4 |
| 4 | 열(col) 1 |
| 3 | 열(col) 2 |
| 2 | 열(col) 3 |
| 1 | 열(col) 4 |

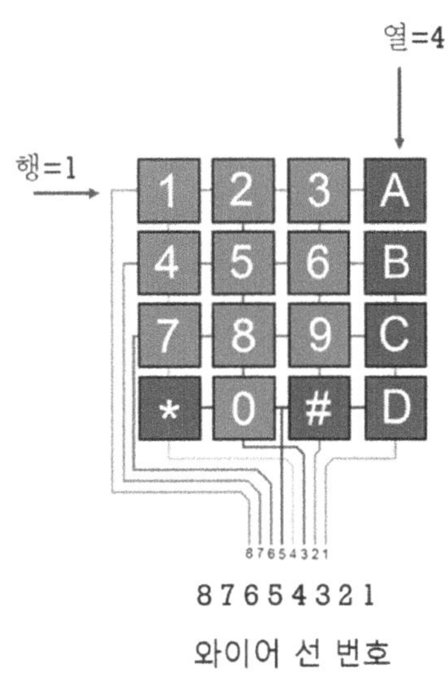

415

# 서보모터의 회전 제어

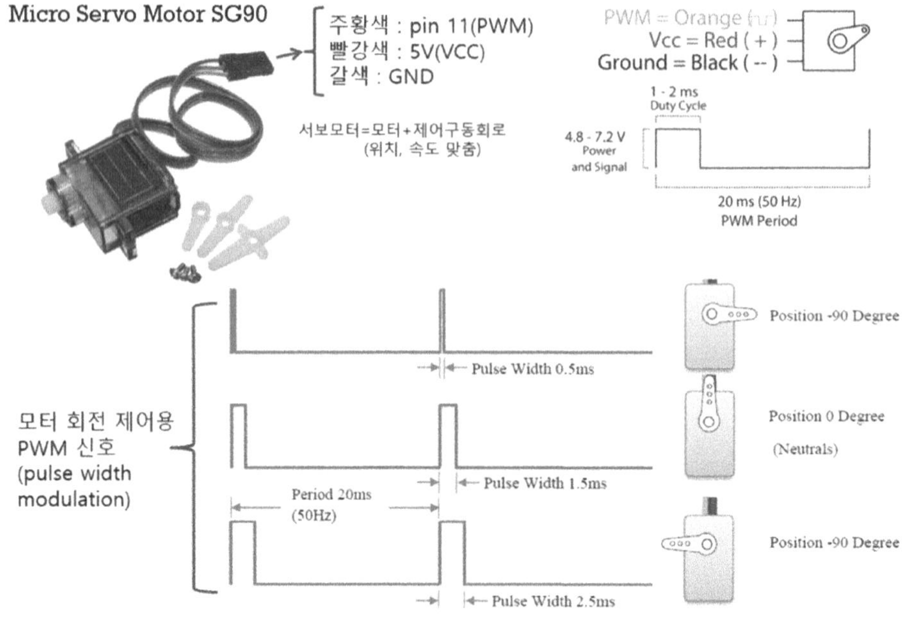


416

# 잠금 장치 제어 프로그래밍 로직

① 초기 상태 : 녹색 LED는 OFF , 적색 LED는 ON 상태이며 서보모터는 '닫힘' 상태(0도 위치)를 가리킨다

② 키패드로 번호를 순서대로 눌러, 비밀번호와(예: 159) 맞으면 녹색 LED가 켜지고, 틀리면 적색 LED가 켜지도록 만든다. 비밀번호와 맞으면 서보모터는 '열림' 상태(90도 위치)를 가리킨다.

③ 또 비밀번호를 맞춘 후 # 혹은 * 키를 누르면 '닫힘' 상태로 되돌아간다.

417

# 프로그래밍 : 주요 함수들

- 잠금 상태 제어 서브 함수: void LockedPosition(int locked)
- 서보모터 메소드

```
ServoMotor.attach(pin);  // 제어 신호 핀 번호 지정
ServoMotor.write(angle);  // 서보모터를 angle(deg)값만큼 회전시킴
```

- 키패드 메소드

```
Keypad.getKey();      // 스트링 키값을 얻어옴
```

- 내장 시리얼 함수

```
Serial.begin(speed);  // 보(baud) 시리얼 통신속도 설정
Serial.println(val);      // 시리얼 모니터에 val값 출력
```

418

# 프로그래밍 : 초기 변수 값 설정

```
#include <Servo.h>        //서보모터 라이브러리 호출
#include <Keypad.h>       //Keypad.h 라이브러리를 호출
Servo ServoMotor;         //서보모터 객체 생성

char* password = "159"; //비밀번호를 설정(여기선 159)
int position = 0;            //비밀번호 자릿수 표시(초기 위치는 0번지)
const byte ROWS = 4;  //키패드의 행 수
const byte COLS = 4;  //키패드의 열 수
char keys[ROWS][COLS] = {
  {'1', '2', '3', 'A'},
  {'4', '5', '6', 'B'},
  {'7', '8', '9', 'C'},
  {'*', '0', '#', 'D'}
};
byte rowPins[ROWS] = { 9, 8, 7, 6 }; //키패드 행과 아두이노 우노 핀 매핑
byte colPins[COLS] = { 5, 4, 3, 2 };  //키패드 열과 아두이노 우노 핀 매핑
Keypad keypad = Keypad(makeKeymap(keys), rowPins, colPins, ROWS, COLS);
                          //키패드 오브젝트 생성→ 키패드의 키맵 설정
int RedpinLock = 12;
int GreenpinUnlock = 13;
```

419

# 프로그래밍 : 초기 설정 함수, 제어 출력 외부 함수

```
■ Void setup() {
    pinMode(RedpinLock, OUTPUT);
    pinMode(GreenpinUnlock, OUTPUT);
    ServoMotor.attach(11);
    LockedPosition(true);
    Serial.begin(9600);
  } // 2개의 LED를 OUTPUT 모드로 세팅하고, 잠금상태(setLocked 함수)를 디폴트 상태(true)로 세팅한다.
```

외부 함수 (function)

```
■ void LockedPosition(int locked){      // 잠금 시와 해제 시에 맞는 LED를 세팅해 주는 함수
   if(locked) {                         // 잠금 시 Red LED를 켜주고, Green LED를 꺼준다.
          digitalWrite(RedpinLock, HIGH);
          digitalWrite(GreenpinUnlock, LOW);
          ServoMotor.write(0); }
    else {
       digitalWrite(RedpinLock, LOW);
       digitalWrite(GreenpinUnlock, HIGH);
       ServoMotor.write(90); }
   }
```

420

# 프로그래밍 : 무한 루프 메인 함수

```
void loop()
{
  char key = keypad.getKey();     //key에 키 입력을 받아 적는다
  if (key == '*' || key == '#')
  {
    position = 0;
    LockedPosition(true);
  }
  if (key == password[position])  //key값이 position 위치의 비밀 키 값과 일치하는가?
  {
    position ++;
  }
  if (position == 3)              //position 값이 3인가?
  {
    LockedPosition(false);
  }
  delay(100);
  Serial.println(key);
}
```

# Lab. 12

Arduino-3

**4x4 키패드를 이용한 잠금 장치 (Keypad Locker)**

**4x4 키패드 기능**
**키패드 자물쇠 로직**
**전자잠금장치**
**스케치 프로그래밍**

## 정보통신 기초 및 실험

- 4x4 키패드 기능
- 키패드 자물쇠 로직
- 전자잠금장치
- 스케치 프로그래밍



**Lab. 12 4x4 키패드를 이용한 잠금 장치** 학번 ________ 성명 ________

[Keypad Electronic Locker]

## 예비보고서

다음 프로그램 실행문 각각의 의미를 설명하시오.

(예) int x = 9; // 답: 정수형 변수 x에 정수 9를 할당하라

1. #include <Keypad.h>

2. byte x[3] = {5,9,10};

3. char y[2][3] = {{'1', '2', '3'}, {'5', '6', '7'}};

4. Serial.begin(9600);

5. LockedPosition(true);

6. position++;

# 4x4 키패드 라이브러리

- 라이브러리 호출 방법
  - 프로그램 추가 사항
  - 4x4 Matrix Keypad를 사용하기 위해서는 스케치 코딩에 앞서 키패드 디바이스에 대한 라이브러리를 등록해야 한다.

- 등록하는 방법
  - Arduino IDE 스케치를 실행시킨다
  - 스케치 메뉴 > Include Library > Manage Libraries...를 선택한다
  - Library Manager 창이 열리면 검색창에 Keypad를 입력하여 관련 라이브러리를 찾는다.
  - Keypad by Mark Stanley, Alexander Brevig Version 3.1.0을 선택하고 install 버튼을 클릭한다.
  - 설치된 Keypad 라이브러리를 보려면 다시 스케치 메뉴 > Include Library > Keypad 가 있으면 설치된 것이다 (아래 그림 참조).

- 등록 후 스케치 프로그램에 다음을 포함시킨다
  - #include <Keypad.h> // Keypad.h 라이브러리를 호출 ← 사용자 추가 라이브러리
  - #include <Servo.h> //서보모터 라이브러리 호출 ← 표준 라이브러리



# 4x4 키패드 라이브러리

(2) 4x4 keypad 라이브러리 확인

(1) 4x4 keypad 라이브러리 추가

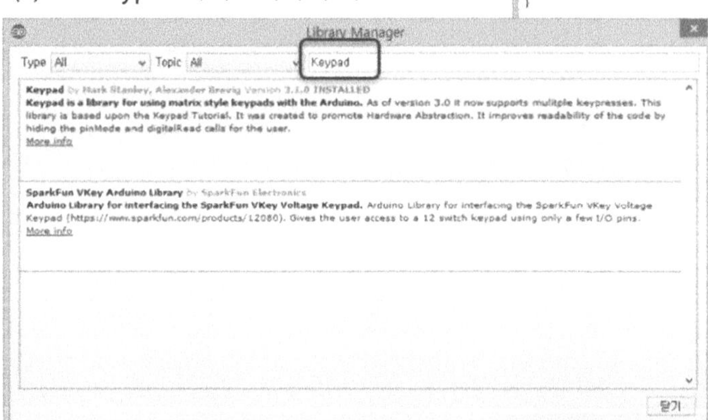

425

# 4x4 키패드 핀 연결

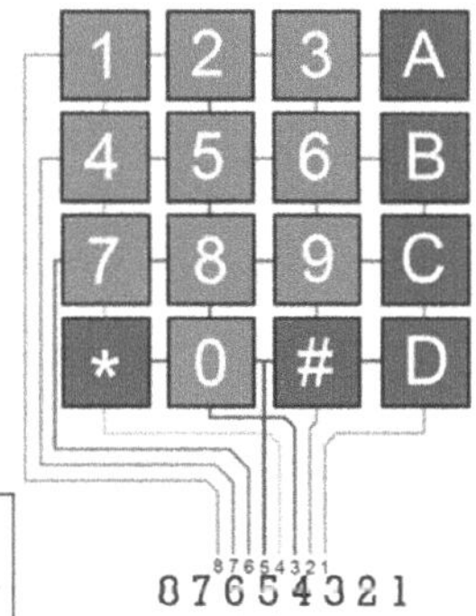


| 키패드 핀 번호 | 8 | 7 | 6 | 5 | 4 | 3 | 2 | 1 |
|---|---|---|---|---|---|---|---|---|
| 아두이노 핀 번호 | 9 | 8 | 7 | 6 | 5 | 4 | 3 | 2 |

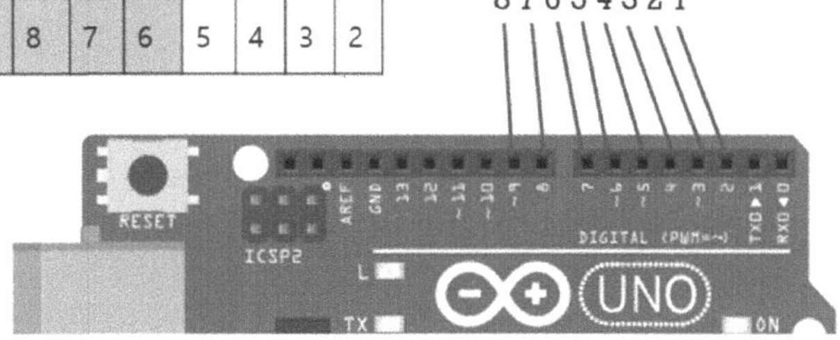


426

# 4x4 키패드를 이용한 잠금 장치 : 회로 연결도

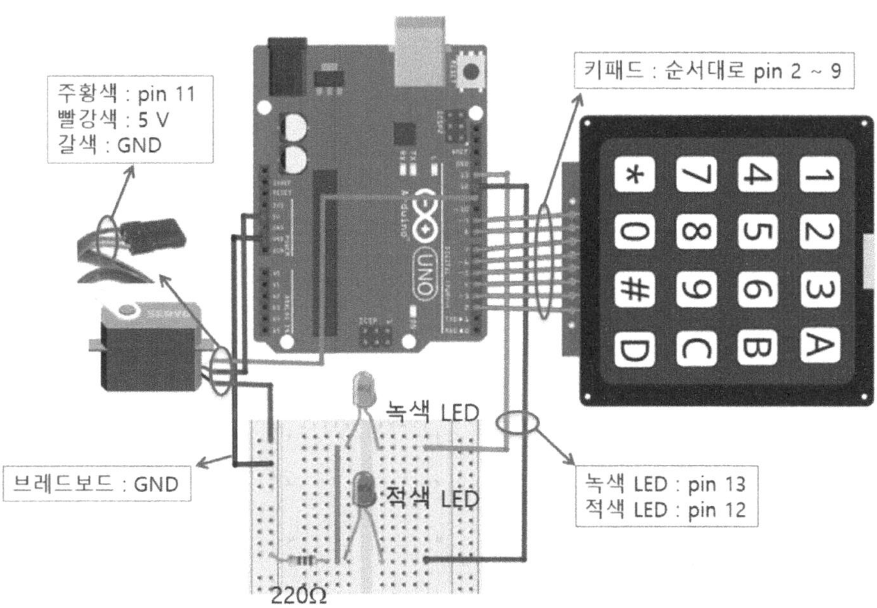

## 프로그래밍 : 기본 설정

```
// 아두이노 우노를 사용한 4x4 키패드 장금장치 개폐 코딩
// 소스: Jlaservideo.com
#include <Servo.h>          //서보모터 라이브러리 호출
#include <Keypad.h>         //keypad.h 라이브러리 호출
Servo ServoMotor;           //서보모터 객체 생성
char* password = "159";     //비밀번호를 설정(여기서는 159)
int position = 0;           //비밀번호 자릿수 인덱스(초기값은 0번지)
const byte ROWS = 4;        //키패드의 행 수
const byte COLS = 4;        //키패드의 열 수
char keys[ROWS][COLS] = {
   {'1','2','3','A'},
   {'4','5','6','B'},
   {'7','8','9','C'},
   {'*','0','#','D'}
};
byte rowPins[ROWS] = { 9,8,7,6 }; //키패드 행과 아두이노 우노 핀 매핑
byte colPins[COLS] = { 5,4,3,2 };  //키패드 열과 아두이노 우노 핀 매핑
Keypad keypad = Keypad(makeKeymap(keys), rowPins, colPins, ROWS, COLS);
                             //키패드 개체 생성 → 키패드의 키맵 설정
int RedpinLock = 12;
int GreenpinUnlock = 13;
```



## 프로그래밍 : setup() 설정 함수

```
void setup() {

    pinMode(RedpinLock, OUTPUT);        //적색 LED로 OUTPUT 모드 세팅

    pinMode(GreenpinUnlock, OUTPUT);    //녹색 LED로 OUTPUT 모드 세팅

    ServoMotor.attach(11);              //11번 핀에 서보모터 제어 신호 연결

    LockedPosition(true);               //잠금 상태로 제어 서브 함수 호출

    Serial.begin(9600);                 //보(baud) 시리얼 통신속도 9600 [bps]로 설정

}
```

# 프로그래밍 : Loop() 메인 함수와 외부 함수

```
void loop() {
  char key = keypad.getKey();              //키 입력값을 받는다
  if (key == '*' || key == '#') {          //key 값이 * 혹은 #이면 닫힘 상태로 되돌아간다
     position = 0;
     LockedPosition(true);
  }
  if (key == password[position]) {         //key 값이 비번과 일치하면 position 값 증가
      position ++;
  }
  if (position == 3) {                     //position 값이 3이면 열림 상태가 됨
     LockedPosition(false);
  }
  delay(100);
  Serial.println(key);                     //시리얼 모니터에 key 값을 출력한다
}
```

```
void LockedPosition(int locked) {  //잠금 시와 해제 시에 맞는 LED를 세팅해 주는 외부함수
  if (locked) {                          //locked 가 true일 때 --> 닫힘 상태가 됨
    digitalWrite(RedpinLock, HIGH);
    digitalWrite(GreenpinUnlock, LOW);
    ServoMotor.write(0);                 //서보모터를 0도로 회전시킴
  }
  else {                                 //locked 가 false일 때 --> 열림 상태가 됨
    digitalWrite(RedpinLock, LOW);
    digitalWrite(GreenpinUnlock, HIGH);
    ServoMotor.write(90);                //서보모터를 90도로 회전시킴
  }
}
```



**Lab. 12 4x4 키패드를 이용한 잠금 장치** **학번** ________ **성명** ________

[Keypad Electronic Locker]

## 결과보고서

1. 서보모터 제어 신호 핀 번호 = ( )번

2. 4x4 키패드 row 1의 아두이노 핀 번호 = ( )번

3. 4x4 키패드 col 1의 아두이노 핀 번호 = ( )번

4. Servo motor 객체와 keypad 객체를 사용하기 위해 포함되어야 하는 라이브러리 헤더 파일들은?

5. 비밀번호를 4자리(1234)로 수정하라. 수정된 코드 부분을 제시하라.

6. [도전] 일반적으로 LED 회로는 LED 당 저항 1개씩을 사용한다. 본 실험에서는 2개의 LED 회로에 저항 1개만 사용하였다. 저항 부품이 준 이점에 따라오는 단점은 무엇인가?

7. [도전] 비밀번호가 아닌 키를 누르면 바로 원위치(position=0)로 돌아가도록 수정하라. 수정된 코드 부분을 제시하라. (힌트: 아무 key도 누르지 않을 때에는 숫자 0이 읽힌다. 한편 key '0'을 누를 때에는 ASCII code '0'가 읽힌다).

# + Chapter 13

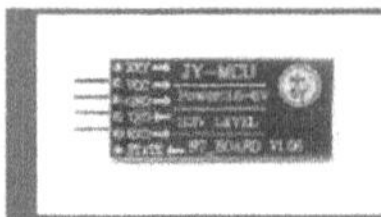

Arduino-4

MIT App Inventor

안드로이드 앱을 사용한 블루투스 원격 서보모터 제어

아두이노 블루투스 사용 원격 서보모터 제어 안드로이드 앱 개발

정보통신 기초 및 실험



## 강의 계획

| 장 | 강의주제 | 내용 | 단위 | 부품, 도구, 장비 |
|---|---|---|---|---|
| 1 | 직류전기 | 기술동향, 직류전기, 전기 기차 | [V], [A] | DMM, Power Supply, LED, buzzer |
| 2 | 직류회로 | 직렬, 병렬, 저항, 임피던스(resistance), 전력/에너지 | [Ohm], [Watt], [Joule] | 저항, 가변저항 |
| 3 | 교류전기 | 교류전압(정현파, 삼각파, 구형파), 주파수, 진폭 | [Hz], [sec] | OSC, FuncGen, FreqCounter, piezo, speaker |
| 4 | 교류회로 | 주기, 위상, 인덕터, 커패시터 | [radian], [degree], [H], [F] | OSC, FuncGen |
| 5 | 납땜 연습 | 납땜 원리, 납땜 연습 | | 인두, 납, 공기정화기, 전선, 니퍼, 드라이버, 납흡입기, 만능기판, 전자부품 |
| 6 | 라디오 조립 | 방송수신기 원리, 1석 라디오 조립 | | 다이오드, 트랜지스터, 코일, 바리콘, 안테나 |
| | 중간고사 | | | |
| 7 | 진법 | 이진법, 십진법, 16진법, 덧셈, 뺄셈 | 1, 0, 0~9, 0~F, +, - | LED, 7-segment display, 점퍼선, 스위치 |
| 8 | 디지털게이트 | and, or, not, nand, nor, exor, 부울대수, 진리표 | Hi/Lo, True/False | 슬라이드 스위치, 게이트, 로직 IC |
| 9 | 플립플롭 | SR ff, JK ff, D ff, 카운터, 레지스터 | clock, enable, reset, Q | 플립플롭, 카운터, 시프트 레지스터 |
| 10 | 아두이노 | 기초 예제 | | 아두이노 우노 Kit, 스케치 IDE |
| 11 | 아두이노 | 교통신호 제어 | | 아두이노 우노 Kit |
| 12 | 아두이노 | 4x4 키패드를 이용한 잠금 장치 | | 아두이노 우노 Kit, 키패드, 서보모터 |
| **13** | **아두이노** | **원격 서보모터 제어 안드로이드 앱 개발** | | **아두이노 우노 Kit, 블루투스, 안드로이드 앱, MIT App Inventor 2** |
| | 기말고사 | | | |

# 아두이노 블루투스 사용 원격 서보모터제어 안드로이드 앱 개발

| 학습내용 요약 | 강의 목표 |
|---|---|
| • MIT App Inventor 2 를 사용한 스크래치 프로그래밍 이해<br>• 블루투스 데이터 송수신 원리 이해<br>• 아두이노 우노에서 블루투스를 사용하여 서보모터 제어 로직 프로그래밍 이해<br>• 서보모터의 각도 제어 이해 | • MIT App Inventor2를 사용하여 안드로이드 앱 개발 과정을 이해한다.<br>• 아두이노 우노 마이크로컨트롤러에 블루투스 직렬 데이터 통신을 사용한 원격 서보모터 제어를 구현한다.<br>• 안드로이드 앱을 설치하고 사용하여 무선으로 서보모터 제어 과정을 이해한다.<br><br>**Key word**<br>스크래치 프로그래밍<br>서보모터 제어<br>블루투스 직렬 데이터 송수신<br>아두이노 스케치 프로그래밍 |



# ai2 : MIT App Inventor 2

- 필요사항
  - http://ai2.appinventor.mit.edu 연결
  - 구글 이메일 계정 필요
  - 구글 playstore에서 MIT Companion App 2 안드로이드 스마트 폰에 설치
  - 안드로이드 스마트폰
  - USB 케이블 혹은 WiFi 연결 (→ 스마트폰 USB 디버깅 모드를 ON상태로 둔다)
  - 안드로이드폰과 PC 간 USB 케이블로 연결 인증 확인한다.
- 설치 사항
  - MIT_App_Inventor_Tools_2.3.0_win_setup.exe 다운로드받아 PC에 설치한다
  - MIT AI2 Companion App을 구글 Play Store에서 다운로드받아 스마트폰에 설치한다.
  - aiStarter(윈도우 /리눅스운영체제만 해당) 파일을 실행시킨다.

# 안드로이드 앱 개발 역사

처음 구글에 의해 개발됨
-2010년 7월 요청에 의해 앱이 사용가능하게 됨
-2010년 12월 공개됨

MIT 가 2011년 11월 프로젝트를 구글로부터 인수받고 모바일 학습을 위해 발전시킴

MIT 버전 2012년 발표
-구글 2011년 12월 지원 종료

MIT 버전 2 2013년 12월 발표
-1차 버전 이름: MIT Inventor Classic
-2차 버전이름: MIT Inventor 2

led by App Inventor creator Hal Abelson and fellow MIT professors Eric Klopfer and Mitchel Resnick



# MIT App Inventor 2

- 주요 (변경) 사항
  - Block Editor는 초기버전과 달리 웹 브라우저 내에서 동작하도록 원래 Open Blocks에 기반한 block editor를 대체하였다.
  - MIT AI2 companion app은 USB 연결뿐 아니라 WiFi 무선 연결에서도 연결된 장치에서 디버깅이 가능하다.

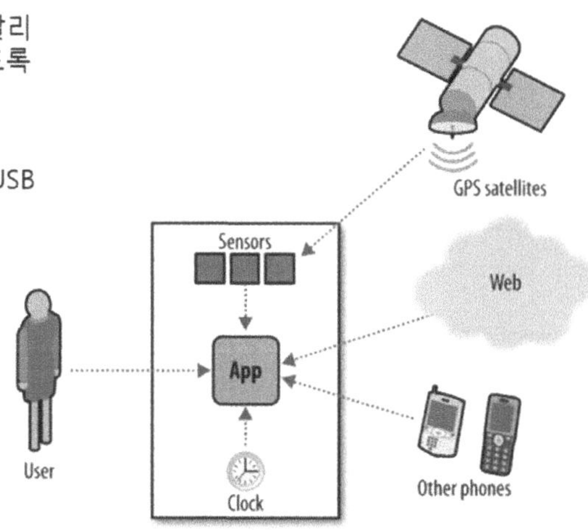

## 앱 개발 환경 : 폰에 MIT AI2 Companion 앱을 설치

1. 폰에서 아래의 QR code read
2. Google Play Store에서 MIT AI2 Companion App 다운 받음
   (먼저 폰 Security에서 "unknown sources"는 체크 상태)
3. 다운 받은 MIT AI2 Companion을 설치함

Play Store

*Recommended:* Automatic updates

Scan this QR code (or click this link) to get the app from the Play Store

• MIT AI2 companion

## 앱 개발 환경 : PC

1. PC에서 MIT_App_Inventor_Tools_2.3.0_win_setup.exe 파일 설치
   ➔ aiStarter 생성됨
2. Chrome browser 사용하여 http://ai2.appinventor.mit.edu/에 접속
3. Google email 계정으로 로그인해야 함

MIT_App_Inventor_Tools_2.3.0_win_setup

82 Mbytes

- Chrome browser
- Google email account
- aiStarter

Google

## 앱 개발 환경 : 옵션 1 (Android 폰이 WiFi 연결 가능한 경우)

PC와 폰이 동일 WiFi 망 상에서 직접 통신함

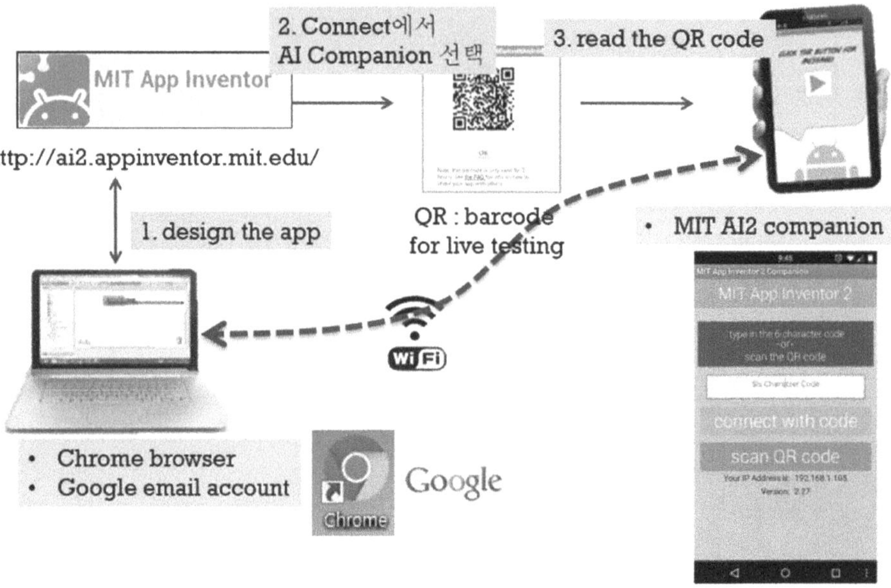




## 앱 개발 환경 : 옵션 1 (Android 폰이 WiFi 연결 가능한 경우)

PC와 폰이 동일 WiFi 망 상에서 직접 통신함

1. PC가 6자 코드로 체크인
2. MIT 서버가 PC의 IP를 기록
3. 폰이 6자 코드로 체크인
4. MIT 서버가 폰의 IP를 기록
5. MIT 서버가 6자 코드가 일치한 PC와 폰에게 상대방 IP를 알려줌
6. PC와 폰은 IP를 사용하여 직접 통신함

**Ideal Network:**

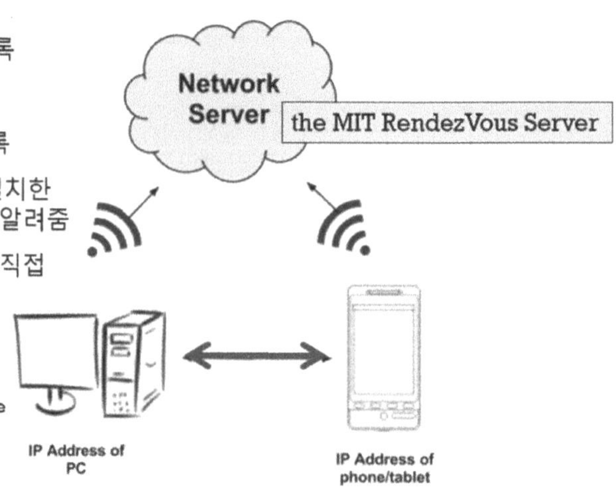


*In this network, the PC is allowed to talk to the phone and vice-versa.*

http://appinventor.mit.edu/explore/support/explain-wifi-connection-2.html

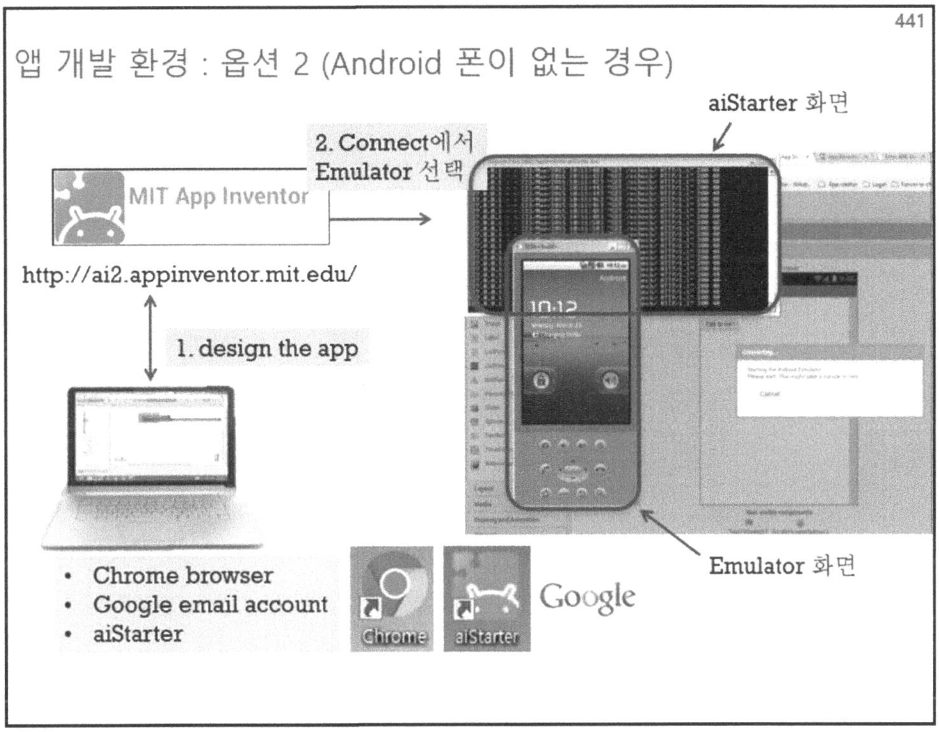
441
앱 개발 환경 : 옵션 2 (Android 폰이 없는 경우)
aiStarter 화면
2. Connect에서
Emulator 선택
MIT App Inventor
http://ai2.appinventor.mit.edu/
1. design the app
Emulator 화면
• Chrome browser
• Google email account
• aiStarter
Chrome
aiStarter
Google

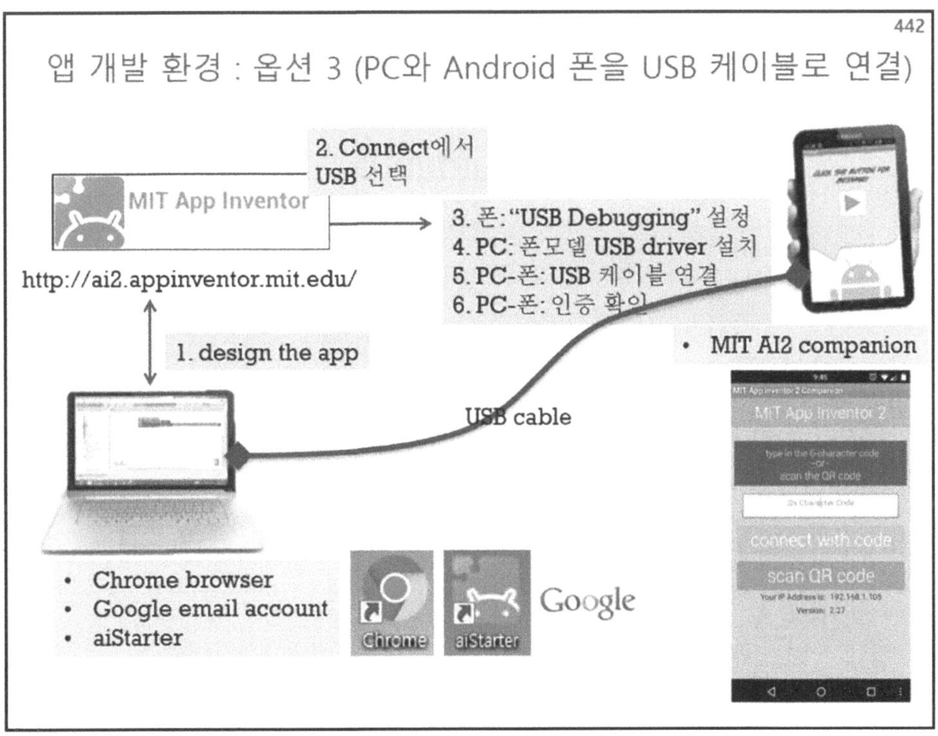
442
앱 개발 환경 : 옵션 3 (PC와 Android 폰을 USB 케이블로 연결)
2. Connect에서
USB 선택
MIT App Inventor
3. 폰: "USB Debugging" 설정
4. PC: 폰모델 USB driver 설치
5. PC-폰: USB 케이블 연결
6. PC-폰: 인증 확인
http://ai2.appinventor.mit.edu/
1. design the app
• MIT AI2 companion
USB cable
MIT App Inventor 2
connect with code
scan QR code
• Chrome browser
• Google email account
• aiStarter
Chrome
aiStarter
Google

443

## 앱 개발 과정, 개발된 앱의 설치 과정

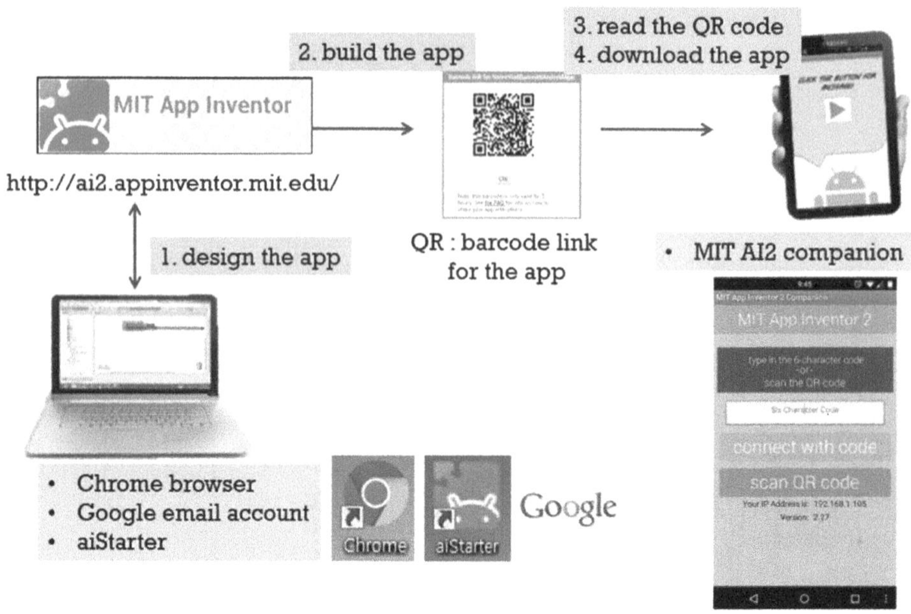


444

## 무선통신 기술 비교 : WiFi, Bluetooth, NFC(near field communication)

| WiFi<br>(무선랜) | Bluetooth | NFC |
|---|---|---|
| • 10 m, 100 m, 수 km<br>• 2.4 GHz ISM band, 5 GHz U-NII band<br>• 수십 Mbps | • 10 m<br>• 2.45 GHz ISM band<br>• 700 kbps, 2.1 Mbps | • < 0.2 m<br>• 13.56 MHz<br>• 424 kbps |
| cf) 무선 이더넷<br>WLAN<br>IEEE 802.11 | cf) 무선 USB<br>WPAN<br>IEEE 802.15.1 | 근거리 무선통신<br>RFID 리더와 태그<br>ISO 13157 |
| AP(access point) 필요 | 저전력형 | 태그는 무전력형 |
| 무선 인터넷 공유기 | 이어폰, 키보드, 마우스, 스마트폰 | 스마트포스터, 명함교환, 요금결제, 교통카드 |

445

## 안드로이드 앱 개발 예제 (TalkToMe2)

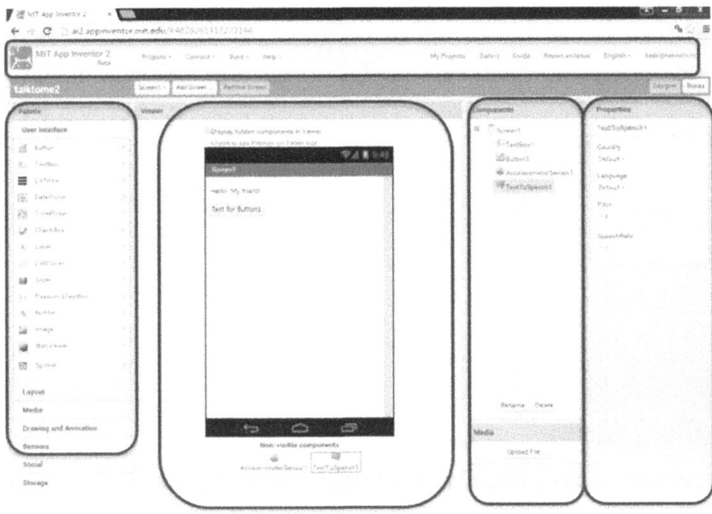


Ai2 메뉴

- **디자이너** 창은 4개의 모듈로 구성
  - -Palette 모듈
  - -Viewer 모듈
  - -Components 모듈
  - -Properties 모듈

446

## 안드로이드 앱 개발 예제 (TalkToMe2)

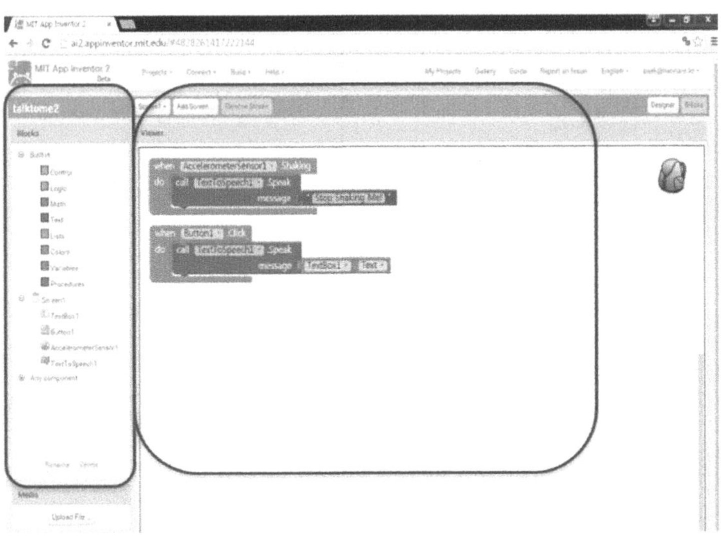


- **블럭스** 창은 2개의 모듈로 구성
  - -Blocks 모듈
  - -Viewer 모듈

447

## 안드로이드 앱 개발 예제 (Bluetooth Servo Motor Control )

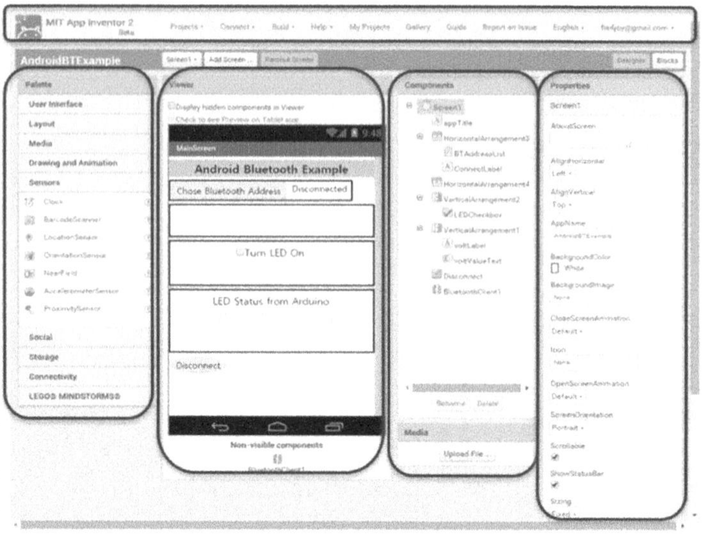


← Ai2 메뉴

- **디자이너** 창은 4개의 모듈로 구성
  - -Palette 모듈
  - -Viewer 모듈
  - -Components 모듈
  - -Properties 모듈

448

## 안드로이드 앱 개발 예제 (Bluetooth Servo Motor Control )

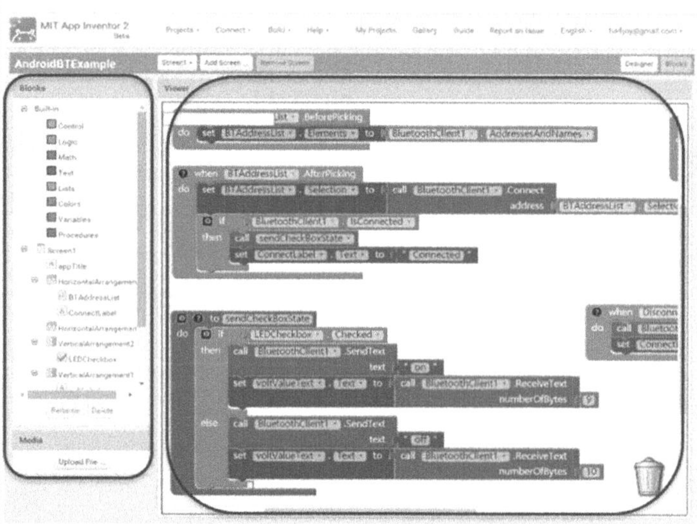


- **블럭스** 창은 2개의 모듈로 구성
  - -Blocks 모듈
  - -Viewer 모듈

449

+

# Lab. 13

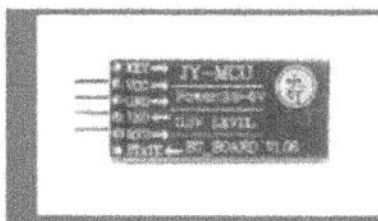

Arduino-4

MIT App Inventor

안드로이드 앱을 사용한 블루투스 원격 서보모터 제어

스케치 프로그래밍
안드로이드 앱 설치
블루투스 스케치 프로그래밍

## 정보통신 기초 및 실험

- 스크래치/앱인벤터2 개발 환경 설치
- 안드로이드 앱 설치
- 블루투스 스케치 프로그래밍 예제 실습

450

**Lab. 13 안드로이드 앱에서 원격 서보모터 제어** 학번 ________ 성명 ________

[Motor Control via Android App]

## 예비보고서

1. App Inventor 2는 두 개의 메인 윈도우를 갖는데, ( )과 ( )이다.

2. App Inventor 2로 개발한 앱을 안드로이드 폰에서 작동시키는 방법 4가지를 설명하시오.

3. Bluetooth 모뎀 모듈의 HIGH 전압의 최댓값은 ( ) Volt이다.

4. Arduino 보드의 HIGH 출력 전압은 ( ) Volt이다.

5. Arduino와 bluetooth의 HIGH 전압 차이를 맞추어 주기 위해서 사용하는 2개의 저항은 ( ) kΩ과 ( ) kΩ이며, 서로 (직렬, 병렬) 연결해야 한다.

451

# 실험 준비 작업

- 아두이노 보드 작업

1) 회로를 결선한다 : **Bluetooth 모뎀 모듈의 핀 연결 잘못되면 모듈이 파괴되므로 주의!**

2) 아두이노 소스를 입력하여 아두이노 보드로 업로딩한다

- 안드로이드 폰 작업

1) 안드로이드 폰에 MIT AI2 Companion App을 설치한다

2) 실험 시간에 제시하는 앱(ServoViaBluetoothAndroidApp)을 폰에 다운받은 후 설치한다

3) 블루투스를 ON 설정한 후, 설치한 서보제어 앱을 작동시킨다

4) 제어 버튼을 눌러서 서보모터가 정상적으로 작동하는지 확인한다

452

# 아두이노 블루투스 사용 원격 서보모터제어 안드로이드 앱 개발 : 전체 시스템 구조

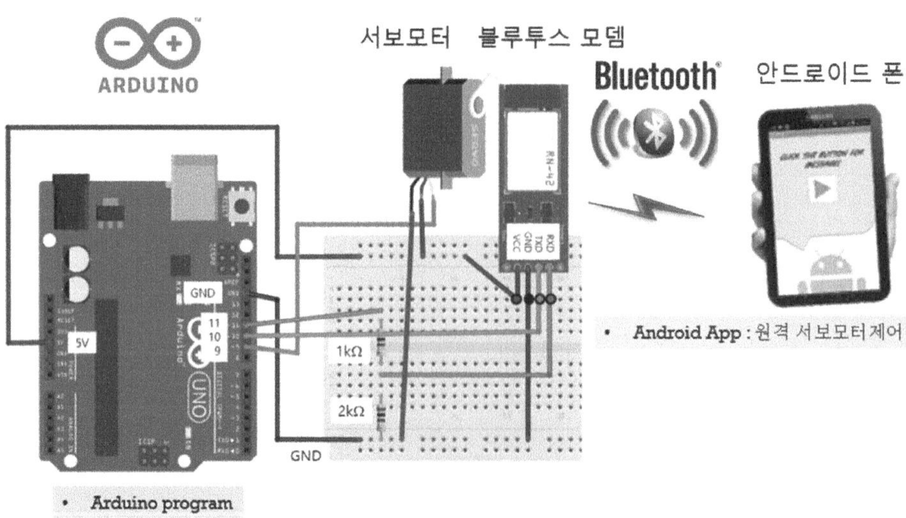

# 안드로이드 앱 개발 작업

- 단계 1: 새 프로젝트 생성
- **단계 2:Designer Part**
  - Text for Label1
  - ListPicker1
  - Button1 ~ Button5
  - Slider1
  - BuletoothClient1
  - Clock1
  - HorizontalArrangement1
  - HorizontalArrangement2
- 단계 3: Blocks Coding
- 단계 4: Connect Devices

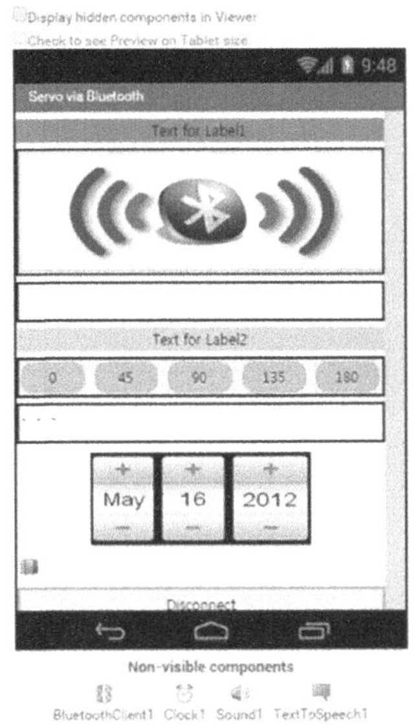


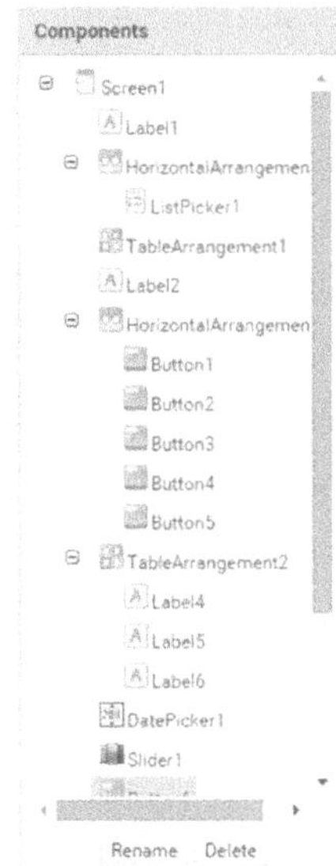




# 안드로이드 앱 개발 작업

**단계 3: Blocks Coding**

- 프로그래밍 로직
  - 연결할 블루투스 목록을 검색한다
  - 검색한 후 목록에서 블루투스에 연결한다
  - 연결되면 초록색으로 라벨1을 설정하고 안되면 빨강색으로 설정한다

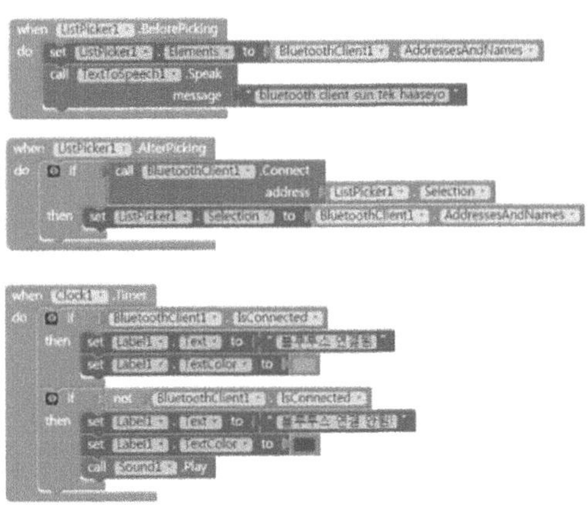


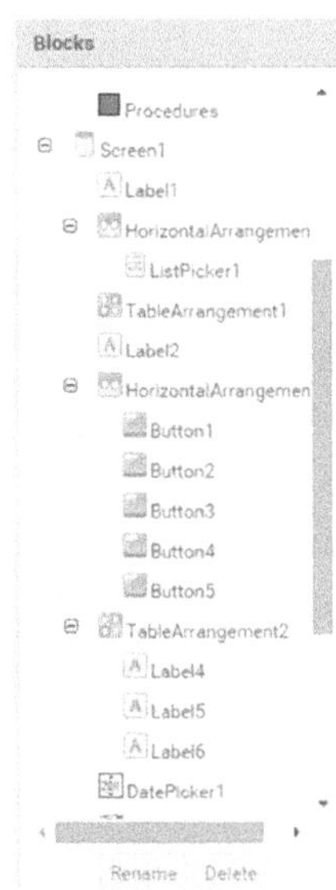

# 안드로이드 앱 개발 작업

- 프로그래밍 로직
  - 슬라이드 위치 변경에 따른 이벤트 처리
  - 회전 각도(0, 45, 90, 135, 180) 버튼 누름에 따른 이벤트 처리

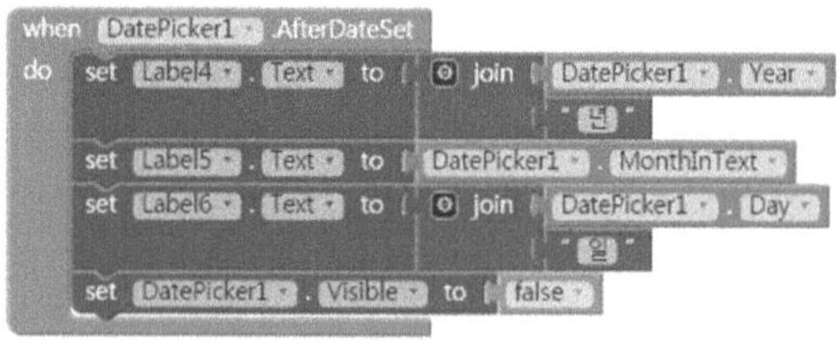


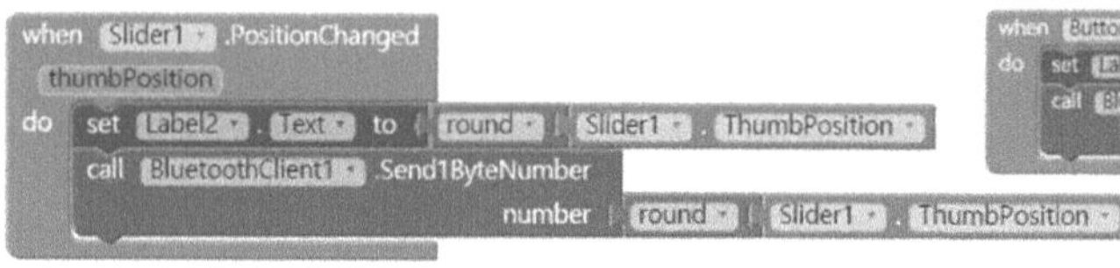


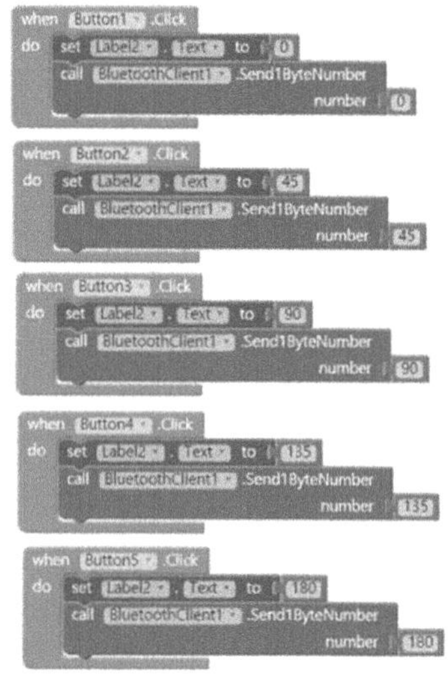




# 안드로이드 앱 개발 작업

- 에뮬레이터 실행 화면
  - aiStarter를 먼저 실행시킨다
  - MIT App Inventor 2 메뉴>Connect>Emulator 선택
  - 2~3분 후에 에뮬레이터 화면이 나타난다.

457

# 안드로이드 앱 개발 작업

- 빌드와 앱 패키징 (2가지 방법)
  - 방법 1: MIT App Inventor 메뉴 > Build > App(provide QR code for apk) : 바코드는 2시간 동안만 유효
  - 방법 2: MIT App Inventor 메뉴 > Build > App(save apk to my computer) → 다운로드폴더에 위치 ServoViaBluetoothAndroidApp.apk

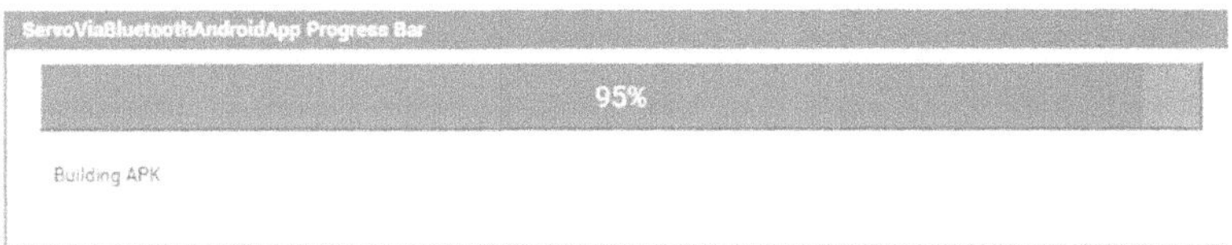


458

# 아두이노 블루투스 사용 원격 서보모터제어 : 회로 연결도

- 부품 목록
  - **블루투스 모듈** (HC-05) - 로직 레벨 3.3 V **(로직 HIGH 인가 시 주의 필요함!)**
  - 아두이노 우노 R3
  - 서보모터 Tower Pro-Micro Servo 9g(SG-90) 1개
  - 저항 2개 (1 kΩ, 2 kΩ)
  - 점퍼 케이블
  - 브레드보드

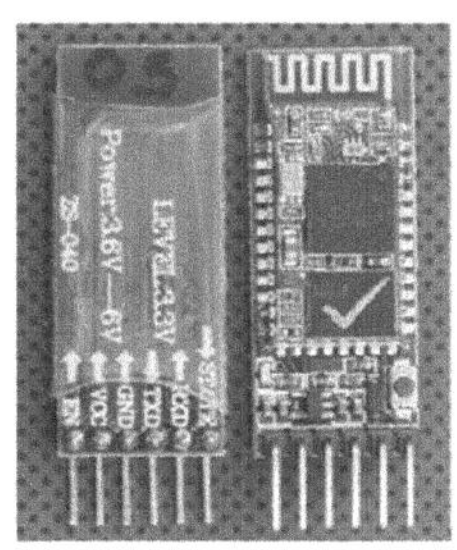

HC-05

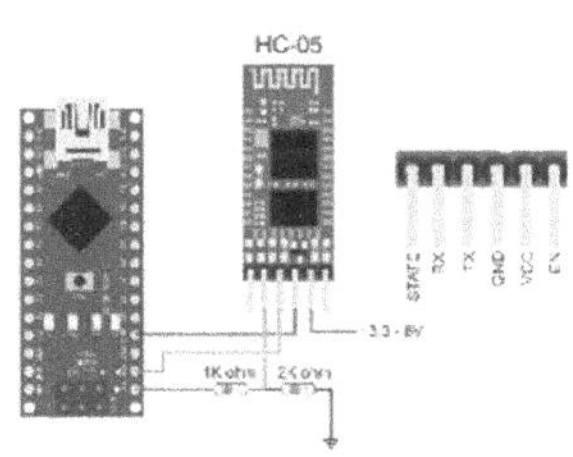

459

## 아두이노 블루투스 사용 원격 서보모터제어 : 회로 연결도

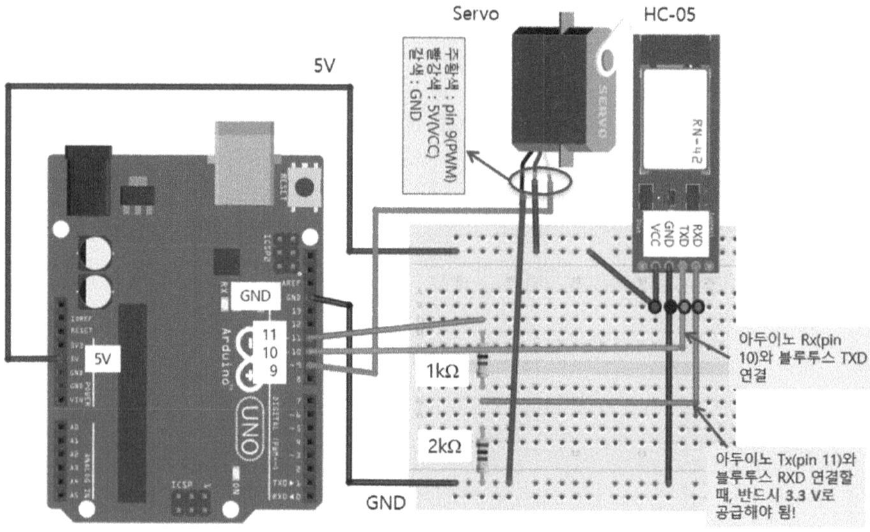


460

## 아두이노 프로그래밍 : 초기 변수값 설정

```
// 블루투스 통신을 위한 SoftwareSerial 라이브러리를 불러온다.
#include <SoftwareSerial.h>
// 서보모터 제어를 위한 Servo 라이브러리를 불러온다.
#include <Servo.h>

int iteration=0;
Servo myservo;
int bluetoothTx = 10; //bluetooth의 TX에 연결된 아두이노 디지털 핀 번호
int bluetoothRx = 11; //bluetooth의 RX에 연결된 아두이노 디지털 핀 번호
int servopin = 9;
int servopos=0;

SoftwareSerial bluetooth(bluetoothTx, bluetoothRx);  // rx, tx
```

# 아두이노 프로그래밍 : 초기 조건 설정 함수

```
void setup() {
 myservo.attach(servopin); //아두이노 핀 9번에 myservo 모터 개체 연결

 Serial.begin(9600);          //Setup usb serial connection to computer

 bluetooth.begin(9600);     //블루투스 통신을 위한 통신 속도를 설정한다

 pinMode(servopin, OUTPUT);
}
```



# 아두이노 프로그래밍 : 무한 루프 설정 메인 함수

```
void loop() {
//Read from bluetooth and write to usb serial
  if( bluetooth.available()> 0 ) {
    int servopos = bluetooth.read();
                    //블루투스로부터 1 Byte 데이터를 읽어온다
    Serial.print("Iteration No: ");
    Serial.print(iteration);
    Serial.print(" Value= ");
    Serial.println(servopos);

    myservo.write(servopos);
                    //서보모터에 블루투스를 통해 입력 받은 각도만큼 회전시킨다
    delay(100);
    iteration++;
    servopos=0;
  }
}
```

**Lab. 13 안드로이드 앱에서 원격 서보모터 제어** 학번 ________ 성명 ________

[Motor Control via Android App]

## 결과보고서

다음 명령문의 수행 내용의 의미를 설명하시오.

1. bluetooth.available()

2. bluetooth.read()

3. bluetooth.begin(9600);

4. Servo myservo;

5. myservo.attach(servopin)

6. myservo.write(servopos);

7. Serial.begin(9600);

8. SoftwareSerial bluetooth(rx, tx);

## 저자약력

**백제인**
서울대학교 전자공학과 공학사
KAIST 산업전자공학과 공학석사
KAIST 전기및전자공학과, 공학박사
한국전자통신연구소 선임연구원
미국 Stanford 대학교 방문연구원
현 한남대학교 정보통신공학과 교수

**류성한**
경북대학교 전자공학과 공학사
POSTECH 전자전기공학과 공학석사, 공학박사
삼성전자 시스템 LSI 책임연구원
국방기술품질원 선임연구원
미국 GeorgiaTech 방문연구원
현 한남대학교 정보통신공학과 교수

**박대철**
서강대학교 전자공학과 공학사
Univ. of New Mexico, 전기컴퓨터공학과 공학석사, 공학박사
한국전자통신연구소 선임연구원
한남대학교 정보통신공학과 교수
현 한남대학교 정보통신공학과 명예교수

# 정보통신 기초 및 실험 - 증보판 -

증보판인쇄 : 2021년 8월 5일
증보판발행 : 2021년 8월 10일
저 자 : 백제인 · 박대철 · 류성한
발 행 처 : 도서출판 한산
경기도 고양시 덕양구 세솔로25번지 2212동 1903호
TEL : (02)304-3504 FAX : (02)304-3505
발 행 인 : 김 기 영
등록번호 : 제 10-1745 호
I S B N : 979-11-87555-13-1 93560



**정가. 19,000원**